捏造の科學者 STAP 細胞事件

造假的科學家

日本近代最大學術醜聞
「STAP 細胞事件」

須田桃子——著　林詠純——譯

主要關係人表

小保方晴子……CDB研究小組負責人、STAP細胞論文第一責任作者
笹井芳樹……CDB副主任、STAP細胞論文責任作者
若山照彥……山梨大學教授、STAP細胞論文責任作者
查爾斯・維坎提……哈佛大學教授、麻醉醫師、STAP細胞論文責任作者
丹羽仁史……CDB計畫主持人、STAP細胞論文責任作者
野依良治……理化學研究所理事長
竹市雅俊……CDB主任
相澤慎一……CDB特別顧問、驗證實驗總負責人
石井俊輔……理化學研究所高級研究員、第一次調查委員會會長
桂勳……國立遺傳學研究所長、第二次調查委員會會長
岸輝雄……東京大學榮譽教授、理化學研究所改革委員會會長
遠藤高帆……理化學研究所高級研究員

*皆為當時頭銜

CONTENTS

2 浮現疑雲

3——令人震驚的撤回呼籲

4 — STAP研究的原點

5——確定不當

6——小保方的反擊

7——不當行為確定

8——動搖存在的分析

9——論文終於撤回

12——STAP細胞不存在

最終章——事件留下的教訓

CHAPTER 1

不尋常的記者會

理研傳來了一份奇怪的記者會通知，上面完全沒有寫明內容。當我詢問笹井先生時，他回了我一封郵件，表示「以須田女士的立場來說『絕對』不能錯過」。這場不尋常的記者會將發表全新發現，更強調其意義將超越山中教授的iPS細胞。

笹井芳樹的邀請

這份奇妙的傳真是在下午兩點半左右，早報[1]的編輯會議開始之前傳來。內容是理化學研究所[2]（簡稱理研）的通知，告知他們將於四天後的二〇一四年一月二十八日星期二舉行記者會。通知上只寫著「本次在幹細胞研究的基礎領域中取得重大進展」，但不要說最關鍵的成果標題了，就連成果摘要或是發表者的名字都沒有提及。

會場是神戶市的理研發育與再生科學綜合研究中心（ＣＤＢ），詳細資訊將在記者會前一天另行通知，但為什麼內容必須如此保密呢？

「到底是什麼樣的成果啊？」

我與負責生命科學及醫療領域的主編永山悅子碰面討論。即使我們打電話詢問熟識的ＣＤＢ內部公關負責人，也只得到「生物學的基礎領域」這個說明，沒有更多資訊。

「笹井先生應該知道吧？不妨寫封電子郵件問他看看？」永山主編說。

ＣＤＢ副主任笹井芳樹是再生醫學領域著名的發育生物學者，近年來在社會上備受矚目。他正致力於運用「ＥＳ細胞」（胚胎幹細胞）來重現大腦發育初期階段的研究，所謂「ＥＳ細胞」是一種萬能細胞，能夠變化成體內的任何細胞。

笹井在二〇一一年成功利用實驗小鼠的ＥＳ細胞，製作出相當於視網膜根基的立體組織「視杯[3]」，並於英國一流科學期刊《自然》（*Nature*）發表成果。由於視網膜疾病可能導致失明，他的成果被視為將再生醫療應用於視網膜疾病的重要一步，因而備受矚目。他同時也擔任國家大型研究計劃的負責人。

我至今採訪過許多再生醫療的議題，在採訪過程中多次獲得笹井先生的協助。他極富服務精神，總是能洞察我的採訪意圖，在回答中穿插許多小故事，對記者而言是個令人感激的存在，而這次的成果也極有可能與他本人有關。

笹井先生，

您好，別來無恙。

我今天收到了CDB關於二十八日記者會的通知，非常好奇所謂「幹細胞研究基礎領域的重大進展」到底是什麼，是否與您的工作內容有關呢？

---

1 編註：此晨報指《每日新聞》。本書作者當時為每日新聞東京本社的科學環境部記者，因此文中未明確寫出的報紙、報社都為每日新聞系統。

2 編註：隸屬於文部科學省的頂尖研究中心。研究範圍涵蓋物理學、化學、工學、生物學、醫學等，是日本唯一的自然科學綜合研究機構。

3 編註：眼睛的發育由視網膜開始，視網膜則是由視杯發育而來。胚胎發育時，前腦向兩側突起形成視泡（Optic vesicles），接著凹陷形成視杯（Optic cup），進而發育成視網膜組織。

CDB相關消息基本上是由本報的大阪科學環境部負責，但可能的話，我想要出差前往採訪。為了說服上司，希望能夠獲得一些提示。

此外，能否請您告知（論文刊登的）期刊名稱……

當然，我不會也不可能做任何打破報導禁令的事，再麻煩您協助了。

須田桃子

大約一小時後，我收到了回信。

須田女士，

所方對此次的記者會下達了完全封口令。

我唯一能夠透露的就是，以須田女士的立場來說「絕對」不能錯過記者會。

既然CDB會下達封口令，就代表這次的新聞對於CDB來說也是前所未聞的吧？即便是我的視杯這種突破性的研究，都未曾下達封口令了，由此可知，這次的新聞對於總是提供頂尖題材的CDB而言也尤其「特別」。我不能再透露更多了。

因此，請努力說服您的上司，威脅也好恐嚇也好，請務必出席週二的記者會。

週一早上正式登錄時將會進一步提供更具體的資訊。

笹井

笹井芳樹的得意弟子

我一讀完這封信，心中就充滿期待。既然笹井先生都說到這個分上，或許將是足以改寫教科書的劃時代成果。

「以須田女士的立場來說」是什麼意思呢？這句話代表成果與再生醫療相關，又或者是對於我身為科學記者的肯定？如果是後者那可真令人開心，但總而言之得先取得前往神戶的車票。我立刻節錄主要部分並列印出來，交給永山主編。

「這絕對會是驚人的內容，請務必批准我出差。」

但站在部門立場而言，連大致概要都不知道的話根本無從判斷。因為就如同我在給笹井先生的郵件中所寫的，在神戶發表的消息基本上由大阪本社管轄。結果必須等到週一才能做出結論。

笹井芳樹

但沒想到我在當天就得知概要了。我寫電子郵件詢問的另一位CDB相關人員，對方當天晚上就以手機聯絡我。

相關人員私下透露，刊出論文的期刊是英國

科學期刊《自然》。發表者是三十歲左右的小保方晴子，她是研究小組組長，在CDB主持極小規模的研究室（研究小組）。

論文的內容是，只要施予小鼠細胞壓力，譬如使其暴露在酸性環境下，不需要再做任何處理，細胞也能初始化（重新編程），恢復成接近受精卵的狀態，轉變成像ES細胞或iPS細胞（誘導多能性幹細胞）那樣的萬能細胞，具有能夠分化成體內各種細胞的能力。

「目前還不清楚為什麼會這樣，雖然無法以理論說明，卻是個有趣的成果。」

我問他小保方晴子是個什麼樣的人，他這麼回答：

「她有著別人所沒有的，非常獨特的直覺，是笹井先生的得意弟子。前途不可限量，你去試著訪問她或許也會很有趣。」

我寫郵件向主編回報時已是深夜，但永山主編立刻回信給我，末尾附上這樣的感想：「笹井先生的得意弟子不知道有多厲害，但絕對是個腦袋非常好的人。」

當晚，一同採訪再生醫療的記者八田浩輔也透過其他管道，掌握了包含主要作者的論文摘要。據說新的萬能細胞被命名為「STAP細胞」，而笹井先生果然也在作者之列。

隔天二十五日是週六，永山主編與大阪科學環境部開會，幾乎確定了當天的版面規劃。

超越iPS細胞的發現？

隔週伊始的二十七日上午，理研終於寄來了笹井先生所謂「正式登錄」的論文摘要與隔天記者會（會前會）的通知，我也確定能夠以當天來回的方式參加。發行《自然》的雜誌社也為媒體提供了論文的初排稿，附加條件是所謂的「報導禁令」，也就是在解禁日之前絕對不能報導。據說論文分成兩篇，同時刊登。光從這點就能窺見這份研究發表的「規模」有多麼之大。

理研記者會的標題是：發現體細胞分化狀態的記憶消除與初始化原理——細胞外刺激引發的細胞壓力高效誘導萬能細胞。

摘要內容就如同我先前所掌握的，耐人尋味的是，STAP細胞似乎也具有分化成胎盤組織的能力，這是ES細胞及iPS細胞所不具備的。換句話說，這顯示STAP細胞的性質，可能更接近既能成為胎兒也能成為胎盤的受精卵。關於成果的意義，則寫著如下的內容：

「STAP的發現是一項劃時代的突破，這將促成新技術的開發，使消除細胞分化狀態的記憶與自由改寫成為可能。今後不只是再生醫學，若由此發展出的細胞操作技術問世，也可望對廣闊的醫學及生物學領域做出貢獻。」

這似乎是久違的重大發現，讓人聯想到二〇〇六年iPS細胞登場時的狀況。遇到這種情況，我們記者首先該做的是聽取第三方研究員的意見，對於成果的重要性及意義做出客觀且審慎的評價。

近年來，研究是否被報紙等媒體報導，幾乎直接影響到研究的評價，因此無論研究員及研究機構如何強調這項發現有多麼「重大」，都有可能是誇大宣傳。因為愈是新奇的內容，愈容易讓第一線記者於事前採訪中留下印象，進而成為決定刊登在哪個版面哪個欄位的根據。

我立刻透過電話及電子郵件，聯絡了幾名熟知這個主題的研究員。我特別想要詳細徵詢其中某些人的意見，因此請他們以承諾在報導解禁之前不走漏消息為條件，將論文的初排稿提供給他們閱讀。

挑戰用iPS細胞製作移植用的血液及臟器的東京大學教授——中內啟光是這麼說的：

「這可是個大發現呢！我想要立刻進行重複實驗，如果能夠成功，就是一項劃時代的成就。這項發現在實用面與生物學面都具有重大意義。從實用面來看，雖然目前只在小鼠身上取得成果，但如果在人類身上也能做到同樣的事，將會相當有趣，也有機會應用於再生醫療。因為STAP細胞比iPS細胞更為初始化，更具有接近全能的性質。至於在生物學方面，如果只是透過施加壓力，就能如此輕而易舉地獲得接近全能的性質，當然會讓人想要探究其機制，也會令人好奇『為什麼是這種程度的壓力？』畢竟這就和往手上潑鹽酸一樣。」

「這是一項驚人的成果嗎？」

「是的！這項成果所帶來的衝擊就和ｉＰＳ細胞一樣，不，甚至超越ｉＰＳ細胞。」

在日本率先培養人類胚胎幹細胞（ＥＳ細胞），並以幹細胞研究而聞名的京都大學教授中辻憲夫也接受了電話採訪。

「從ＳＴＡＰ細胞能分化成ＥＳ細胞和ｉＰＳ細胞都無法分化的胎盤來看，ＳＴＡＰ細胞或許表現出了多能性（萬能性）的新狀態。就基礎研究而言，非常有趣且令人驚喜，或許可以成為一個契機，幫助我們發現多能性狀態和初始化機制的全新一面。至於能不能應用還不清楚。由於ＳＴＡＰ細胞的生成需要施加多種壓力，可能會在基因組方面積累異常。可用性的高低仍是未知數，這代表風險很高，在實用方面還有待觀察。整體而言，對於多能性與初始化帶來新的發現，在基礎科學方面仍具有重大意義。只是手法本身有點粗糙。」

雖然意見略為辛辣，但對一向謹慎的中辻教授來說，這已經是他所能給出的最佳讚譽了。

維坎提讚不絕口

有位仔細閱讀過論文的國立大學研究員，在寄來的電子郵件中如實傳達出興奮之情：

說老實話「相當驚人」。我在閱讀第一篇（論文）時，中間不知道說了幾次「真的假的～這可不是在開玩笑啊～」在閱讀第二篇的途中，甚至被驚人的內容嚇到想把論文丟出去。可見這項成果有多麼重大。

總結一下整體成果，STAP細胞不僅比現在已知的多能性幹細胞更容易製造，或許還能製造出品質更高的細胞。（中略）

我只能說「太厲害了」。各項分析都很詳細，並由日本幹細胞與發育工程研究領域的頂尖專家們對數據進行了驗證。（中略）

哎呀～光是想像今後的發展，就令人期待不已。我腦中已經浮現出許許多多的點子了。

這些研究員的反應，更加深了這項發現果然特別的想法。

事實上，自iPS細胞登場後，這並不是第一次發現「新的萬能細胞」。世界各地不斷傳出發現萬能細胞的消息，最後卻都銷聲匿跡。日本國內也是，二〇一〇年時，由東北大學等研究團隊發現據說極微量存在於生物體內的萬能細胞「Muse細胞」，並召開盛大的記者會。我在當時也進行了事前採訪，但不僅評價兩極，肯定方的意見也更加慎重。因此我判斷將報導刊登於頭版有點勉強，最後刊登於二版。後來Muse細胞的研究沒有重大進展，可見當時的判斷是妥當的。

STAP細胞獲得的反應，明顯和Muse細胞那時不同。幾乎可以確定會在頭版刊出了。

同時我也覺得，這次的成果頂多只能算是基礎。與其介紹為或許能夠應用於再生醫療的全新萬能細胞，倒不如看成是發現細胞隱藏的意外能力，這種在生命科學上有趣的成果更為妥當。我將這樣的感想寫成郵件傳給同事。

另一方面，大阪科學環境部的記者齋藤廣子傳來了採訪筆記，訪問對象包括論文主要作者之一，美國哈佛大學的查爾斯．維坎提教授，以及與主導研究的小保方晴子有往來的研究員們。

「積極努力，不知害怕為何物」、「內心堅韌，有膽識」、「不服輸，比別人加倍努力實驗」……我讀了筆記後大感驚訝的是，每個人都對小保方晴子讚不絕口。

「Haruko是明日之星，」答應接受郵件採訪的維坎提教授稱讚道，「我認為她現在是這顆星球上最棒、最知性、知識豐富、優秀並值得尊敬，而且是最創新又美麗的科學家之一。」

據說小保方晴子也有對於服裝風格講究的一面，喜愛穿著以個性化設計聞名的英國高級品牌薇薇安・魏斯伍德（Vivienne Westwood）。她實際上是個什麼樣的人呢？我對她的興趣愈來愈濃厚。

盛大的記者會

位於神戶市港灣人工島的CDB於隔天二十八日召開記者會，會場擠滿了來自十六家電視台及報社，大約五十名的媒體從業人員。小保方晴子、山梨大學教授若山照彥、笹井芳樹三人並排坐在面對記者席的桌前。我對小保方晴子的第一印象是：「是個可愛的人呢！」她的頭髮應該是在美容院做造型的吧？看似戴上假睫毛的雙眼晶亮，垂在雙肩的微棕色頭髮有點捲翹。她身穿白色圓領襯衫搭配黑色針織衫，給人的印象與其說是有個性，不如說是清新。在記者會開始前，她露出了有點緊張的表情。

包含人類在內，動物的身體由血液、肌肉、神經等各種不同細胞組成。受精卵（受精胚）稍微發育後，其中細胞便具有所謂「多能性」的能力，可以分化成建構身體的所有細胞。但出生後的動物體細胞，已經分化成血液、神經、肌肉等具有特定功能的細胞，不會自行轉變成完全不同種類的細胞。而將體細胞的時鐘指針逆轉，倒回接近受精卵的狀態，就稱為「初始化」。

「動物已分化的體細胞無法初始化」原本是常識，打破這個常識的是英國的約翰．戈登（John Gurdon）博士。一九六二年，戈登博士從非洲爪蟾的蝌蚪體細胞中將細胞核取出，移植到去除細胞核的卵子中，成功培育出與原體細胞遺傳訊息完全相同的複製蝌蚪。這顯示只要使用卵子就能將體細胞的細胞核初始化，找回轉變成身體任何細胞的能力。

一九九六年，體細胞複製羊桃莉在英國誕生，證明了哺乳類的體細胞也同樣能夠初始化。

而京都大學教授山中伸彌更在二〇〇六年時，發表了不使用卵子就直接將體細胞本身初始化的成果。他僅僅將四個基因植入小鼠的皮膚細胞，便使其初始化，創造出iPS細胞。

山中教授也在二〇〇七年宣布開發人類iPS細胞，與戈登博士一起獲得了二〇一二年的諾貝爾生理醫學獎。

什麼是STAP細胞

STAP細胞的記者會上，特別強調了與iPS細胞的不同之處。記者會由笹井先生主持，首先由小保方晴子利用投影片說明論文概要。

　　複製技術（Cloning）或iPS細胞等傳統的初始化技術，「都需要直接對細胞核進行人為操作」（小保方晴子所言）。但研究小組本次並未進行此種操作，而是只從細胞外部給予刺激就成功將細胞初始化，而初始化的細胞被命名為「STAP＝Stimulus-Triggered Acquisition of Pluripotency」（刺激觸發性多能性獲得細胞）。

　　紅蘿蔔或白蘿蔔等植物，只要將細胞分離並使用特殊培養液培養，就能引發類似初始化的現象，轉化為可形成根、莖、葉等植物整體構造的細胞，也就是所謂的「癒傷組織」（callus）。而STAP細胞正可說是動物版的癒

戈登博士的實驗

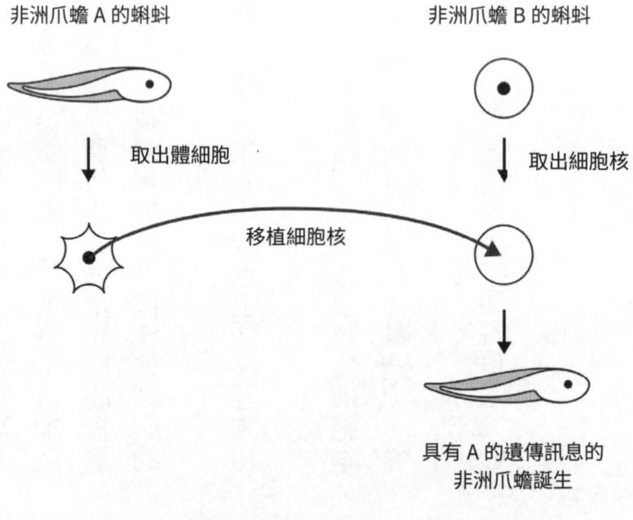

傷組織（後來發現，小保方與維坎提教授等人最初投稿《自然》的論文標題，正是「Animal Callus Cells〔動物癒傷組織細胞〕」）。

實驗使用的是經過基因改造的小鼠，當其體內與萬能性相關的基因Ｏｃｔ４發揮作用，便會發出綠色螢光。

將出生一週的小鼠寶寶淋巴球浸泡在弱酸性溶液中約三十分鐘，給予刺激並持續培養，倖存的細胞在兩天後就會開始發出綠色螢光。這些細胞的大小約略只有原始淋巴球的一半，彼此互相結合，七天後就會形成由數十到數千個細胞組成的塊狀結構。能夠承受弱酸刺激的倖存細胞約佔總數的百分之二十五，其中約百分之三十會變成綠色，這代表最初的細胞中，約有百分之七到九的Ｏｃｔ４基因會開始運作。

據說研究團隊透過多種方法，證實了發出綠色螢光的細胞已被初始化且獲得萬能性。

將這些細胞放入試管中並以合適環境培養，它們就會分化成神經、肌肉、腸上皮等各種組織的細胞。而將這些細胞移植到活體小鼠體內後，即形成混合各種組織細胞的良性腫瘤「畸胎瘤」。此外，將其注入小鼠受精卵並放回代孕小鼠的子宮裡，就會誕生「嵌合鼠」，嵌合鼠全身散布著由ＳＴＡＰ細胞發育而來的細胞。這些都是檢查萬能性時常用的實驗手法，其中嵌合鼠被認為是最可靠的萬能性證明。

不僅如此，在嵌合鼠實驗中，供給胎兒養分的胎盤與卵黃囊膜等組織，也混入了源於ＳＴＡＰ細胞的細胞。由於ｉＰＳ細胞和ＥＳ細胞不會變化成胎盤，由此可推測ＳＴＡＰ細胞已經初始化成更接近受精卵的狀態。

不只淋巴球，腦、皮膚、脂肪、骨髓、肝臟、心肌等各種組織的細胞，也都會在弱酸刺激下發生Ｏｃｔ４基因活化的變化。除了弱酸刺激之外，團隊也發現將可能導致細胞死亡的刺激，譬如使細胞反覆通過極細玻璃管的物理刺激，或是在細胞膜上開孔的化學刺激等，稍微減弱後再施加於細胞上，也能誘導細胞初始化。

不過，ＳＴＡＰ細胞雖然具備多能性，卻不像ｉＰＳ細胞或ＥＳ細胞那樣，具有幾乎無限增殖的能

STAP 細胞的製作與實驗

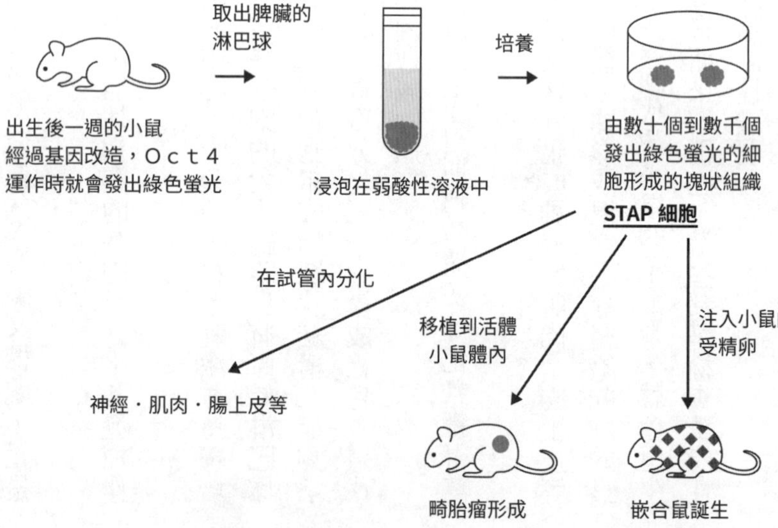

力（自我增殖能力）。而使用適合ＥＳ細胞的培養基培養ＳＴＡＰ細胞，就能轉變成既具備多能性，也具有自我增殖能力的「ＳＴＡＰ幹細胞」。ＳＴＡＰ幹細胞雖然失去分化成胎盤的能力，但如果使用其他特殊的培養基培養，也能形成既保有ＳＴＡＰ細胞的獨特多能性，同時具備自我增殖能力的另一種幹細胞，研究小組將其命名為「ＦＩ幹細胞」。

「夢幻」細胞

小保方晴子展示一張又一張的投影片，流暢地解釋這些內容，她還將顯微鏡拍攝的影片以高速播放，介紹細胞在培養皿中變化和形成塊狀結構的樣子。她表示若今後能夠闡明初始化的原理，「就能發展出得以自由刪除或改寫細胞核資訊的嶄新技術，這代表我們能夠發展出自由操作細胞分化狀態的技術」，她在談及未來人類細胞研究的前景時，做了這樣一番結語。

「我認為這項研究有助於開發過去未曾想像過的新型醫療技術。舉例來說，以往的想法都是在體外培養組織後再行移植，但未來說不定能夠獲得在體內再生器官的能力，也可能發展出抑制癌症的技術。此外，這項研究還表明，經過分化的細胞能夠恢復成像嬰兒細胞一樣年輕，或許也能實現夢想中的返老還童。」

接下來的問答時間就和一般科學論文的發表一樣，包含數據意義、成果意義、今後展望等等，記者提問的面向相當廣泛。主要由小保方晴子回答，她有點語塞時就由笹井芳樹伸出援手，令人印象深刻。

給予細胞刺激的弱酸性溶液，酸鹼值為五點七。當小保方被問到這類溶液大約相當於哪種液體時，她回答：「這個問題經常被討論，我想應該是偏甜的柳橙汁……不，是偏酸的柳橙汁。」笹井則補充道：「以前曾有一位叫做霍特夫萊特（Johannes Holtfreter，美國科學家）的人，他將未分化的蠑螈細胞浸泡於酸性溶液中，使其轉變成神經細胞，而他說『用柳橙汁也能做到』，我想ＳＴＡＰ細胞也是同樣的道理，只是不確定該用那裡產的（柳橙）。」這句話引起了全場的笑聲。

也有人提出合理的疑問，例如：「為什麼喝酸性飲料時口腔中不會（生成萬能細胞）引起細胞癌化」、「受傷時細胞會不會初始化」等。小保方表示，她也嘗試了對活體小鼠進行酸性刺激的實驗，並說明「在活體內即使受到壓力，似乎也不會發生完全的初始化。我們也取得了一些數據，表明為了避免重大變化發生，組織中的細胞受到非常巧妙的控制」。

正如同中辻教授在預先採訪中提出的疑慮，也有不少人問到，強烈的刺激是否會傷害在細胞核內負責攜帶遺傳訊息的染色體。小保方解釋「關於基因還需要進一步的分析，但目前沒有在染色體發現任何異常」，若山補充說明，嵌合鼠及其後代也沒有異常。笹井先生也說，使用來自ＳＴＡＰ細胞的畸胎瘤進行實驗，五十例當中沒有任何一例發生癌變，因此「目前沒有積極表明癌變的數據」。

「與iPS細胞完全不同」

問答時間也即將來到一半，這時笹井芳樹突然說「在此，我想要花一點時間來談談ＳＴＡＰ細胞與ｉＰＳ細胞在本質上的差異」，並發給聽眾一張新的資料。

這張資料上畫著一個被帶著鉛球的鎖鏈綑綁的人（分化的體細胞），因為初始化而解開鎖鏈，轉變成嬰兒（多能細胞）的樣子。ＳＴＡＰ細胞的情況是從外部以鐵鎚給予刺激，使鎖鏈一口氣斷裂，「自發」跑回嬰兒狀態，至於ｉＰＳ細胞則是鎖鏈仍然綁在身上，被牛拖著「強制」變回嬰兒狀態。

資料上也記載著製作所需的天數，ＳＴＡＰ細胞為二至三天，成功率高達倖存細胞的百分之三十以上，至於ｉＰＳ細胞則需要二到三週，成功率也只有約百分之零點一。笹井解釋：「細胞內部有種可以解除分化狀態記憶的機制，這次，小保方已經解開了按下這個開關的方法。」

他也提出將來的展望。只要能夠闡明解除的原理，並能夠在比目前更溫和的刺激條件下啟動開關，或許就能像魔法師揮動魔杖一樣，輕而易舉地製作出ＳＴＡＰ細胞，

記者會發的比較資料

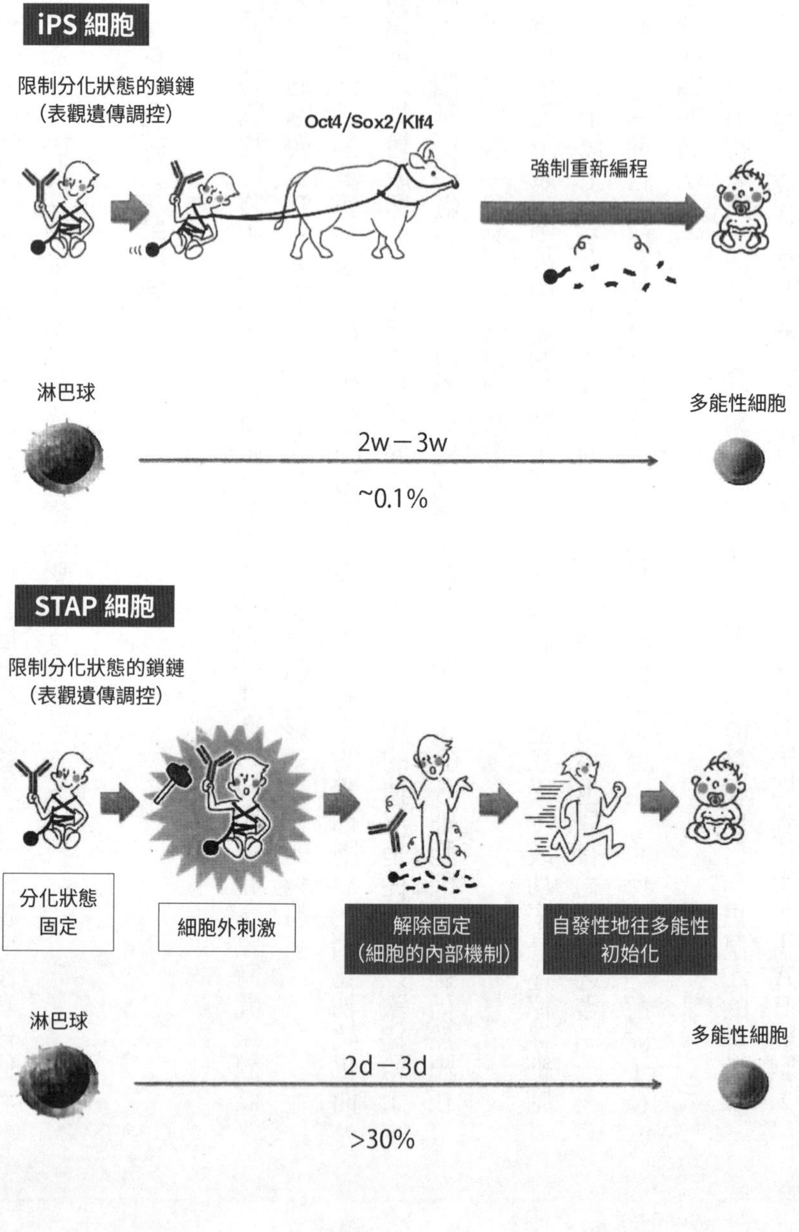
iPS 細胞
限制分化狀態的鎖鏈
（表觀遺傳調控）
Oct4/Sox2/Klf4
強制重新編程
淋巴球
多能性細胞
2w－3w
~0.1%
STAP 細胞
限制分化狀態的鎖鏈
（表觀遺傳調控）
分化狀態
固定
細胞外刺激
解除固定
（細胞的內部機制）
自發性地往多能性
初始化
淋巴球
多能性細胞
2d－3d
>30%

「舉例來說，甚至能夠在體內使用，由於原理與ｉＰＳ細胞完全不同，應用的方法也不一樣」。這份資料沒有提及ｉＰＳ細胞的製作方法其實已經大幅改善，因此在日後引起了山中教授的憤怒。

而讓我記憶深刻的是，小保方對於「是否有可能取代ｉＰＳ細胞」的回答。

她先否定道，由於ＳＴＡＰ細胞目前還只能從幼鼠的細胞製造，因此「現階段討論與充滿前景的ｉＰＳ技術之關聯還太早」，接著表示：「但我們相信，充實基礎研究能夠拓展將來在應用方面的可能性，因此我們將會繼續實驗。我希望不要只侷限在目前想到的某種特定應用，而是放眼於數十年甚至百年後對人類社會的貢獻，來推進這項研究。」

她能夠立刻說出這段話，讓人覺得她擁有很大的格局。

笹井也接著提醒：「若是各位把報導寫成『ｉＰＳ的時代結束，接下來是ＳＴＡＰ的時代』，那是我們絕對不希望看到的事。」但他同時也強調ＳＴＡＰ細胞的獨特與豐富的潛能，「這次想要傳遞的訊息是，消除與改寫細胞記憶不再是夢想，是可以做到的。以此為基礎，在新的醫療、藥物探索等方面，具有非常大的潛力。或許在生物體內與體外都能控制也說不定」。

「愚弄細胞生物學的歷史」

據說下達罕見的封口令，在記者會的通知中賣關子，是雜誌社的指示。「說老實話，這篇論文是自從我進入研究所以來，至少在過去二十年裡，在《自然》的生命科學論文中最了不起，或是該說是最意外、最有影響力的一篇。」這麼說著的笹井芳樹，表情自信且自豪。

若山照彥負責製作證明萬能性的嵌合鼠，他的發言較少，當他被問及當初接到小保方晴子委託時的印象，他坦承「我當時其實不相信」，至於首次成功製作出嵌合鼠時的感想，他則憶述「不可思議的事情發生了，讓我大吃一驚」。

小保方大約從五年前開始投入這項研究，記者會中也不斷有人問到研究的過程與辛苦之處。

小保方說：「所有的一切都很困難。沒有人願意相信我，也很難取得說服別人的數據。」她也介紹了第一次投稿《自然》時的插曲，那次投稿並未獲得刊登，其中一名審查委員更嚴厲批評「你在愚弄細胞生物學」。有記者問「在這麼辛苦的過程中，您曾經想過要放棄嗎？」小保方回答完這個問題後，記者會就結束了。

「我無數次想過要放棄，也無數次哭到天亮，但我每天都告訴自己『撐過今天就好』、『撐過明天就好』，而且在真正遇到困難的時候，一定會出現幫助我的人，我想這就是我沒有放棄的最大原因。」

記者會加上媒體聯訪，時間長達兩個半小時。

不論是二〇〇六年的小鼠iPS細胞開發，或隔年的人類iPS細胞開發，論文發表當時的記者會我都採訪過，兩者的會場都是文部科學省（簡稱文科省）的記者俱樂部，發表者也只有山中教授一人。STAP細胞的記者會，絕對比當時還要熱烈。

嚕嚕米與日式圍裙

小保方晴子回應記者要求，在發出綠光的細胞塊投影片前與笹井芳樹、若山照彥合影後，也提供了拍攝研究室的機會。研究室面積共一百一十三平方公尺，分成實驗室、細胞培養室、小保方的辦公室等四個空間。走進研究室裡，首先映入眼簾的是黃色與粉紅色的牆壁。研究室隨處貼著「嚕嚕米」的角色貼紙，這或許是小保方的興趣吧？雖然少見，卻也不覺得礙眼。

位於後方的小保方辦公室擺放著花朵圖案的沙發，前方有個看似討論用的空間，那裡的入口置物架上放著一個寵物烏龜的水族箱。我不經意看向水槽上方，發現那裡貼著一張手寫的影印紙，上面寫著「熬夜補眠中，有事請敲門！小保方」。看來「加倍努力」的風評是真的。

牆壁的顏色沒有讓我驚訝，但辦公室卻讓我覺得有點異樣。雖然和其他研究員一樣，有整面牆壁的書架，但書本的量似乎並不多，再重新觀察的話，連實驗室的書架也略顯空蕩。不過我在這個時候並沒有想太多，只覺得或許因為這是新開設的實驗室吧。

記者要求拍攝實驗中的樣子，小保方於是從櫃子拿出她繼承自外祖母的日式圍裙。她在論文被知名科學期刊退稿，陷入消沉的時候，為了記住外祖母那句「總而言之請日復一日努力」的勉勵，實驗時必定會穿上這件圍裙。

穿上日式圍裙的小保方依照攝影師指示，手拿微量吸管露出微笑，快門聲明顯增加。雖然彷若偶像攝影會，但小保方抬頭挺胸散發出光采，不禁讓人覺得會有這種狀況也是理所當然。

回到記者會場後，笹井先生問我：「你參觀過實驗室了嗎？」

「參觀過了，很有趣。小保方晴子穿上了日式圍裙。」

「她可真是的。」笹井先生眼睛瞇成一條線，看起來很開心。

從ＣＤＢ回去公司的路上，不可思議的興奮感圍繞著我。能夠參與這場寫下歷史的記者會，身為科學記者的自己是多麼幸運啊！

「這真的是一場很棒的記者會呢！能夠參加真是太好了。」

一起採訪的大阪科學環境部組長根本毅以及記者齋藤，對我的亢奮露出苦笑。

第一篇報導

《自然》與理研設定的報導解禁日是一月三十日半夜三點。第一篇報導在記者會隔天的二十九日編輯，三十日的早報中刊登出來。

我在二十九日被指派負責撰寫解說報導，從早到晚都忙著追加採訪研究員以及撰寫新聞稿。我根據記者會內容提出各種問題，依然沒有聽到否定的意見。

京都大學的副教授多田高，雖然對該方法的意外和簡易程度感到驚訝，卻也表示「如果在人類身上也能製作，或許能夠成為有助於醫療應用的後iPS細胞」；理研生物資源中心（茨城縣筑波市）的遺傳工程基礎技術室長小倉淳郎則推測：「今後全世界在探究其初始化機制，以及製作包含人類在內其他物種的STAP細胞等方面，或許將展開不下於iPS細胞的激烈競爭吧！」

包含《每日新聞》在內的全國三大報[4]，都在三十日早報的頭版頭條，報導了STAP細胞成功製作的消息。一篇論文發表能夠佔據頭版頭條，可不是那麼常見的事情。據說編輯部在二十九日晚上的會議上，針對報導的處理方式展開了激烈討論。

4 編註：日本三大報為《每日新聞》、《朝日新聞》及《讀賣新聞》。

2014年1月30日《每日新聞》晨報頭版（東京總社最終版）

毎日新聞 2014年(平成26年)1月30日(木) 第49623号

万能細胞 初の作製

簡単 がん化せず

マウスで「STAP細胞」命名

理研など

主導役は30歳女性

住基台帳閲覧 制限「徹底せず」半数

主要74市区 ストーカー対策遅れ

5回 毎日芸術賞 贈呈式/第16回千田是也賞

平幹二朗さんら表彰

毎日芸術賞と千田是也賞

余録

NEWSLINE

「魔鏡」文様くっきり 29

C型肝炎 新薬次々と 16

万能細胞 初の作製 細胞の初期化って 3

バレンタイン 謝罪会見 22

冷凍食品 農薬混入認める 29

《每日新聞》東京總社版的頭條標題是「全球首見萬能細胞誕生」，最終版的標題採用最有震撼力的表現形式，以簍空白色字體在黑色背景上橫跨整個版面。這時採用「全球首見……」等字眼，是為了強調這是能夠分化成胎盤的多能性細胞首度問世。報導中除了解說「萬能細胞」含意的「名詞解釋」，與製作方法的圖解之外，還加上了ｉＰＳ細胞開發者山中教授的評論，稱「由日本研究員提出重要的研究成果讓人與有榮焉」，同時更以「主導者為三十歲女性」為標題，介紹小保方晴子的簡歷及大頭照。

在報紙三版「聚焦特寫」一欄的深入報導中，則整理出研究的意義與經過，不過有鑑於在人類細胞上的研究才剛要開始，為避免過度誇大對ＳＴＡＰ細胞應用於再生醫療的期待，報導的措辭較為謹慎。同時也以「什麼是細胞初始化？」為題，刊登問答形式的解說報導。另外在社會版，則以「熱愛時尚又努力不懈的『明日之星』」為主題，介紹小保方的為人。

二〇〇七年十一月的人類ｉＰＳ細胞開發報導雖然也曾佔據頭版頭條，但新聞的版面與延伸報導的廣度，明顯不如ＳＴＡＰ細胞。

這當中也發生了意外。於《自然》所在的英國，有家媒體無視報導解禁日，早一步刊登了消息。由於該媒體的「違規」，《自然》只好在二十九日晚間八點二十分左右解除報導限制，日本媒體也一窩蜂將報導刊登上網。

漫長的一天結束，我在午夜十二點過後搭乘末班車回家，但隔天也過得相當匆忙。

上午，小保方的博士論文指導教授，早稻田大學先進理工學部的教授常田聰臨時召開記者會。

常田教授對於學生的成就掩不住喜悅。小保方原本讀的是應用化學科，但進入研究所後因嚮往再生醫療，主動變更研究領域。她畢業論文的題目是開發將細菌分離培養的手法。常田教授表示，當時的小保方是個「想法與行動都非常獨特，相當積極的學生」，在研討會上也毫不畏懼地與知名研究員交流，令人印象深刻。

他擔任小保方博士論文的主審查，並回顧道：「她的博士論文非常優秀。論文中只整理出研究的一部分，其他還留下許多研究成果，我記得自己曾半開玩笑地對她說，你還可以再寫一篇博士論文吧？這麼一來說不定還能同時拿到醫學博士。」

小保方獲得眾多優秀的共同研究員信任，當常田教授被問及小保方的人格魅力，他試著如此分析：「首先，她非常開朗。我相信她在背後付出了許多努力與辛勞，但她從不讓人看見這一面，見到她時，她的態度總是開朗樂觀。這樣的親切感也是一項魅力。此外就是她對研究的態度相當嚴謹，具有絕不妥協的強韌，這或許就是引領她邁向成功的因素。」

小保方採取申請入學的方式，據說常田教授也參與了她的入學考試。「我記得她問旁邊的老師，進入博士課程後會如何發展。我想她果然從以前就積極想要擔任研究員。」

小保方熱潮

三十日的《每日新聞》晚報社會版，除了刊出常田教授等人的祝福訊息，也彙整了各大新聞網的速報，介紹了海外媒體對STAP細胞的反應。

英國廣播公司對再生醫療的應用提出謹慎觀點，但也談到了某些研究員的讚賞，他們認為只需浸泡在弱酸性溶液中的方法極具「革命性」。美國《華爾街日報》等主流報紙也詳細報導，並穿插小保方晴子的發言，而韓國《中央日報》則附上「比iPS細胞更了不起的發現」等專家評論。

與此同時在神戶的CDB，根本與齋藤兩位記者對小保方進行了個人採訪。

小保方表示，小時候父母買給她的偉人傳記是她成為研究員的契機。「我是鑰匙兒童[5]，常常自己一個人讀書，特別喜歡閱讀愛迪生、居禮夫人、諾貝爾等研究員的傳記。我覺得奉獻一生為人類留下些什麼，是一件了不起的事情。高中的時候，我就想從事能為社會帶來廣泛貢獻的工作，因此下定決心成為研究員。」

隔天三十一日，文部科學大臣下村博文在內閣會議後的記者會表明，國家已經確

5　編註：泛指經常一人回家或被留在家中，需要自己照顧自己的兒童。

立方針，將理研改制為「特定國立研究開發法人」，肩負起創造世界頂尖成果的研究任務。

該法人制度透過將薪水改為年俸制，使研究員能夠取得高額收入，並從海外延攬優秀研究員等措施，以推動世界最高水準的研究。他肯定STAP細胞的成果，並表示「相當期待本研究於將來協助實現創新的再生醫療」，並期望透過強化理研的體制，加速STAP細胞的研究。為了培養出「第二、第三個小保方與劃時代的研究成果」，也提出研究環境推動方針，打造有利於年輕研究員及女性研究員發揮的環境。

從「研究環境推動方針」成為新聞也能看出，日本缺乏讓年輕研究員及女性研究員發揮的空間。小保方年僅三十歲就做出震驚世界的成果，話題度也相當豐富，她會成為目光焦點也是可以預期的事。

但「小保方熱潮」的延燒遠超過理研的意料。我也聽說媒體對於小保方與其家人的採訪競爭過於激烈，造成他們生活上及研究上的困擾。三十一日，CDB與小保方分別在CDB網站上表示「想要專心進行研究」，這句話實質上就是要求媒體自律。自此之後，小保方晴子就不再接受個人採訪了。

隔週的二月五日，從大海另一頭傳來驚人消息，論文共同作者之一的美國哈佛大學教授維坎提，向媒體公開顯微鏡照片，內容是由人類新生兒皮膚細胞製作、「可能成為STAP細胞」的細胞。早在一月三十日，就有報導稱維坎提教授團隊製作了猴子的S

ＴＡＰ細胞，並將其移植到因脊髓損傷而半身不遂的猴子體內，使其雙腿能夠行動，因此當時正是媒體對相關消息更為注意之際。

如果人類也能製作出ＳＴＡＰ細胞就是一大新聞，但不要說論文發表了，就連研討會發表都沒有的「成果」竟然被報導出來，顯然是異常狀況。科學環境部內也有反對意見，但有鑑於此事的話題性，東京本社還是於隔天六日的晚報登出了共同通信社的線上報導。出於下策，也附上了京都大學中辻憲夫教授的意見：「科學成果只有在經審查的論文刊出後才能夠評斷，現階段不予置評。」

笹井芳樹的口才

五日，神戶的ＣＤＢ提供各家科學記者聯合採訪笹井芳樹的機會，我再度以當天來回的形式參加。

笹井連續四小時回答提問而不見疲態。他雖然表示「ＳＴＡＰ細胞只是剛起步的技術，若滿分一百分只能拿到二十分，與發表時就達到八十分的ｉＰＳ細胞不同，ＳＴＡＰ細胞還需要一段時間才能達到一百分的水準」，卻也以熱情口吻說道：「決定體細胞性質的基因控制狀態在受到刺激時自動解除，如果我們能夠闡明其中機制，或許就能在動物體內引發類似現象，進而使組織再生。這就像是讓人類擁有蠑螈的再生能力，可以說是找到了將二十分的技術，提升到一萬分的全新研究基準。」

笹井表示ＣＤＢ一直以來都很重視能力與創意，積極招聘年輕的研究主導者，但「ＣＤＢ會徹底考察人才，如果失敗就予以解聘」。審查小保方聘用資格的是二〇一二年冬季的人事委員會，他們認為「這個人能做好需要積累的研究，想要讓她挑戰看看」。

他也介紹ＣＤＢ擁有完善的支援系統，每一位資歷尚淺的年輕研究主導者，都會搭配兩位相當於導師（顧問）的資深研究員。此外，他還控訴國家逐年限縮基礎研究的資金，非應用導向的研究難以獲得大規模補助，以及雖然營運補助金使用較為彈性，也實際用在了ＳＴＡＰ研究上，但ＣＤＢ這十年來所獲得的補助金就少了一半等現況。

這時的採訪內容在大約一週後，二月十三日早報的科學版訪談報導中露出。這是針對ＳＴＡＰ細胞議題，每週訪問各領域專家的系列報導第一回。

然而那時候，網路上就已經開始出現各種質疑論文圖像的討論。而理研也就是從這一天起，針對質疑展開預備調查。

CHAPTER 2

浮現疑雲

論文發表後約兩個禮拜，網路上出現了許多對論文的質疑。理研幹部雖然樂觀以對，但過去曾拆穿森口尚史謊言的科學家，卻說了一句讓我心驚膽跳的話——「小保方可是個什麼都做得出來的人呢！」

「為什麼小保方的名字沒有在裡面？」

網路上大約從昨夜開始出現一些質疑，指出幾張ＳＴＡＰ論文圖片有造假的疑慮。因此，原本在今天的政府綜合科學技術會議上，小保方晴子將以研究小組組長的身分與會，但她的出席資格似乎被取消了。我從永山悅子主編口中聽到這則令人意想不到的消息，是在論文發表大約兩週後的二月十四日早晨，據說是一位她熟識的研究員以電話告知她的。

那時我才剛約到某位忙碌的研究員，打算請他接受科學版ＳＴＡＰ細胞系列報導的採訪。「這麼一來系列報導該怎麼辦呢？」我腦中首先閃過了現實層面的擔憂。

不久之後，記者八田浩輔也寄來了電子郵件。「網路上指出胎盤圖片有挪用的情況，可能需要先做好危機處理的準備。」他提供的網站指出，ＳＴＡＰ論文中嵌合鼠的兩張胎盤圖片非常相似。我比對手邊的論文，兩者理應是不同的實驗結果，但圖片看起來確實相同。另一個網站則指出，小保方二〇一一年發表於美國科學期刊《組織工程學》（*Tissue Engineering*）的另一篇論文裡，在以「電泳法」取得的基因分析影像中，有著將影像上下翻轉而成的類似圖片。

據說這些都是十三日晚上，質疑研究行為不當的網站及推特所寫的資訊。八田記者表示：「過去刊登在這個網站上的圖片，幾乎都出局了（意即確定造假）。」《每日新聞》曾以報導揭發諾華（Novartis）藥廠的弊端，披露諾華販賣的降血壓藥「Valsartan」（商品名稱：得安穩）在臨床試驗方面有一連串問題，而八田參與過該系列報導，因此對不當研究行為知之甚詳。這讓我心中的不安逐漸蔓延。

特派記者組長西川拓告訴我，在其他網站上也有人指出，STAP細胞論文的電泳實驗結果可以看到兩張圖片剪貼的痕跡。

理研想必也已經掌握了這些消息。我打電話到CDB的國際公關室，兩位負責人都正在出差，接電話的人說關於「圖片的問題」將由總部回應。我重新致電理研總部（埼玉縣和光市）的公關室，負責人回答「我們認為《自然》的論文沒有問題，將會持續進行確認作業」。

「確認是什麼意思呢？」

「我們正在進行驗證，驗證內容也包含該以什麼樣的步驟確認。我想應該不是開始進行具體實驗之類的，但我聽說他們已經針對STAP召開了第一場檢討會。」

「所謂的檢討會，指的是CDB內部的檢討會嗎？」

「這個嘛……我只能說正在確認中。」

對方說詞含糊，似乎很慌張。直覺告訴我，調查已經開始了。

「現階段表示『沒有問題』的根據是什麼？」

「因為研究室回覆沒有問題……」

「小保方晴子的研究室嗎？」

「不，關於這點我並不清楚。」

對方接著表示若需要更詳細的說明，將由其他負責人另行聯絡。於是我在當天下午接到電話。

負責人說「檢討會並不是個適當的說法」，因為網路上有人指出「論文使用了不自然的影像資料」，因此包含外部專家在內，多名專家已在十三日啟動調查（後來得知，這時的調查是預備調查，正式調查是從十八日開始）。調查已經過了兩天，也針對小保方等人進行了調查詢問。

「現階段認為並不影響研究成果。一旦釐清結果，就會對外公布。」

我當時雖然正因為其他採訪外出，仍急忙趕回公司寫稿。

話雖如此，調查明明才剛開始，理研卻斷定「不影響成果」，這樣的態度實在很不尋常。我一邊與同事討論這件事，一邊將稿子寫出來，腦海中突然浮現小保方在記者會談論研究熱情的身影，接著又想到延燒的「小保方熱潮」。我猶豫了一陣子之後，將小保方的名字從原稿中刪除，並將稿子送了出去。

記者的稿子刊登出來前一定會經過主編修改。

「為什麼小保方的名字沒有在裡面？」不出所料，永山主編提出了這個問題。

「即使只是名字出現在提出質疑的報導中，也會大幅影響形象吧？就算最後證明了她的清白，說不定也會對她的職涯造成負面影響……」

我自己也知道這樣的說詞並不合理。小保方是在這兩篇論文中主導研究的「第一作者」，也是負責回應論文相關聯絡與洽詢的「責任作者」。理所當然地，原稿被修改加入了小保方的名字。但一想到小保方今後的處境，我還是覺得很痛心。

附帶一提，現在最尖端的生命科學研究領域中，幾乎沒有論文是由單一作者完成的情形。因為愈是高階的領域，愈需要分工。最近在論文的參考文獻之後，普遍都會具體列出每位作者負責哪項實驗，撰寫哪個部分的內容。

這篇STAP細胞的論文，同時刊登了主論文「article」與第二篇的短文「letter」。主論文的作者有八位，查看各作者的貢獻欄位，寫著小保方與笹井負責撰寫論文，小保方與若山負責實驗，小保方、若山、笹井、丹羽、維坎提等五人負責計畫的設計等。責任作者為小保方與維坎提兩人。

短文的作者則有十一人，多半是隸屬於理研的研究員。責任作者為小保方、若山、笹井這三人。

「理研針對STAP論文展開調查」——造假疑雲的第一篇報導於十五日早報露出，刊登在地方版與社會版之間的新綜合版二條，是個比較不顯眼的位置。目前還沒有其他媒體報導出來。同版的迷你新聞欄位上，也刊登了政府舉行綜合科學技術會議，由安倍晉三首相擔任議長，原本預定出席的小保方卻因「時間無法配合」而缺席一事。

除了多篇關於圖片的質疑之外，實驗無法取得複製性，也就是缺乏複製實驗的成功案例一事，也在網路上成為話題。

科學論文的撰稿原則是：只要忠實依照論文所寫的方法進行實驗，理論上應該得到相同的結果。若其他研究室依照論文所寫方法操作實驗，也能獲得相同結果，科學家才會判斷論文的內容為「事實」。反之，如果無法複製，評價就會變成「繼續審議」；如果誰也無法複製實驗，這篇論文最後就會被遺忘。

不過，如果是劃時代且備受社會矚目的成果，也可能在論文的評價尚未定論時，就成為獲得大規模預算的理由。

洋溢著樂觀的氣氛

我們透過各自的採訪網絡收集消息。

圖像疑雲暫且另當別論，我在這期間採訪的研究員之間，對於實驗的可複製性都洋溢著樂觀的氣氛。

ＪＴ生命誌研究館（大阪府高槻市）的顧問西川伸一，在二〇一三年三月前曾擔任ＣＤＢ副主任，我寫電子郵件詢問他時，他回答：「我剛好在讀這篇論文。圖片部分我並不清楚，但（共同研究員）丹羽（仁史・ＣＤＢ計畫主持人）、若山（照彥・山梨大學教授）都看著，應該不用擔心吧！」另外，論文發表時於電子郵件中表示「老實說相當『震驚』」的研究員，也如此回覆：

應該沒有研究員會針對如此簡單的方法撒下漫天大謊吧？而且理研CDB的水準也沒有低到拆穿不了這種程度的謊言。再說，《自然》的審稿人與編輯，至少也會進行簡單的複製實驗吧？（中略）就我來看，大家都無法立刻複製才是最合理的狀況。

不久後我以電話採訪某位幹細胞研究員，對方甚至斷言「即使遭到質疑的圖片並不恰當，也不是核心的部分，我心中對STAP細胞的存在依然深信不疑」，還說「論文發表還不到一個月，現在有很多人表示無法複製也是理所當然的，畢竟成功的人也不會大肆宣揚。小鼠iPS細胞發表時，也不是立刻就能進行複製實驗」。

他說自己也嘗試了複製實驗，並在非正式紀錄中「做出了類似的成果，但需要時間才能證明」。

文科省表面上看起來也相當平靜。雖然永山主編掌握的資訊顯示「文科省從十四日早上開始人仰馬翻，生命科學課一早就下令前往理研調查」，但某位接受齋藤有香採訪的幹部卻說：「我們已經掌握了網路上的爭議，不過那頂多只是傳聞。只要有創新的論文發表，就會有人贊成有人反對，也有人忌妒。終究還是要看論文或研討會上討論的結果，我想這就是過程之一吧！」

笹井芳樹向山中教授道歉

另一方面，我與記者八田採訪過的對象傳來消息，告訴我們在檯面下發生的其他風波。據說就在理研展開預備調查的幾天前，笹井芳樹與丹羽仁史拜訪了iPS細胞研究的最大據點——京都大學iPS細胞研究所（CiRA，京都市），在其內部研討會上向所長山中伸彌教授與所內研究員們致歉，表示「造成各位困擾非常抱歉」。

這場風波的開端，是記者會上分發的那張STAP細胞與iPS細胞比較圖。資料中絲毫沒有提及iPS細胞在製作天數、效率以及安全方面都已大幅改善，只列出iPS細胞於開發初期的特徵，給人STAP細胞更為優秀的印象。在回答提問時的說明，也刻意強調了STAP細胞的安全性。

因此，許多報導都提到了與事實不符的描述，譬如強調作為比較對象的iPS細胞有癌化疑慮，或是製作效率較差之類。山中教授察覺到了危機，於是在十日召開記者會澄清誤解，並在CiRA網站上刊登了自己的「考察」。

其實我在論文發表後不久也收到了山中教授的郵件，他質疑：「為什麼事到如今才來報導初代iPS細胞的問題點呢?」他看起來對那份有問題的資料相當在意,或許他後來也實際看到了吧。

據多名相關人員所說,笹井在會議中深深鞠躬,一再表示「非常抱歉」。也有人感到驚訝,覺得「自尊心高的笹井先生竟然會做這種事情!」而理研則以「內容包含招致誤解的表達方式」為由,在三月十八日撤回了這份資料。

《自然》也展開調查

針對圖片問題與實驗可複製性的質疑狀況,無時無刻不在惡化。刊登論文的英國科學期刊《自然》在二月十七日發表了總結現狀的報導,並在隔天表明已對有疑慮的圖像展開調查。該報導稱若山照彥在論文準備期間,將研究室從CDB搬到了山梨大學,而他仍在CDB時,曾於小保方晴子的指導下一度成功複製實驗,但搬遷後的複製實驗卻都失敗了。

「我愈來愈覺得這篇論文沒寫好,我深切希望這不是造假。」讀過該報導的某位國立大學教授,在接受八田記者採訪時這麼說。

駐美國紐約支局的記者草野和彥從論文發表之初,就持續申請採訪與小保方並列主論文責任作者的查爾斯·維坎提教授,希望能單獨訪問或向對方請教。十九日,維坎提教授所在的美國哈佛大學醫學院向草野記者發送了一封聲明，稱「所有引起本院注意的擔憂，都將成為徹底詳查的對象」，暗示了調查的可能。

維坎提教授也在二十日時，透過哈佛大學關聯醫療機構「布萊根婦女醫院」的公關部捎來意見。他表示「對於你們的疑慮我能夠理解」，並說這些質疑「我想都源自於論文編輯過程中發生的微小錯誤」。

我向CDB申請小保方、笹井、丹羽三人的採訪，卻被無情地拒絕了。公關負責人表示「三人都為了準備CDB的外部評鑑而非常忙碌，就連我們都很難找到人。再加上他們正在接受調查，即使能夠接受採訪也要等到三月以後」，並且補充道「只不過，我想調查結果不久之後就會出爐。站在理研的立場，也覺得現在的狀況不宜拖延，因此和光市的總部正在進行準備，希望能盡快說明清楚他們並沒有造假意圖」。

笹井芳樹風格的論文

二月下旬，我受CDB前副主任西川伸一邀請，參與了影片分享網站「NicoNico動畫」的直播節目。該節目由西川先生負責的非營利組織「All About Science Japan」贊助，名稱是「STAP論文徹底解說」。我擔任來賓，西川先生及慶應義塾大學助教中武悠樹，則站在「如果自己擔任STAP細胞論文的審稿人」的立場進行討論。審稿指的是由該領域專家檢查投稿科學期刊的論文，評估是否值得刊登的機制。

西川先生與中武先生的解說富含啟示。

事實上，西川先生曾讀過小保方等人在二〇一二年第一次投稿《自然》雜誌，但最後並未獲得刊登的論文。當時的作者是小保方晴子、若山照彥、查爾斯・維坎提、東京女子醫大教授大和雅之等人。若山是生物複製技術專家，維坎提與大和則是組織工程學專家，但西川先生認為「作者群中缺乏幹細胞專家」。而一月刊出的論文，則在作者陣容加入了ＣＤＢ副主任笹井芳樹（發育生物學），以及計畫主持人丹羽仁史，笹井甚至成為其中一篇論文的責任作者。

西川也具有豐富的論文審稿經驗，他坦言：「好壞另當別論，是否認識這個人（作者），確實是審查論文時的基準。」換句話說，對於審稿人而言，論文作者的名氣是一項重要判斷依據。「如果是我接到（審稿的委託），由於丹羽與笹井都在作者之列，我在閱讀時就會認知到這篇論文的作者包含了該領域的專家。而實際閱讀時，也會清楚知道寫的人是誰。」這篇論文開頭充滿了發育生物學的歷史，種種細節讓人感受到笹井芳樹的風格。

理研的新聞稿與記者會都強調ＳＴＡＰ細胞具有分化出胎盤的能力，這是ＥＳ細胞與ｉＰＳ細胞所不具備的，藉此展現與已知萬能細胞的差異。然而，西川說第一篇投稿的論文裡，「小保方等人似乎覺得ＳＴＡＰ細胞比現在所發現的細胞更接近ＥＳ細胞，對它與胎盤的關係並未太多著墨」，並表示「丹羽這位（幹細胞）專家的加入為論文賦予了新的趣味，變得遠比我最初閱讀的時候更為成熟，是一篇有趣的論文」。

真的能夠分化成胎盤嗎？

另一方面，中武先生則對於分化成胎盤持否定意見。他一開口就說：「關於這方面的解釋非常困難，論文裡也能看到非常注意表達方式的痕跡。」並指出論文中並沒有明確數據顯示ＳＴＡＰ細胞能夠分化成胎盤。此外，他還說：「就算是ＥＳ細胞，『好的ＥＳ細胞』也能分化成部分胎盤細胞，因此專業研究員對於『能夠分化成胎盤的新細胞』這種敘述方式，必須打上一個問號。」

日後回想起來，中武先生點出了非常重要的部分。假如根據《自然》上發表的論文數據，無法斷言ＳＴＡＰ細胞也能分化成胎盤的話，那麼將「能夠分化成胎盤」作為全新萬能細胞的重要特徵大肆宣傳，其實就是在宣傳一件尚未證實的事情。若真是如此，理研於記者會上強調可分化成胎盤的行為，被說是誤導也無可置辯。我雖然在意中武先生的見解，但遺憾的是，當時的我並未具備足以深入探究此事的知識與餘裕。

節目後半也提及ＳＴＡＰ細胞的複製性問題。西川先生表示「能否真的複製出來，需要時間才能證明」，又接著說道：「我唯一想說的是，當你做一件誰也沒有預料到的事情，不順利的話，一切都將成空，終究會遭到人們遺忘。」他還說過去許多刊登在知名科學期刊上的論文，都因為無法取得複製性而消失，隨後補了一句：「唔，但我想這篇論文應該不會消失吧！」而論文發表時雖然表示製作方法相當「簡單」，但中武先生卻提出質疑：「真的簡單嗎？用酸刺激細胞固然簡單，但要在細胞完全死亡之前停止（刺激），我想應該相當困難。」

他們花了很多時間解說論文，卻遲遲沒有討論觀眾可能最關心的圖片疑雲。我心裡十分焦急，最後終於在節目結束的幾分鐘前提出這個問題。西川先生回答「這樣的實驗都會一絲不苟地進行並留下筆記」，又說「只要看筆記多半就能知道」，似乎不覺得這是什麼嚴重的事。

接著在節目結束之後，該說是下直播後的閒聊嗎，西川先生還說了這樣一席話：

「科學領域中的造假，大多發生在能夠預期結果的實驗，造假的人希望能夠搶先做出成果。韓國黃禹錫的複製人ＥＳ細胞造假事件，就是因為已經有複製動物誕生，而大家都能預測在人類身上能夠取得什麼樣的數據。至於ＳＴＡＰ細胞則是完全出乎意料，也與以往的常識截然不同，就和發現小鼠的ｉＰＳ細胞一樣，完全沒有範例可供參考。造假不會誕生這樣的結果。」

訪問若山照彥

隔天下午，我走在從ＪＲ甲府車站通往山梨大學的路上，準備去見ＳＴＡＰ論文的其中一名主要作者若山照彥。在國內其他作者都不接受採訪的情況下，只有若山教授在國內外媒體的幾篇報導中登場。

步道上到處殘留著大量積雪。原本約在二月中旬的訪問，受到超過一公尺的積雪阻礙，延後了一個禮拜。更糟的是，理研似乎在這段期間對若山教授下達封口令，要求他不得再繼續接受關於圖片疑雲的採訪。我拚命懇求若山教授，好不容易才以「調查結果出爐前不得寫成報導」為條件訪問到他。

若山教授是複製動物研究的第一人，以全球首度成功製作出體細胞複製鼠而聞名。他在二〇一二年三月底調到山梨大學之前，都擔任ＣＤＢ的團隊負責人（實驗室的搬遷則在二〇一三年三月底）。他在ＳＴＡＰ的研究中成功製作出嵌合鼠，其體內充滿了自ＳＴＡＰ細胞發育而來的細胞，在證明萬能性方面扮演重要角色。而小保方晴子在二〇一一年四月至二〇一三年二月底之間，也在若山研究室擔任客座研究員。

小保方將她在若山研究室時取得的實驗結果寫成論文，卻遭到多家科學期刊退稿，後來笹井芳樹加入並改寫論文，終於在二〇一四年被刊登出來，這篇論文就是我們在《自然》看到的那篇。

進行訪問時，若山教授身穿印有美國夏威夷大學標誌的灰色連帽T恤。夏威夷大學是他投入體細胞複製鼠研究的地方，對他而言充滿回憶。他或許相當疲倦，臉色有點差，表情也很僵硬。

我首先針對兩張圖片遭到質疑的部分提出問題。據若山教授所說，被指出重複使用的胎盤圖片是由他所拍攝的，原始資料儲存在顯微鏡附屬的電腦裡。雖然一張圖片正確，另一張「明顯錯誤」，但一併刊載出來的其他圖片沒有問題，即使將錯誤的圖片刪除，也不影響圖片所顯示的內容。

若山教授當時進行小鼠的實驗，將樣本拍攝下來後，就在當天將檔案存進隨身碟裡，交給小保方晴子並說明內容。他說自己並未參與論文的配圖製作，並如此推測錯誤發生的原因：

「只要對照她自己的實驗筆記和圖片資料夾的時間，應該就能知道是哪個實驗的圖片，但她處理的檔案數量龐大，照片又不是自己拍攝的，所以可能是在編輯論文時搞混了。光是論文中刊載出來的配圖就超過一百張，儲存的影像更有上千張，再加上一張圖片裡還混合了不同製作者的影像與圖片。而且整體結構在反覆投稿的過程中曾多次大幅更動，各個圖片的內容與編排也曾多次變更。這些配圖並不會每次都從零開始重做，我想都是根據原本的草稿重新調整配置，因此應該是在調整時有哪個地方出了錯吧！」

若山教授的實驗筆記與電腦放在山梨大學，他說雖然可以比對，但尚未進行這項作業，理研也沒有提出要求。我聽到這裡時心裡覺得「理研可真悠哉啊」。

至於電泳圖的「剪貼」，若山教授則事先聲明「這張照片不是我拍的，我也不清楚」，並如此說明：

「被指經過剪貼的正中央泳道，是（作為比較對象的）控制組資料。在原始資料中或許離得較遠，或是中間夾著無關的泳道，也許是為了方便與右邊的Oct4陽性細胞（STAP細胞）進行比較，而將其移到這個位置。一般來說是不允許剪貼的，但如果只是移動參考值（控制組）位置，並不是什麼大問題。倒不如說應該至少加上條白線，讓讀者知道泳道經過移動就好了。重要的是右邊（STAP細胞）的泳道，因此對於這張圖想要表達的內容也沒有影響。」

簡單整理若山教授的看法，他認為遭到質疑的兩個部分是事實，但只是單純失誤，不是什麼嚴重的問題。

「我應該進行最終確認，就這點來看我也有責任，但實際上我並未參與圖片製作，所以也莫可奈何。」

就如同《自然》的報導所寫，若山教授在離開CDB前的二〇一三年春天，曾直接向小保方學習製作方法，他當時雖然製作出了STAP細胞，但在山梨大學操作時卻未能成功。「酸性處理相當困難，不是全部死光，就是幾乎都沒有死亡」。

當我提及國內外的複製實驗都沒有成功案例，也有人懷疑ＳＴＡＰ細胞究竟是否真實存在時，若山教授的表情出乎意料地稍微開朗了一些。

「我早就料到會有現在這種情況，這該說是研究領域的樂趣嗎？日後回過頭來看，想必會成為愉快的回憶。現在是因為圖片問題而承受了無謂的壓力，但有關複製性問題，我們只要光明正大迎戰即可。雖然ｉＰＳ細胞是例外，但所有的新發現大概在發表後一年，都會因為誰也無法複製而吵得沸沸揚揚，這是理所當然的事。理研也是把內容說得太過簡單了，但現在大吵大鬧說無法再現的，我想都是一些太過看輕技術的傢伙。小保方畢竟花了五年才做出這樣的成果，不可能兩三個禮拜就追上。」

的確，第一隻哺乳類體細胞複製動物桃莉羊，在發表之後也被質疑造假，一直到若山教授在一年半左右後製造出體細胞複製鼠，傳聞才平息下來。「複製鼠也因為沒人能夠複製而遭到懷疑，但無論在世界的哪個角落，只要有研究室邀請我就去，在他們眼前直接示範教學。雖然我也因此失去了研究的優勢。」

若山教授在大約十天前接到小保方的電話，她帶著哭聲說「造成您的困擾非常抱歉」，除此之外就聯絡不到她，寫郵件給她也不回。

當我問到「小保方今後會如何呢？」若山教授的臉色再度暗了下來。

「在講究嚴謹的理研發生了這樣的問題，周圍的研究員想必會嚴厲以對吧？當初造成熱潮時就已經吃不消了，現在又發生了圖片問題，對她的傷害想必很大。我擔心她會因此停止研究。我之所以會答應採訪也是為了她好，希望能夠盡早釐清事實，讓她能夠回歸正式研究，但似乎有點事與願違……」

採訪大約進行了兩個小時，後半段話題轉移到STAP研究的經過與今後展望。如果能夠進一步改善製作方法，製造出品質更高、更接近受精卵的STAP細胞，或許就能取代受精卵，只要將STAP細胞移植到子宮就能產下後代。這項技術倘若能夠實現，也能用來增加優質的家畜等，應用在畜牧業……若山教授談論著這樣的夢想，而身為聽眾的我，立刻就找回了論文發表時的興奮感。這是我第一次與若山教授談論STAP研究的展望，卻也成了最後一次。

複製貼上被發現

後來在網路上，陸續又出現對圖片的新質疑。而且也發現說明實驗手法的段落裡，部分抄襲了某德國研究團隊在二〇〇五年發表的論文。大約有二十行的每一字每一句都相同，根本就是「複製貼上」。

短時間內爆發出這麼多問題的論文實屬前所未見。週刊雜誌與晚報幾乎每天都跳出醜聞的標題。但除了若山教授之外，以小保方晴子為首的作者群依然保持沉默。

三月上旬，我前往採訪京都市召開的日本再生醫療研討會。

二〇〇七年人類iPS細胞問世後，再生醫療的研究獲得國家補助，發展得十分快速。尤其二〇一四年時，更是以眼部罕見疾病為對象，利用iPS細胞進行了全球首見的臨床研究。今年秋天即將施行有關再生醫療的新法《再生醫療安全性確保法》與《改正藥事法》，研討會也因此更為熱絡。擔任研討會理事長的東京女子醫大教授岡野光夫，在三月四日的記者會上幹勁滿滿地說：「我們將今年稱為『再生醫療元年』，希望由日本出發，研究造福全世界患者的再生醫療技術。」

我在記者會結束後，叫住準備早一步離開會場的岡野教授。小保方從早稻田大學畢業後，曾以再生醫療為志業，在早稻田大學與東京女子醫大的合作教育機構學習。當時指導小保方的，就是女子醫大的岡野教授與大和雅之教授，他也有和小保方合著的論文。大和教授則在二月時病倒，正在長期療養，因此無法詢問他的看法。

「就算論文的『手法』多少有點瑕疵，也沒有必要這樣群起而攻吧？」岡野教授對於現狀似乎相當不滿，「不管是STAP細胞是由小保方製作出來的，或是研究的意義等等，大家都沒看到這些本質的部分。如果STAP細胞在人類身上也能實現，不知道能夠拯救多少患者。現在小保方連實驗都不能好好做。只針對圖片問題鑽牛角尖造成這種狀況的人，以後說不定會遭到批評吧！」

他說自己曾好幾次與小保方通電話，勉勵她「請努力繼續研究」，但她似乎「相當消沉，沒什麼精神」。最後我再問他，為什麼在研討會上幾乎沒聽到有人提及STAP

細胞，岡野教授如此回答：「嗯，因為大家決定不要提到這個話題。因為一旦提起，又會有人提出各種批評不是嗎？」

「小保方可是個什麼都做得出來的人呢！」

我在研討會前一晚，與一位許久未見的同齡研究員在京都市內的小餐廳碰面，他對萬能細胞與基因分析相當了解，過去曾多次協助採訪，是個能夠信賴的對象。二〇一二年十月，《讀賣新聞》曾在頭版頭條刊出「iPS心肌移植臨床應用首例」一文，隨後發現是假新聞，而他早在這場騷動之前就警告過我，說引發該風波的森口尚史[6]「是個可疑的人，最好小心一點」。

STAP細胞自然成為我們的話題。

理研在記者會中表示，「利用刺激促進細胞『自發』初始化的STAP細胞，安全性比運用基因導入技術的iPS細胞更高」，他對這段內容的意見相當耐人尋味。「iPS細胞會使來自外部的基因表現（運作），但完成任務的基因就會休眠或消失。至於STAP細胞則是透過施加刺激，來促使細胞核內原有的內在基因表現。換個角度來看，如果這些基因持續表現，或許反而更危險。正如同重複的物理或化學刺激會導致癌症一樣，我認為透過刺激來引起細胞變質絕對不是一種安全的方法。」

而且小保方晴子與笹井先生也承認，因刺激而初始化的機制尚未解明。對於完全不清楚其中機制就談論「安全性」這點，我自己也相當在意。

「順帶一問，須田小姐你在記者會時，對小保方有什麼印象？」

「嗯，簡單形容的話應該是純真吧。我覺得她面對研究的態度很誠摯，讓我有好感。雖然面對提問有時會語塞，不過她是第一次召開記者會，因此也無可厚非。」

「純真嗎……雖然我只透過電視看，但我覺得這個人並不習慣科學的討論。」

這是出乎意料的觀點。小保方一直以來都與頂尖研究員共同研究。我以為她在發現、證明「全新萬能細胞」的過程中，應該經歷過不少激烈討論。

在眾多圖片問題中，小保方於過去的論文裡不僅將電泳圖上下反轉，甚至還重複使用的這項爭議，更是讓他「非常遺憾」。

「如果這是真的，小保方可是個什麼都做得出來的人呢！抄襲也是，一定是將掃描器掃描的文章直接複製貼上，所以才會拼錯單字。再怎麼說都不能做這樣的事情。雖然我很想相信ＳＴＡＰ細胞真的存在。」

小保方「什麼都做得出來」，這不就代表她已經習慣造假了嗎？這句評論一直在我

6　譯註：宣稱成功研發出ｉＰＳ細胞的臨床應用，後來被證實是造假的研究員。

的腦海裡揮之不去。

顛覆根本的重大疑點——ＴＣＲ重組

三月六日又有新的問題發生，那是我從京都回到東京的隔天。理研在前一天發表了實驗指南，整理出ＳＴＡＰ細胞製作實驗的方法，但這份指南卻在一夜間引爆了研究員社群的質疑聲浪。

由於持續有人回報，即使依照論文記載的實驗基本方法也做不出複製實驗，因此理研公關室就「以較多人詢問的部分與容易出錯的重點為中心」，整理出這份指南。最引人注意的是關於ＳＴＡＰ細胞的根本，也就是「將已完全分化的體細胞初始化」之記載。

實驗結果顯示，ＳＴＡＰ細胞的基因裡，淋巴球中的「Ｔ細胞」具有特殊痕跡（ＴＣＲ重組，ＴＣＲ即Ｔ細胞受體[7]），而論文便以此實驗結果為依據，得出ＳＴＡＰ細胞並非生物體內原本就微量存在的未分化細胞，而是由完全分化的淋巴球重新生成的結論。但實驗指南卻寫著，由ＳＴＡＰ細胞製成的八株「ＳＴＡＰ幹細胞」觀察不到ＴＣＲ重組跡象。

ＳＴＡＰ幹細胞擁有與原ＳＴＡＰ細胞相同的遺傳訊息。在這種細胞中觀察不到Ｔ

ＣＲ重組，也動搖了ＳＴＡＰ細胞源自於Ｔ細胞——即完全分化的體細胞——的根據。

這裡要簡單解釋一下ＴＣＲ重組的意義。

將取自小鼠脾臟的淋巴球細胞浸泡在弱酸性溶液中培養，小保方晴子等人主張，如此一來，存活下來的細胞約有百分之三十將被初始化，轉變為ＳＴＡＰ細胞。同時，由於ＳＴＡＰ細胞本身不具備自我增殖能力，因此必須在特殊培養液中培養，使其轉變成會不斷自我分裂增加的ＳＴＡＰ幹細胞。

這時，研究員首先要思考的是，這些ＳＴＡＰ細胞或ＳＴＡＰ幹細胞真的是由淋巴球細胞發育而來的嗎？在某些實驗室的環境中，或許也可能混入了ＥＳ細胞等其他萬能細胞，又或者並非源於完全分化的體細胞，而是來自原始淋巴球集團中就存在的極微量未分化細胞。若要否定這些推論，就必須予以證明。

ＴＣＲ重組就是足以證明這點的標記。即使淋巴球細胞轉變成ＳＴＡＰ細胞或ＳＴＡＰ幹細胞，這個標記也不會消失。這代表只要觀察到ＴＣＲ重組，就能證明ＳＴＡＰ細胞與ＳＴＡＰ幹細胞確實「源自於已分化的體細胞」。

7 編註：T-Cell Receptor。

倘若像指南中所寫，在STAP幹細胞中觀察不到這項標記，便無從得知STAP細胞到底是源自什麼細胞了。

專業編輯委員青野由利也寄了一封郵件給採訪小組，裡面寫道：「如果這點遭到推翻，就相當於顛覆了論文根本。這個問題的層次與先前的圖片疑點完全不同，是否該確認一下比較好？」理研的研究員也向永山主編表示「實驗指南中隨處可見筆誤或是藉口般的表現，並未針對資料問題道歉也很奇怪」。

我急忙寫郵件給實驗指南的作者，也就是CDB計畫主持人丹羽仁史以及笹井芳樹，詢問他們關於這份指南的問題。

寫成報導將會很困擾

我在大約一小時後收到丹羽仁史的回信。其實我也提出了其他關於實驗的問題，但此處只著重於說明TCR重組的內容。

首先我想無庸置疑的是，STAP細胞已經完成了重新編程（初始化）。我們成功地用STAP細胞製作出嵌合鼠，並在STAP細胞中觀察到TCR重組。因此STAP細胞源自於分化細胞的主張是成立的。

ＳＴＡＰ幹細胞是ＳＴＡＰ細胞經由另一階段的過程所製造而出，是種如同ＥＳ細胞般的增殖性多能幹細胞，但我們認為，從ＳＴＡＰ細胞轉變為ＳＴＡＰ幹細胞的過程中，具備ＴＣＲ重組的ＳＴＡＰ細胞因某些不利因素而遭到淘汰。

再說，只檢查了八株ＳＴＡＰ幹細胞，並不能斷言完全都不包含ＴＣＲ重組。我們只是如實地陳述實際資料而已。

關於以上這點，今後將考慮以科學家為對象設置問答專區，繼續傳遞資訊。但在程序上來說，必須等到理研的調查委員會公布結果之後才能實行。

因此，在我們發表官方資訊之前，請勿將上述的回答內容寫成新聞報導。

如果完全不回答，可能會被寫出一些無中生有的揣測，但如果回答了又會被寫成報導，對目前正在進行的處理手續造成妨礙，我們現在陷入了這種悲慘的惡性循環。

我之所以會透過這封信進行這番說明，也是相信須田女士必定能夠理解我們的苦衷。

事實不出上述回應的範圍，其他媒體也不可能揭露更多內容，因此請耐心等待我們開始回應科學問題，再次麻煩您了。

雖然丹羽先生要求「請勿報導」，但僅憑這點也不可能做出判斷。於是我打電話到研究室，進行追加採訪。這是我第一次與丹羽先生直接通話。

除了郵件的說明之外，丹羽先生強調「我們必須觀察整組資料進行判斷」。據丹羽先生所說，被稱為「成體幹細胞」的未分化細胞，在血球細胞中的含量相當稀少，只有百分之零點一左右。而在酸性處理中存活下來的細胞，約有百分之三十會成為STAP細胞。即使在作為STAP幹細胞根源的STAP細胞中，並未觀察到TCR重組跡象，但根據比例來看，推斷它來自T細胞以外的血液細胞，而不是成體幹細胞，也比較符合科學。

丹羽先生還進一步解釋：「現在早已知道，像T細胞這種處於特定分化狀態的細胞，具有難以初始化的性質。」雖然不清楚原因，但iPS細胞也出現了相同現象。

「這次可以想成STAP也發生了同樣的問題。ES細胞也是有些能夠製成嵌合體，有些則不行。大家也不會因為無法製成嵌合體，而否定ES細胞的多能性吧？STAP也一樣，希望大家能夠觀察整組數據再行判斷。」

說明結束後，丹羽先生表示「將我說的這些內容寫成報導的話會相當困擾」。如果寫成報導，採訪就會蜂擁而至，說不定也會影響論文疑點的調查。「雖然科學上的討論不會成為調查對象，但如果因為報導而寫出了新的疑點，必定會進入是否該加入調查對象的評估流程。這麼一來，公布結果的時間就會愈來愈晚。」

他還如此談論有關複製性的見解：

「ＣＤＢ內已經有幾個人獨立成功複製了，只要確實進行實驗就能做到。除此之外，還想要我們再做些什麼呢？就是因為把實驗想得太過簡單了，所以現在才會有人嚷嚷著做不到，但我們不可能為每一個人的失敗負責。」

關於科學上的討論，他說自己「非常想回答卻沒辦法，很無奈」，但已經預定在調查結果出爐後，在網路上以問答形式公開。丹羽先生在最後提出要求：「我像這樣回答問題是希望取得你的理解，如果你是為了寫成報導，我今後將不會再回答任何問題。」

雖然他稱得上略為強硬的態度讓我驚訝，但我覺得說明本身具有一定程度的說服力。再說，ＴＣＲ重組的內容原本就比較專業，論文發表時的報導也完全沒有提到。我說服了永山主編，總之這天先不要報導出來，持續觀察狀況。

不過，有一點我還是無法釋懷。專業編輯委員青野指出，「丹羽等人在提出實驗指南的時候，應該就很清楚如果提到在ＳＴＡＰ幹細胞上觀察不到ＴＣＲ重組，將會在研究員之間掀起一番質疑。為了避免混亂，應該可以說明得更仔細才對」。我也有同樣的想法。他把身為指南作者的責任擺在一邊，以今後的採訪為擋箭牌，拒絕寫成報導，是否有點任性呢？

缺乏危機感的笹井芳樹

我隨後也收到了笹井先生的回信。

由STAP細胞轉為STAP幹細胞的變化，就現在的技術而言十分困難。「若山教授所培養的幾株STAP細胞中」，之所以沒有觀察到TCR重組，可能是樣本數較少的偶然現象，又或者是因為若源自完全分化的T細胞，STAP細胞將難以轉變為STAP幹細胞。

我在隔天繼續以郵件追問笹井先生。

您提到STAP幹細胞是由「若山教授培養」，指的是論文和實驗指南所記載的那八株嗎？此外，論文以「CD45」此種蛋白質為標記分離淋巴球，但仔細調查的話，除了淋巴球以外還有其他細胞含有CD45，實際在實驗中使用的，具體來說到底是哪種細胞呢？

笹井的回信內容比平時更短，他在開頭寫道：「平常很少生病的我今天下午竟然病倒了，似乎是被傳染了感冒。不好意思，請容我極簡略地說明。」

他針對第一個問題的回答相當含糊。

TCR的分析是傳聞，我並沒有詢問是對應到哪株，也沒有看到有多少確切證據。我想多半是與論文同株吧，但不好意思，我並不清楚是全部都分析了還是只分析了其中幾株。但似乎不只一兩株。

看來笹井先生並未掌握STAP幹細胞與其分析的詳細內容。關於第二個問題的回答則如下：

我不是血液學家，對於例外的情況並不清楚，但含有CD45的血液細胞就是指多種類型的白血球，其中應該既有未分化的幹細胞，也有分化的細胞。根據西川伸一的說法，已知如本次實驗所用，採取自脾臟的血液細胞中，含有CD45的細胞幾乎都是淋巴球。在這次實驗當中，以CD45為指標分離細胞之前，也採取了運用比重差異將淋巴球類細胞進行離心分離的方法。此外，在使用CD45分離的細胞中，也觀察到未分化的幹細胞反而更難成為STAP細胞。

生物體內存在著「成體幹細胞」，這些細胞雖然不具備ＥＳ細胞或ｉＰＳ細胞那樣的多能性，但也能分化成各種細胞。血液中的幹細胞（造血幹細胞）便是其中之一。

我立刻回信道謝：

> 感謝您在身體狀況不佳的狀況下依然迅速回信。
>
> 成體幹細胞不容易成為ＳＴＡＰ這點非常耐人尋味。
>
> 我甚至想告訴那些在網路上嚷嚷著ＳＴＡＰ源自於成體幹細胞的人。
>
> （中略）
>
> 昨天也相當感謝您。
>
> 請保重身體，不要讓感冒惡化了。

儘管是深夜，而且是在身體不佳的情況下，笹井先生依然在三十分鐘後就回信了。

> 您這種確實將實驗背景調查清楚的態度令人敬佩。
>
> 《自然》的版面限制還是比較嚴格，無法寫得像美國科學期刊《細胞》那樣詳細，或許也給予讀者較大的解釋空間，擴大了臆測的範圍。

（中略）

不過，這樣的分析對於涵蓋許多細胞的淋巴球而言也有極限，因此我們也考慮從更均勻的細胞開始進行實證實驗（不過這場騷動如果不結束，也無法靜下心來展開實驗，小保方想必也備受挫折，讓人擔心）。

科學上的「實證」，通常不是指在《自然》發表論文，而是從論文發表後展開的過程。

我希望您務必從實證如何被理解的角度來關心此事。

我也在內心抱持著對實證將如何進展的期待參與其中。

（中略）

雖然應該會花上不少時間，但我希望能早日專注在這上面。

今後也請您持續追蹤，多多關照。

這時論文已被指出多處爭議，就連STAP細胞是否存在都被打上大大的問號，情況相當嚴峻。儘管如此，笹井的郵件即使對置身風暴中心的小保方表示了關心，卻完全沒有展現出危機感。理研「不影響論文根基」的主張或許是真的。這麼一想，就能理解丹羽先生那番強勢的發言了。信賴笹井先生的我，內心這麼想著。

但我無從得知的是，短短三天以後，關鍵的影像疑點就被公諸於世了。

CHAPTER 3

令人震驚的撤回呼籲

ＳＴＡＰ論文的關鍵是「畸胎瘤影像」與「ＴＣＲ重組」，但這兩項關鍵卻出了問題。共同作者都陸續表態，認為將論文撤回是無可避免的判斷，而笹井芳樹也同意。但在郵件採訪中，他的發言終究還是在幫小保方晴子辯護。

酷似博士論文

星期一早晨，我打開電腦，發現ＣＤＢ計畫主持人丹羽仁史寄來了一封郵件，標題是「畸胎瘤照片問題」。我心中冒出了不好的預感。

> 網路上又有人指出標題所述之影像出現錯誤。
> 但此事已向《自然》雜誌及內部調查委員會報告，且預定包含於本週發表的內部調查委員會報告中。
> 若現在只基於網路資訊就做出新聞報導，恐怕會導致問題進一步延宕。
> 還請多加考慮。
> 要如何平衡調查與資訊報導，我們或許做了錯誤的判斷。

我匆忙在網路上搜尋，發現從前一天的三月九日起，許多網站上都有人指出，ＳＴＡＰ細胞論文中的影像，酷似小保方晴子二〇一一年博士論文中的畸胎瘤影像。而且這張影像，就是證明ＳＴＡＰ細胞萬能性的畸胎瘤實驗影像。《東京新聞》與《中日新聞》已經在十日的早報報導此項爭議。我相當後悔自己星期天沒有上網確認相關消息。

畸胎瘤（teratoma）是指將萬能細胞移植到活鼠皮下時，所形成的良性腫瘤。其內部濃縮了神經、肌肉、上皮等各種組織細胞。如果移植STAP細胞後形成了畸胎瘤，並能夠確認裡面含有已分化成各種組織的細胞，就能成為STAP細胞具備萬能性的一項證據。

那是將腫瘤依組織製成切片後所拍攝下來的影像。

竟然與研究內容不同的博士論文畸胎瘤影像如此相似，到底是怎麼一回事呢？這已經無法再用「失誤」搪塞過去了。我在這一瞬間確信，STAP細胞論文再也禁不起檢視了。同時，我對STAP細胞是否存在的懷疑，也一股腦兒地膨脹起來。

我也透過郵件將此事告知東京的採訪小組，記者八田浩輔與專業編輯委員青野由利立刻回信寫道：「如果是事實，已經到了該撤回論文的程度了吧？」

另一方面，我也注意到丹羽先生的郵件中提到，調查委員會預定在本週公布調查報告。因為根據記者齋藤有香最近採訪文科省的筆記，相關報告似乎尚未整理完畢。我寫郵件詢問丹羽先生，他立刻回覆說「現在就各種意義來看，事況時時刻刻都在變動」，並未給予確實說法。「今後的狀況，包含如何處理前幾天的評論，均由您自行判斷。」

我心想或許能透過電話訪問，於是試著提出邀請，但丹羽先生沒有答應，取而代之的是如下回覆：

就如同我在前幾天的討論中所說，我絲毫沒有懷疑論文根基部分在科學上的真實性，但若是表現形式上的問題，則另當別論。我現在能說的只有這些。

我也寫了一封以「急需您幫忙」為標題的郵件給笹井先生，他卻沒有回覆。

被NHK搶先一步

當天晚上七點，科學環境部因為NHK的頭條新聞而亂成一團。身為論文共同作者的山梨大學教授若山照彥，在這天呼籲其他共同作者撤回STAP細胞論文。糟了……我咬著嘴唇，內心後悔不已。我還沒針對畸胎瘤影像的疑點訪問若山教授。

「立刻打電話給若山教授！」永山主編朝著我大喊。「我正在打。」我回答的同時，撥號的手因為太過焦慮而顫抖。如果現在無法訪問到他，就連在隔天早報刊登後續報導都做不到。我已經被搶先一步了，現在更是無論如何都不能讓這種狀況發生。

我打電話到山梨大學的研究室，也直接撥打教授的手機，兩者都沒有接通。七點十四分，我懷著祈禱般的心情，寄了一封信到若山教授的信箱：「我看了剛才的新聞，急著想要聯絡您，能否請您接手機呢？」

若山教授或許是讀了我的信，我第二次試著撥他手機就接通了。我用手遮住話筒，大喊：「我聯絡上了！」記者八田在永山主編的指示下，開始撰寫早報頭版用的原稿。

據若山教授表示，除了美國哈佛大學的教授查爾斯・維坎提等人之外，他已經將撤回論文的提議，透過電子郵件同時發送給所有日本國內的共同作者。他之所以會如此提議，除了與博士論文影像酷似的問題，還有其他理由。

他說，二〇一二年十二月若山研究室還在ＣＤＢ時，小保方晴子在每週一次於研究室召開的成果發表會上，也曾在投影片中使用那張有疑慮的相似影像。

「我還保留了列印出來的發表資料。由於是研究室內部的發表，不是公開資料，所以使用不同的照片作為示意圖也無可厚非，但應該要事先聲明。然而這張照片（小保方）並未加上這樣的說明。說老實話我很震驚。」

如果這是事實，小保方就是在理應互相發表最新實驗數據的內部會議上，介紹了完全不同的實驗影像。此外，小保方在同時期的研討會上，針對證明ＳＴＡＰ細胞來自淋巴球的ＴＣＲ重組做說明時，還聲稱「八株ＳＴＡＰ幹細胞中有數株具備痕跡」。但丹羽仁史等人上週發表的實驗指南中，卻表明八株都沒發現標記，兩者顯然有出入。

畸胎瘤影像與ＴＣＲ重組這兩個問題，成為若山教授呼籲撤回的主因。「光是這樣就已經很嚴重了。我在郵件中寫到，如果論文是正確的，應該先撤回，將數據好好整理清楚，寫成沒有錯誤的嚴謹論文後再次投稿。」

「我逐漸搞不清楚自己做的實驗是什麼了」

若山教授使用小保方晴子交給他的「ＳＴＡＰ細胞」，製作了比畸胎瘤更能證明萬能性的嵌合鼠。嵌合鼠是將ＳＴＡＰ細胞注入受精卵中，移植到代孕小鼠子宮裡所製作出來的小鼠，由原受精卵發育而來的細胞，以及由小保方所供細胞發育而來的，在小鼠全身體內混雜分布著。而且這種嵌合鼠全身發出綠色螢光，代表「來自ＳＴＡＰ細胞」的細胞遍布全身。

在培養皿中發現Ｏｃｔ４、確認其在試管中分化成各式各樣的細胞、形成畸胎瘤、製作嵌合鼠，實驗是經過了這四個階段，才得以證明「ＳＴＡＰ細胞」確實就是萬能細胞。如果直到形成畸胎瘤這一步都是造假，那若山培育出的嵌合鼠為什麼會全身發出綠色螢光呢？

「這部分我們只能想像了，但如果她交給我的是ＥＳ細胞，也能製作出嵌合鼠。雖然能夠分化成胎盤是ＳＴＡＰ細胞非常重要的一項特質，但如果胎兒的嵌合率非常高，來自胎兒（源自於ＥＳ細胞）的血液就會大量流向胎盤，如此一來胎盤也可能發光。」

嵌合率是指由注入受精卵中的細胞發育而來的細胞所佔比例。嵌合率愈高，注入細胞的貢獻就愈大，這意味著注入細胞被初始化到接近受精卵的狀態，是高品質的萬能細胞。

小保方晴子與若山照彥的實驗範圍

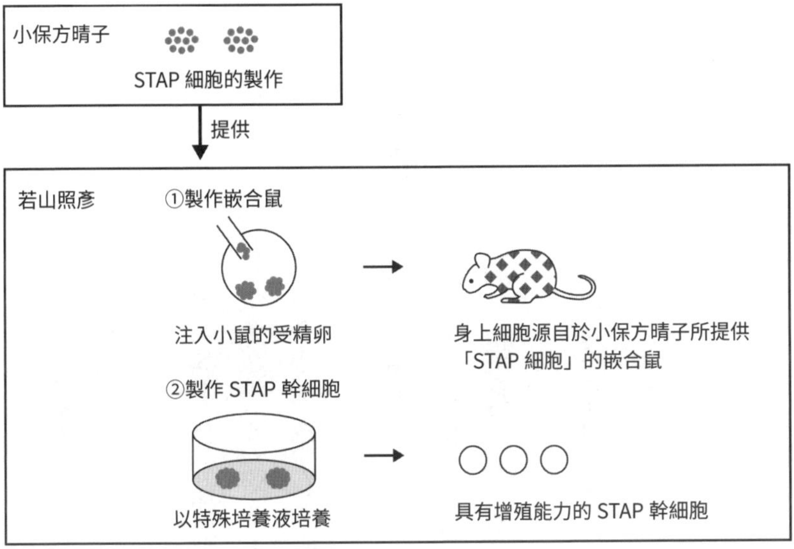

這是我第一次直接從研究員口中聽到ＳＴＡＰ細胞就是ＥＳ細胞的推論。附帶一提，ＥＳ細胞是在一九八一年首度利用小鼠的受精卵培養，現在廣泛應用於基礎研究。

若山教授接著說：「我真的很震驚。我所做的實驗是正確的，製作出嵌合鼠也是事實。但現在出了這麼多問題……我逐漸搞不清楚自己做的實驗到底是什麼了。就算是為了讓自己相信也好，重要的是不被謠言干擾，清楚且正確地重做一遍實驗。」

「您的意思是，您已經搞不清楚小保方交給您的細胞是什麼了嗎？」

面對我的再次確認，若山教授

在猶豫之下承認了。

「……嗯，可以這麼說。我開始懷疑她交給我的到底是什麼東西。」

但若山教授在CDB時，應該曾在小保方的指導下複製STAP細胞。這點應該沒錯吧？

「那時候成功做到了轉換成STAP幹細胞的步驟。在我的研究室裡有五個人做過這項實驗。我與其中一名學生是在小保方陪同之下進行實驗，當時成功過一次，其餘三人依照步驟進行卻失敗了。我在小保方不在的時候也嘗試過，但都失敗了，在山梨時也是一次都沒有成功。」

「有沒有可能是細胞遭到掉包？」

「細胞培養需要一週時間，培養箱前面也不是隨時都有人看著，所有研究室的夥伴都有鑰匙，晚上想進去的話也進得去。這麼懷疑起來會沒完沒了，所以我沒想過這件事情。」

最後，當我問他二月下旬的訪問內容是否已經可以見報，若山教授以清晰的口吻回答：

「可以，我已經做好覺悟了。」

西川伸一相信「STAP是真的」

若山教授也在這天發表書面聲明，表示「希望了解STAP細胞的科學真相」，並將自己保管的STAP幹細胞提供給「公正的第三方研究機構」，委託他們進行分析，結果將會「盡快公布」。《每日新聞》則在隔天十一日早報的頭版二條及社會版，報導若山撤回論文的呼籲以及電話採訪內容。

我也趁著出稿空檔，打了電話給CDB前副主任西川伸一。我一直很在意西川先生在二月下旬發表的言論，他認為STAP細胞完全是新奇的發現，不可能造假。但現在有關萬能性的核心資料已然站不住腳，西川先生是怎麼想的呢？

西川先生回答：「STAP是一般人所想不到的點子，我自己至今依然相信那是真的。」

「許多資料不當與科學上的真偽是兩回事。關於前者，如果作者表示『雖然有這麼多錯誤的資料，但能不能讓我們修改成新的？』只要《自然》的編輯認為『這份論文已經不行了』，還是會被要求撤回吧。」

那麼今後理研與作者群該如何回應質疑STAP細胞存在的聲音呢？西川先生的意見相當明快。

「最好的辦法就是集合若山教授等作者，再一次重新進行實驗。海外的研究案例中，也有將進行複製實驗者加入共同作者之列後，重新投稿的例子。這麼做也沒什麼不好。共同作者不能逃避責任。存在與否都必須由自己確實展現。如果那麼容易就被周圍影響，還是不要寫什麼論文比較好。」

不過，若山教授聯絡不到小保方晴子，顯然也代表共同作者之間的溝通並不順暢。在這種狀況下，真的能夠齊心協力「重新進行實驗」嗎？

當天深夜，我收到若山教授寄來的郵件。

須田女士：

昨天聽聞博士論文與《自然》的照片一致實在太難過，不知該如何是好，所以呼籲作者群將論文撤回。

您信任我們，而我也做出了取信於您的評論，實在非常抱歉。

我至今依然懷抱著想要相信的念頭，所以希望能夠澄清一切，重新發表一篇任何人都能信服的論文。

麻煩您了。

若山照彥

笹井芳樹的說明

隔天，我再度前往甲府市。我在回信給若山教授時邀請他接受採訪，而他也答應了。他回信寫道：「雖然不清楚狀況會如何演變，不過在目前來找我的記者中，您是最認真思考STAP的人，能夠接受您的採訪我也很開心。」

與二月下旬見面時相比，若山教授的表情反而更加釋然。現在回想起來，他當時或許正拚命想要壓抑心中湧現的懷疑與不安。他和上次一樣，身穿印著夏威夷大學標誌的帽T，據若山研究室的有關人員表示：「夏威夷大學可說是若山教授的原點，他在那裡抓住了身為研究員的機會。他在想要打起精神或是想要壓抑緊張時，經常穿上印著夏威夷大學標誌的帽T。」

若山教授持續收到國內外研究員響應呼籲的支持訊息。幹細胞研究領域的世界級權威，美國麻省理工大學（MIT）教授魯道夫．耶尼施（Rudolf Jaenisch）表示「我認為這是個困難的決定，但相當了不起」，而若山的恩師，夏威夷大學榮譽教授柳町隆造也寄來勉勵的郵件。「我很開心。」若山這麼說著，臉上露出些許笑容。

另一方面，共同作者CDB副主任笹井芳樹則寄來郵件，針對成為若山呼籲撤回契機的兩點，也就是圖片酷似博士論文的影像，與STAP幹細胞中沒有原淋巴球（T細胞）基因標記（TCR重組），表示若山教授有所誤解。

「我最震驚的是影像與論文極為相似，但他卻花了許多篇幅說明那純屬失誤。關於TCR重組也是，他認為那是彼此缺乏溝通所導致的失誤，完全沒有見不得光的事情，總而言之論文沒有問題。」

「您接受那樣的說法嗎？」

若山教授思索著措辭，最後只說：「如果對方對於某件事情表示他『不清楚』，那我們不也只能接受嗎？畢竟這時我也只能回答『喔，這樣啊』。」

即使如此，讓人毫無頭緒的是，到底是什麼樣的「失誤」，才會導致STAP論文的影像與博士論文極為相似呢。笹井先生是如何說明的呢？

「笹井先生的郵件最後似乎是說他也不清楚狀況呢，他說小保方晴子或許也是在無意間混入了博士論文的圖片，而她自己也忘了。」

據若山教授表示，撰寫投稿的論文時多半會分別製作文檔與圖檔，做成只有文字的文件以及彙整了圖片圖表的簡報檔。而笹井似乎是在解釋說，可能是小保方在草稿階段先將影像貼在圖表類檔案，後來卻搞不清楚影像出處了。

但是在若山研究室內部的「進度報告」會議上，小保方也使用了同樣的影像，若山教授依然很在意這點。

「進度報告會議只有實驗室的夥伴參與，而且只發表極為近期的資料，完全沒有什麼壓力。我在星期天發現小保方使用重複影像時固然震驚，然而當我調查這是什麼時候發生的事情後，卻發現早在更久以前的研究室內部發表會就有這種情形了。所以我才會採取這麼大的動作（呼籲撤回論文）。」

不過，關於TCR重組的問題，若山教授似乎已經「接受」了笹井先生的解釋。

小保方在若山研究室時期，曾表示八株中有數株觀察到TCR重組，但這樣的說明卻被實驗指南推翻，關於這點可以解釋成細胞在長期培養的過程中產生變化，使得TCR重組在再度調查時消失了。接著他也和丹羽仁史一樣，認為製作效率高這點相當重要。

「身體內任何地方都能生成STAP細胞，但未分化的細胞只微量存在於體內，我認為不可能只有在偶然採取到這些細胞時，才會產生STAP細胞，因此對我來說，TCR重組不是那麼重要。」

他認為，TCR重組雖然是證明已完全分化的細胞被初始化，轉變成STAP細胞的實驗結果，但這點已透過克服刺激存活下來的細胞中，有高達約百分之三十的機率能夠轉變成STAP細胞得到證明。

已經想要收手

那麼，若山教授現在仍相信STAP細胞的存在嗎？「丹羽教授似乎依然相信……」面對我的試探，若山教授坦然答道：

「（因為受到刺激）細胞發生變化，到此為止是正確的，但我已經不相信能夠轉換成論文中所定義的ＳＴＡＰ細胞了。」

根據論文，在ＳＴＡＰ細胞中，萬能細胞共通的「Ｏｃｔ４」等基因高度運作，能夠進一步形成畸胎瘤、製作嵌合鼠。但若山教授迄今為止在山梨大學所做的複製實驗裡，Ｏｃｔ４只有極其微小的運作。而且因為這次與博士論文影像雷同的風波，現在連是否真的能夠形成畸胎瘤都教人懷疑。

考慮到當前狀況，不難想像若山教授會有這般見解，但同時也令人震驚。因為距離那場發表論文的盛大記者會，甚至還不到兩個月。

不過，如果ＳＴＡＰ細胞不存在，那麼連胎盤都能分化的嵌合鼠製作實驗到底是怎麼一回事呢？就和前幾天電話採訪時一樣，這點依然是最大的疑問。

我首先問道，ＣＤＢ時代的若山研究室，是否能夠取得可替代ＳＴＡＰ細胞的小鼠ＥＳ細胞。

「我研究室的冷凍庫裡隨時都保存著大量的ＥＳ細胞，也沒有上鎖，一天二十四小時隨時都能進入研究室。」

據他所說，ＥＳ細胞的數量並沒有嚴格控管，畢竟在其他研究的實驗中，使用或製作ＥＳ細胞都是家常便飯。其中也有像ＳＴＡＰ細胞製作實驗中使用的那種，當特定基因運作就會發出綠色螢光的ＥＳ細胞。

但論文也全面解析了在ＳＴＡＰ細胞中起作用的基因，結果顯示ＳＴＡＰ細胞具有與ＥＳ細胞、ｉＰＳ細胞等已知萬能細胞不同的特徵。而且也有影片顯示，在以弱酸給予刺激的淋巴球中，逐漸出現多個發出綠色螢光的細胞，最後形成了團塊。

「是啊，還是有不少讓人覺得ＳＴＡＰ細胞真實存在的要素。也有人認為如果ＳＴＡＰ細胞不存在，應該就不會有這些資料。」

ＳＴＡＰ細胞的最大特徵是具有分化成胎盤的能力，關於這項能力的可信度又是如何呢？

「一般認為初期的ＥＳ細胞無法分化成胎盤，但現在技術已經提升，能夠製作出更高品質的ＥＳ細胞。尤其提高嵌合率也是我研究室的一大課題，因此說不定ＥＳ細胞也有助於分化為胎盤呢。」

當我詢問呼籲撤回後的心境，若山教授如此答道：

「很抱歉，雖然這麼說很像在逃避身為作者的責任，但說老實話，到了這個地步我也已經想從ＳＴＡＰ研究收手了。我發表撤回論文的呼籲後，研究室所有夥伴都覺得太好了，因為再也不用進行複製實驗了。大家一直很有壓力，很怕如果無法複製，將遭到全世界指責……總而言之，實驗能夠喊停讓我們輕鬆多了。」

博士論文也是抄襲

若山教授隨後還召開了記者會，我也繼續採訪。關於影像酷似的問題，若山教授坦言：「這張照片讓我搞不清ＳＴＡＰ細胞到底是什麼了。我真的一頭霧水。」他也公開自己在多名非共同作者的ＣＤＢ幹部支持下，決定提出呼籲的經過。他表示，畸胎瘤是證明ＳＴＡＰ細胞萬能性的第一階段實驗，屬於「論文中非常重要的成果」，正是因為有了這項成果，才能進入到證明具有更高度萬能性的嵌合鼠實驗，他也再度呼籲：「我想知道真相。雖然這是個痛苦的決定，但我認為暫時撤回論文，以真正正確的資料重新寫一篇出色的論文，然後再度投稿，那才是最好的做法。」

據說小保方等共同作者分別都有回信。小保方的回信並未談到撤回呼籲一事，但她對於自己造成的困擾表示「非常抱歉」，同時也對若山教授認真考慮如何應對表達感謝之意。

另一方面，理研也在同一天三月十一日，自論文浮現疑點以來首度於東京文科省向記者直接說明原委。公關室長加賀屋悟致歉道「造成社會紛擾真的十分抱歉」，並表示「論文發表後遭受如此之多的指教，我們非常慎重以對。基於可信度及研究倫理的觀點，我們已將撤回論文納入考量之中」。接著他也說，包含外部專家的調查委員會將在三月十四日舉行記者會，說明調查的進展。加賀屋室長對於慢半拍的處置，也承認「即使被認為當初小覷了事態也無法辯駁」。

此外，日本生命科學領域最大規模的學會「日本分子生物學會」，也以理事長大隅典子的名義二度針對ＳＴＡＰ問題發表聲明。聲明稱「此事已經招致許多科學家的疑慮，嚴重程度遠遠超出單純發生失誤的可能」，展現了強烈危機感，並要求理研採取適當處置，譬如公開兩篇ＳＴＡＰ細胞論文的原始資料、撤回論文等，以及詳細檢討導致公正性遭到懷疑的原因。

而小保方的博士論文則又發現全新的驚人疑點。佔了整篇論文五分之一的第一章，有將近二十頁內容幾乎完全複製美國國家衛生院（ＮＩＨ）網站「幹細胞入門」的介紹文字，而且沒有引用或參考的說明。熟知研究弊案的愛知淑德大學教授山崎茂明（科技傳播學）在接受大阪的記者根本毅採訪時表示，「這就是所謂的『抄襲』，不是失誤，在研究倫理上是不被允許的事」。

《每日新聞》在三月十二日早報頭版及三版報導此事。三版的標題是「理研對ＳＴＡＰ論文的處置慢半拍，以『補救』為前提展開行動」，內容回顧論文發表後的經過，並報導理研因為當初過於樂觀而導致反應慢半拍的情形。

難以理解的笹井芳樹

理研的作者群是如何看待若山教授撤回論文的呼籲呢？尤其是意圖「說服」若山教授的笹井先生，我更是在意他的見解。三月十一日晚上，我在從甲府返回東京的特急列車上重新傳送郵件給笹井先生，對他提出我的疑問。

事態發展急轉直下。

關於若山教授撤回論文的提議，我想知道笹井先生您的看法，只要一句話即可，能否提供您的見解呢？

單就若山教授的說明來看，撤回論文的提議反倒十分合情合理，您是否有不同的意見呢？（中略）

我由衷相信身為科學家的您，但STAP論文現在的狀況，說老實話讓我非常困惑。

我在大約一小時後收到回信。

很遺憾，基於我的立場，尚無法在理研公布結果之前說得過於詳細，但我只能說，這次事件並不像大家想像的那麼複雜。

若山教授的發言也確定是被扭曲的傳言所誤導，我想他也會接收到修正此種誤解的資訊吧。

理研的訊息傳播太過謹慎，因此速度太慢，導致了不必要的臆測蔓延。

為什麼會陷入這樣的負面循環呢？我不禁感到悲傷，今天本該是喜慶場合的上原獎頒獎典禮，也因為媒體的湧入而變得氣氛詭異。

「上原獎」旨在嘉獎於生命科學等領域有傑出成就者，笹井先生因為與STAP細胞無關的個人研究成果入選，並於十一日出席在東京都內舉行的頒獎儀式。但根據在會場採訪的記者下桐實雅子所言，當時的笹井先生眼神空洞，臉上完全沒有笑容。

不過，「不像大家想像的那麼複雜」是什麼意思呢？光憑閱讀郵件的感想，我認為笹井先生並沒有正確理解論文現在所處的狀況。尤其我先前還採訪了若山教授做出困難決斷後的記者會，更是覺得他與若山教授的態度落差不可思議。

我也詢問了丹羽仁史同樣的問題，並在隔天晚上收到回信。他除了解釋回信較慢的原因之外，也寫給我如下的「私下想法」：

到了這個地步，我想論文已經沒救了。

我似乎已經別無他法，只能自己驗證我所看到的景象了。

既然他本人說是「私下」的感想，就還不能寫成報導，不過看來丹羽先生也認為撤回論文無可避免。我還發現另一件事，那就是丹羽與笹井同樣都在ＣＤＢ中，就論文疑點所獲得的資訊照理來說應該大同小異，而丹羽也認知到事態的嚴重，因此笹井的態度就更加令人費解。我雖然不願隨便臆測，但再次閱讀笹井先生的郵件後，似乎也可以解釋成他這麼寫是為了要讓記者輕忽這次的事件。

我剛好在十一日收到某位研究員的郵件，裡面寫到「神戶的理研是親密的夥伴，我也很信任他們，但還是得正視事實」。

沒錯。必須拋棄所有先入為主的觀念，正視事實。我將這句話刻在心底。

我再次寫郵件給笹井先生提出我的問題。我針對那張與博士論文酷似的影像提問，就該影像也曾用於若山研究室內部成果發表這點，詢問他的見解，他給我的回答如下：

小保方「在資料管理上發生某種失誤」，應該是她在製作發表資料時，將大學時代製作的畸胎瘤影像，與來到若山研究室之後製作的畸胎瘤影像混在一起，並依此製成論文的影像。實際上她也製作了「源自於正確細胞」的畸胎瘤，而這個畸胎瘤的影像也存在，故意使用錯誤圖片完全沒有好處。

郵件的後半也在替小保方晴子辯解：

我想小保方確實是實驗方面的天才，但在非實驗方面，也摻入了與天才不符的不成熟與粗心，尤其在來到CDB前錯失了填補兩者差距的訓練，相當可惜。但如果因為這樣，就否定她秉持良心做研究的態度，我認為是不公平的。另一方面，恢復其受損的credibility（信用），就長期來看，對於這項發現真正的價值與對她的評價而言都極為重要，我希望將所有選項包含在內，考慮該如何verify（證明）這點。

丹羽仁史的回答

我也詢問丹羽先生至今依然相信STAP細胞存在的根據，他仔細地回答了我。

- 小保方將給予弱酸刺激的細胞設置於顯微鏡底下，接下來由小保方以外的研究員進行觀察，在這樣的狀況下，的確觀察到萬能性基因（Oct4）在很高比例的細胞中發揮作用，以「前所未見的移動方式」形成團塊。
- 若山教授似乎已經無法肯定小保方交給他的是STAP細胞，但他親手切下細胞塊並將其注入受精卵，而這些細胞塊有很高的機率形成了嵌合鼠的胎兒與胎盤，這點至今仍是擁有確切證據的事實。
- 丹羽先生本人曾以顯微鏡觀察若山教授製作的嵌合鼠胎盤組織切片，發現與已

> 知可分化為胎盤的「TS細胞」相比，該切片細胞擁有「截然不同的模式」，而且「確實」有自STAP細胞發育而來的細胞存在。

能夠說明以上事實且最恰當的「科學假說」，就是STAP細胞是從已分化細胞中誕生的。

丹羽先生進一步補充：

> 我已經對小保方的資料管理能力產生了疑問，但也親眼見證過她高超的研究能力。即使她使用了錯誤的資料，但我不覺得她會在若山教授每次進行實驗時，都交給他複製性良好的「可疑」細胞。
>
> 身為一名科學家，我深切體認到自己在這次事件中的責任；另一方面，正是基於這種科學家的信念，我認為繼續驗證工作也是我們的職責。

但郵件的最後卻寫到：「請您保證在現階段只將這封郵件的內容當成自己的預備知識，切勿公開。我會在適當的時機到來時發言。」所謂「適當的時機」到底是何時呢？論文的可信度從根本上受到動搖，對於STAP細胞是否存在的質疑逐漸高漲，身為作者之一，現在不是應該立刻將自己的信心告訴社會大眾與科學界，公開討論嗎？理研為什麼不讓他這麼做呢？

我內心滿是焦急，但如果正在調查造假疑點，丹羽先生也不會因為我的遊說而改變意願吧？總而言之，我除了探究科學上的疑問之外，沒有其他可以做的事情。於是我也詢問丹羽先生，若山教授所說的「或許也能形成胎盤的高品質ＥＳ細胞」是否有可能存在。

丹羽先生再度詳細說明。據他所說，將普通ＥＳ細胞注入受精卵的實驗中，從來沒有觀察到能夠分化成胎盤的現象，即使混合了ＥＳ細胞與ＴＳ細胞也未曾形成緊密的細胞塊。我也詢問丹羽先生「深切體認到的責任」具體是指什麼，而他則回答「身為共同作者卻沒有在發表前發現錯誤，以及儘管在發表後協助回應，依然招致這樣的事態」。對於自己在論文製作時提供的協助，他表示雖然當時看了「撰稿中的論文」與審查意見，卻不記得什麼時候看過刊出的那版最終稿件，並說「那個時候覺得自己已經把該做的都做完了」。

無法複製的實驗

個別研究員如何看待ＳＴＡＰ論文的異常狀況呢？我在調查委員會發表結果之前，有機會問到幾名研究員的想法。

一名從事STAP細胞複製實驗的再生醫療研究員表明「沒有樂觀的數據」。他採用的方法並非與論文完全相同，而是以改變來源的體細胞種類等方法進行了多項實驗，但最後都以失敗告終。「我們也有讓不少細胞發出螢光，那時研究室還歡聲雷動，結果只是瀕死細胞發出的自體螢光罷了。當初還考慮過如果真的能夠製作出多能性幹細胞，是否該將研究題目從iPS細胞轉換過來，但現在情況完全不同。」自體螢光是細胞死亡時自然釋放的光，其波長從紅到綠不等（顏色亦然）。他說接連浮現的論文疑點，也讓研究室夥伴進行複製實驗的意願下滑。

針對STAP論文，他則表示：「這不是換張圖就能了事。瑕疵實在太多，應該撤回才對。」而關於小保方晴子完全沒有說明的部分，他也抱怨：「就算年輕，她也是研究室的負責人。理研太過保護她了，應該要求她召開記者會才對。」

在某場聚集了再生醫療領域研究員的聚會上，或許因為現場沒有其他媒體，我也得以一窺研究員真正的想法。

理研的某位研究員表示，笹井先生「似乎非常想要與iPS細胞一較高下」，又皺起眉頭說：「我最擔心會傷害到理研的信譽，影響相當大。」東京都內的一位研究員憤慨道：「海外的日籍研究員告訴我，『現在日本人的論文都被以有色眼鏡看待』。實際上，現在很難通過《自然》系統的期刊審查了吧。站在我們的角度來看，造成了很大的困擾。」

某位關西的研究員則抱怨「媒體在論文剛發表時也捧得太厲害了。我明明表示不經過多方調查也無法確定真偽，卻沒有任何一家媒體願意採用我的評論」，他也驚訝地說：「為什麼像笹井先生那種程度的人沒有在事前發現問題呢？真搞不懂。」

調查委員會的初步報告

三月十三日早上，CDB主任竹市雅俊接受大阪記者齋藤廣子的單獨採訪，其內容在當天晚報刊出。這是竹市主任在一連串問題爆發後，首度提及論文的處置，他以沉痛的表情說：「我看了論文發表前的數據，站在個人角度，我相信STAP細胞真實存在。但科學有科學的規則，倘若不符合論文體裁，無論（自己或共同作者）怎麼想，都不得不撤回。」

理研的調查委員會則在十四日午後於東京都內召開記者會，現場聚集了約兩百名媒體記者。台上的是理事長野依良治，不見小保方晴子等論文主要作者的身影。

野依理事長先開口致歉：「對發表於《自然》期刊的論文可能影響科學界可信度這點深感抱歉。」接著說：「科學家必須對實驗結果以及從中導出的結論負起全部責任。尤其是自己所做的實驗結果，因為將作為根據使用，更是必須客觀且十分謹慎地處理。」並針對STAP論文表示「在製作過程中發生重大失誤，深感遺憾，也正在考慮提議撤回論文等處理方式」。

接著，擔任調查委員會會長的理研高級研究員石井俊輔，針對被指出疑似有不當研究行為的六個項目，提出初步調查報告。調查委員會在二月十三日到十七日進行預備調查，隨後在十八日展開正式調查。

委員會判斷，這六個項目中的兩項並非不當行為，但其他四項則有不當行為的可能，因此調查將繼續下去。接下來介紹報告的概要：

①ＳＴＡＰ細胞的彩色影像有不自然的扭曲。

↓可能是在《自然》期刊的編輯過程中產生所謂「壓縮失真」的影像扭曲，**並非不當行為**。

②使用ＳＴＡＰ細胞製成的嵌合鼠胎盤影像，酷似其他的實驗影像。

↓若山從其他角度拍攝同一個胎盤，並將照片交給小保方，由小保方及笹井製成論文用的圖片。小保方與笹井「在執筆過程中改變構想，其中一張圖片已經不需要，但忘記刪除就直接投稿了」，笹井也進一步說明「校稿時也看漏了」。這項疑點固然屬於理研規章中的「竄改」範疇，但由於並非出於惡意，因此**不屬於不當行為**。

③呈現ＳＴＡＰ細胞由淋巴球變化而來的「電泳」實驗的結果圖片，有部分剪貼的痕跡。

↓根據小保方與笹井聯合提出的原始影像、實驗筆記的分析，以及詢問調查的結果判斷，他們將其他影像的一部分拉長，穿插進原始圖片中，並且調整對比抹去剪貼的痕跡。**（持續調查）**

④關於實驗手法的約兩百字敘述，與二〇〇五年德國研究團隊的論文敘述相同。

↓小保方說在撰稿時忘記將參考的文獻標上「引用（原始敘述）」，但關於原始文獻則說「不記得」。**（持續調查）**

⑤關於與④相同的敘述中，部分內容與實際的實驗步驟不同。

↓笹井、若山兩人申告有必須修正的部分。若山說明，該部分的實驗由小保方與若山研究室的成員實施，並由小保方撰寫步驟，但若山研究室成員實施的部分與實際不同，可能是小保方並不清楚這部分的詳情所致。**（持續調查）**

⑥證明ＳＴＡＰ細胞萬能性的畸胎瘤實驗等四張影像，酷似小保方博士論文（二〇一一年）中的影像。

↓比對兩者的影像資料，判斷拍攝的是相同的實驗材料。博士論文的影像內容雖然是畸胎瘤，但那是以小鼠骨髓細胞通過細玻璃管後，所得到的細胞製作而成，實驗內容及時期與ＳＴＡＰ論文都不相同。笹井與小保方於二月二十日提出申請，表示影像有誤，要求替換成正確的影像。但並未申告該影像與博士論文相同。據小保方說明，在兩項實驗的過程中，樣品使用了相同名稱的標籤，所以才會「發生混淆，

使用了錯誤的影像」。（**持續調查**）

「不成熟的」小保方

委員會會長石井俊輔在說明結束後，解釋了當事人缺席的理由：「這終究只是初步報告，考慮到今後的調查，並不適合在現階段給予作者辯解的機會。我深切希望各位能夠在調查結束後，給予作者機會解釋。」

CDB竹市主任則神情嚴肅地說：「現在已經發現嚴重損及論文可信度的錯誤，迅速撤回並重新研究才是最重要的事情。」尤其針對第⑥點中與博士論文酷似的影像，他聲明「這張圖表完全不適當，根本不符合論文格式」，並且表示在三月十日，網路上指出這個疑點的隔天，他就已經建議小保方、笹井、丹羽等三人撤回論文，而三人也傾向同意。部分報紙也在這天（十四日）的早報中報導「小保方等人同意撤回」。

另一方面，這三人發表的意見只提到「關於撤回的可能性，也已經聯絡（理化學研究）所外的共同作者，進入評估階段」。但是，「同意撤回」一事卻在日後發生爭議。

小保方在調查中解釋「我缺乏不能做這件事（剪貼資料）的認知，非常抱歉」。記者會上，川合真紀理事說「（小保方本人）正在反省自己的不成熟」，竹市主任稱她「身為科學家並不成熟」，野依理事長則表示「一名不成熟的研究員整理了龐雜資料，處理方式粗心且缺乏責任感」，他們都強調了小保方的「不成熟」。但若回顧在論文發表之初相關人員的大力讚賞，現在這些評語近乎異常。

這名「不成熟」的年輕研究員，為什麼會被聘用為研究小組負責人呢？畢竟就算規模較小，還是讓她掌管了一間研究室。竹市主任答道：「我們聘用她是因為感受到ＳＴＡＰ的突破性，但對她的背景調查不夠充足，我們正萬分深刻地反省。」

還有一些網路上已指出的疑點並未成為調查對象，會長石井只說「這與今後的調查有關」，並未透露理研所掌握的疑點詳情。

針對「ＳＴＡＰ細胞是否其實就是ＥＳ細胞」的問題，竹市主任則表示：「我知道有人指出這點，但外行人無法判斷。我想這屬於調查對象，因此已將資料提供給理研總部，不過是否針對資料進行調查，將交由調查委員會判斷。」川合理事也說：「我們已經委託專家分析，並由調查委員會判斷是否進行調查。

記者提問也集中在ＳＴＡＰ細胞的複製性與存在真偽。

理研在調查開始的二月中旬曾表示「不影響研究成果」，但川合理事這時的見解卻變得較為保守了，他表示「（現階段）雖然看不到完全是捏造的證據，但當初確實有稍嫌樂觀的傾向。研究員圈內確實對成果真偽提出了質疑，而且質疑的聲音日益增強」。

據川合理事等人所說，數名理研的研究員在實驗中，觀察到浸泡在弱酸性溶液的細胞產生變化，顯示萬能性的其中一種基因（Ｏｃｔ４）確實發揮了作用。但製作完成的細胞是否有能力分化成不同細胞，則尚待確認。另一方面，他也表明「調查委員會的目的是調查研究是否有不當行為」，因此ＳＴＡＰ細胞的真偽並非調查對象。竹市主任也表示：「要得出科學的見解，只能等待第三方的驗證。」

關於這個問題，丹羽先生終於願意接受以撰寫報導為前提的電話採訪。由於我正在參加記者會，記者下桐代我撥打這通採訪電話。丹羽先生表明自己今後打算主導驗證實驗的想法，「將會思考嚴謹的驗證方法來推進作業」，而針對混入ＥＳ細胞的說法，他也強調：「混入ＥＳ細胞並無法形成胎盤，這代表有新的細胞存在。對於論文的缺陷，我深感作為科學家應負起的責任，但希望大家將科學現象與論文缺陷分開來看。」

此外，主論文的責任作者，美國哈佛大學教授查爾斯．維坎提也在這天發表評論，稱「只要沒有證據證明資料錯誤，我就不覺得該撤回論文」，並表示「這將是重要的決斷，我打算與所有共同作者協商」。理研並沒有撤回的權限，論文的撤回與否取決於共同作者與《自然》的協議。由於作者橫跨日美兩地，既然責任作者維坎提教授反對，亦可想見協商將會陷入困難。

笹井芳樹也表示「論文撤回無可避免」

《每日新聞》在三月十五日早報頭版頭條報導了調查委員會公布的初步報告，並在十五日到十七日的早報以「STAP細胞研究再陷風暴」為題，刊登三回的連載專文。連載「上篇」探討草率論文誕生的內幕，指出作者之間的合作不夠充分。「中篇」以「爭奪預算弄巧成拙」為題，回顧理研當初堪稱「作秀」的記者會，同時也介紹文科省早在發表之前就掌握了STAP論文的情報，並在文部科學大臣下村博文的指示之下，開始評估對STAP研究的財政補助。「下篇」則以「網路查證力道加強」為標題，整理了論文發表一週後海外論文查證網站「PubPeer」就出現揭發的貼文，等到不當行為的質疑也在國內網路上一口氣爆發開來後，報紙等一般媒體才緊追而上的經過。

這段期間有許多關於作者如何看待撤回論文的報導，我為了確認這些報導以及連載專文內容，時不時與笹井先生透過電子郵件聯絡。據部分報導指出，小保方研究室的粉彩牆壁與日式圍裙，是笹井與小保方為了記者會「作秀」所準備的，研究室牆壁是在一個月前漆好，日式圍裙則是「臨時起意」。也有報導稱早在一年多前就有廣告代理公司介入，為他們提供公關策略建議，但笹井全都予以否認。

據笹井表示，小保方平常就會穿著日式圍裙做實驗，他根本不知道小保方在記者會當天會不會穿。他也解釋牆壁顏色是由研究室主持人自行決定，像小保方研究室這樣以顏色區分房間功能的實驗室，在歐洲也時有所聞。不過，針對與ｉＰＳ細胞的比較方式有問題這點，笹井也承認「有許多必須反省的地方」。

透過記者八田與大阪記者根本的採訪，也可一窺「作秀」傳聞的真偽。我們一邊留意笹井的回答，一邊根據各方面採訪的內容，謹慎評估連載的內容與一字一句的表現，將報導整理出來。

另一方面，笹井對於論文撤回的見解與說明，在一週之內也有了微妙變化。理研召開記者會的三月十四日早晨，他在郵件中表示「像這次這樣的情況，我想最後需要時間才能形成共識」，也坦白「老實說，我幾乎跟不上事態的發展，進展太快讓我一頭霧水」，而針對其他報紙在當天早報報導笹井與小保方同意撤回論文，他則表示「那不正確」，並做出如下說明：

有關撤回與否，目前的確正在與包含哈佛大學在內的各位作者討論，但「一切都還是相對的」，而且在判斷什麼情況應該撤回論文時，彼此不同的立場也導致想法不一。《自然》也在十三日給予忠告說：「撤回論文幾乎等於失去今後的舉證機會，請務必慎重。」由於笹井是以支援的立場參與ＳＴＡＰ論文，如果有多名共同作者主張撤回，他也不會反對，但可以理解的是，維坎提等主要作者會想得更加深入。小保方夾在兩者之間「左右為難」，但他並不確定在現在這個時間點，小保方是否已經做出決定。

對歐美研究員來說，除非在論文主幹的結論發現了錯誤，或是過了一定的時間仍完全無人能夠複製，才有可能考慮撤回。

除此之外，笹井先生也如此表示：

但我自己站在所方的立場來看，如果小保方與所內其他年輕研究員在這種情況下，繼續承受超過他們應該承受的負面影響，那麼純粹基於political（政治）理由的retraction（撤回）也是無可奈何。

既是責任作者又是CDB副主任，笹井芳樹內心的苦悶可見一斑。在隔天的郵件中，他首度透露了「撤回無可避免」的心境。

這次的論文，尤其是主論文部分，在分析STAP細胞本質的畸胎瘤實驗中，出現了使用錯誤影像的重大失誤。無論資料多麼相似，依然無法否認這導致整篇論文失去了credibility。即使論文的主要結論沒有大幅改變，但作為一篇被期待擁有世界最高準確度的理研論文，尤其還是「主張重大結論的論文」，仍必須說此種失誤是不應該的。我反覆思考，現在冷靜想想，像竹市主任的勸告那樣，乾脆地決定retraction才是正確判斷。因此，我現在的想法，就如昨天的道歉聲明一般。

當天傍晚他又寄來了一封郵件，提到另一個同意撤回的理由，他表示「既然STAP的真偽是如此重大的命題，我想從一開始，就必須要有機制能夠提供毫無瑕疵的證據，並做好這樣的決心」，透露出他對論文撤回後，在第三方見證之下進行複製實驗的期待。

「小保方只是稍微時尚一點的普通女性」

他在郵件最後也吐露了心境，「在調查委員會結束之前什麼都不能說的鬱悶」，在這一個月來一直壓在他心上，也說到稱他是「幕後黑手」的報導愈來愈多，以及網路上出現「揚言要找出笹井研究室論文瑕疵」的言論。他接著寫道：「我想研究室的夥伴也真的很困惑，是不是有很多人討厭我，想要結束我身為研究員的生命？」

他在這些郵件當中，除了擔心研究室夥伴、家人、CDB年輕研究負責人的精神負擔外，也再次提到對於小保方晴子的辯護與關心。據CDB國際公關室表示，小保方正在休養中，調查委員會會長石井也在理研的記者會上表示「聽說她的精神狀態不是很好」。當我問及小保方的精神狀況時，笹井在回信中是這麼寫的：

小保方只是稍微時尚一點的普通女性。她原本就不是喜歡引人注目的人，就像大家所說的，她是個喜歡實驗又勤奮的人。包含最初兩週獲得讚賞的時期在內，她一直都在與巨大的壓力及狗仔對抗，片刻不得停歇，就這樣過了一個半月。現在到了極限也是理所當然的事，畢竟她只是個普通人。

話說回來，在STAP論文剛發表不久的時候，我怎麼也料不到自己會和笹井先生討論這樣的內容。

對我來說，笹井先生是一位研究成果出色的頂尖科學家，同時也是讓我體會到科學採訪趣味的研究員，每次見面時，他都會以關西腔生動地講述基礎科學的魅力。但另一方面，他在三月十日時，過度輕忽小保方使用影像與博士論文極為相似的問題，想要「說服」若山教授，以及他對小保方的過度保護，這樣的態度也讓我不禁心生疑惑。在我對笹井先生的信賴逐漸動搖之時，還必須多次透過郵件採訪他，這也讓我心情沉重。

但現在，已經無法停止笹井口中的「負面循環」，既然身為記者，即使報導內容對笹井不利，也不能選擇停止報導與採訪。

我在給笹井的郵件中，除了感謝他百忙之中的回信之外，也寫了下面這段話：

正因為現在是掀起各種臆測的時候，我希望能夠以比平常更冷靜的態度累積客觀事實寫下報導。（中略）因此，今後也會像這樣詢問您各種問題。雖然很抱歉打擾您，但在當前的情況下，您的幫助對我而言至關重要。（中略）

關於這次的情況，想必笹井先生也感到相當沮喪。

眼下出現各種推論的報導，更會讓您心力交瘁吧。請務必保重身體。

雖然只是平凡的言語，但我希望至少能以個人的角度表達關心。

然而，疑點的擴大並未有所停歇。隔週傳來消息，在山梨大學若山研究室進行的STAP細胞初步分析，得到了「極為不自然的結果」。這預告著日後的分析將撼動STAP細胞存在的基礎。

CHAPTER 4

STAP研究的原點

哈佛教授維坎提認為，動物的體細胞理應也能像植物的癒傷組織一樣初始化，因此他反復進行將肉切碎之後放著觀察的諸多奇妙實驗。STAP細胞的原點，就是他在二〇〇一年發表的論文。

維坎提在二〇〇一年發表的論文是原點

ＳＴＡＰ細胞以「顛覆細胞生物學常識的全新萬能細胞」之姿震驚世界，那麼它是在什麼過程之下誕生，最後發表於一流科學期刊《自然》的呢？在此我們就將時間倒轉，介紹研究經過以及小保方晴子一路走來的軌跡。

京都大學教授山中伸彌只在小鼠皮膚細胞中嵌入四種基因，就製作出了ｉＰＳ細胞，而早在他發表此項成果的二〇〇六年八月，美國哈佛大學教授查爾斯·維坎提的研究室裡，就已經開始ＳＴＡＰ細胞的相關研究了。

維坎提教授是哈佛大學附屬布萊根婦女醫院的麻醉科主任。他從一九八〇年代後期開始，就在從事麻醉醫師工作的同時，一邊展開組織工程學（tissue engineering）的研究。組織工程學是指將細胞、細胞生長的支架和促進生長的蛋白質三者結合，嘗試將組織再生的學問。維坎提成功將軟骨培養成想要的形狀。一九九五年，英國ＢＢＣ電視節目介紹了背上長出人耳形狀軟骨的「維坎提小鼠」（Vacanti mouse），使維坎提一躍成為全球焦點。

ＳＴＡＰ研究的源頭，可以追溯到維坎提與弟弟馬汀·維坎提（Martin Vacanti）醫師等人於二〇〇一年發表的論文。

這篇論文主張：「哺乳類動物體內幾乎所有組織裡，都有一種以休眠狀態存在的極小細胞，即使遭遇數天沒有氧氣或養分、以攝氏八十五度高溫煮沸、或是反過來以負八十六度低溫冰凍等極端條件，這種極小細胞都能存活下去，而且它們具備分化成其來源組織細胞的能力。」維坎提等人將這些細胞命名為「類孢子細胞」（spore-like cells）。（STAP論文發表後不久，維坎提接受美國加州大學戴維斯分校副教授保羅・諾菲勒〔Paul Knoepfler〕訪問時表示，他相信類孢子細胞就是STAP細胞）。

這篇共六頁的論文雖然遭受嚴厲抨擊，但讀過的人卻極少。某位研究員毫不留情地批評此文「非常草率，不值得一讀」，二〇一三年發表的一篇評論論文（review paper）也指出：「該論文缺乏細胞分離方法以及細胞表面標記物（用於檢測細胞的標記）的紀錄。」

東京大學表觀遺傳疾病研究中心教授白髭克彥表示：「論文中只貼出了組織與細胞的照片，完全找不到能夠判斷這些照片真偽的數值與統計資料。細胞的照片也是，無法保證我們看到的真的是細胞。與其說這篇文章是論文，不如說是幻想文。」舉例來說，論文中有五張代表原始組織的圖片，表示類孢子細胞是由此採集所得，但這五張圖片很明顯是插畫。一般論文使用的應該是實際採集到這些細胞的器官照片。此外，網路上也有人指出，這五張照片抄襲自民間企業發售的醫學資料集光碟。

但維坎提堅信「類孢子細胞」具有能夠轉變成各種細胞的多能性，他將組織工程學當成研究主題，持續對其進行詳細研究。

「他會試圖從超市買來的肉塊中採集幹細胞，將切碎的肉塊放進燒瓶存放約兩個月，等待幹細胞生成……他做了許多出人意表的事情。麻醉科的預算很充裕，他似乎有不少能夠自由使用的研究經費。」某位熟知維坎提當時行為的日本學者如此回顧。

維坎提等人認為，類孢子細胞只有直徑五微米左右的「小巧」尺寸，就是關鍵所在。於是，維坎提研究室的醫師小島宏司創造出一種有效分離小細胞的手法，那就是讓組織碎片通過內徑約五十微米的極細玻璃管，使其粉碎，藉此分離出小細胞。據說小島醫師在二〇〇六年發現，利用這種手法從肺細胞採集的小細胞形成了球狀團塊，而此種團塊與既有的萬能細胞ＥＳ細胞極為相似。

前往哈佛大學留學

二〇〇八年初，暫時回國的小島醫師在東京四谷的天婦羅店參加聚會，他的舊識東京女子醫大教授大和雅之，在聚會上介紹了一名研究生給他認識。這名「非常想參觀哈佛大學研究室」的碩二學生，就是小保方晴子。

小保方二〇〇六年從早稻田大學理工學院應用化學科畢業後，就進入早大的研究所。她的學士畢業論文主題是微生物分離培養方法之開發，但升學時她希望研究再生醫學，因此拜入了東京女子醫大的岡野光夫教授、大和教授門下。她的學籍雖然掛在早大研究所，卻在東京女子醫大尖端生命醫科學研究所修讀碩士課程，而她的博士研究，也決定在早大與東京女子醫大剛創辦的合作研究教育機構進行。

以她與小島在天婦羅店的相遇為契機，小保方在二〇〇八年夏天獲得早大的獎學金，順利前往哈佛大學醫學院留學。小島在ＳＴＡＰ論文發表時答應接受《每日新聞》採訪，談論哈佛時代的小保方晴子。

據小島所說，小保方才剛在波士頓生活一個月左右，就發生一件讓維坎提教授大為讚賞的事。維坎提教授要求小保方整理使用了骨髓的再生醫學最新論文，在研究室內部會議上報告，而小保方竟然「在一週內熟讀超過兩百篇論文」，並且做了出色的報告。

小保方在維坎提教授的指示下，開始參與「類孢子細胞」的研究。包含週末在內，她幾乎所有時間都在研究室度過，甚至還利用空檔時間修習再生醫學課程，聆聽一流研究員的講座。

「請務必延長她的留學期間。她正逐漸成長為一名出色的研究員，我希望繼續與她共同研究。」根據在論文發表後立刻召開記者會的早大教授常田聰表示，在小保方赴美約數個月後，他就接到維坎提教授打來商量的電話。

原定半年的留學期間，延長到了二〇〇九年八月底。而且後五個月的費用完全由哈佛大學提供，堪稱是「超出常規的待遇」（常田教授所言）。小島說維坎提親自打電話到布萊根醫院的事務局交涉，安排小保方的聘雇與簽證。事務人員解釋不可能雇用連博士學位都沒有的學生，維坎提教授聽了之後只說「我知道，但我需要她」，就掛掉了電話。「隔天就接到已經安排妥當的聯絡，我記得當時相當吃驚」（小島所言）。

「這一連串激勵人心的邂逅，相當於我好幾年的人生經歷。」

小保方在投稿到早大校刊的體驗紀錄裡，如此介紹她的留學生活。研究室當時包含小保方在內共有四名年齡相仿的女性，她們四人被稱為「維坎提嬌娃」，這個綽號源自於美國電影《霹靂嬌娃》。維坎提教授是「充滿愛與幽默」的人，他送給小保方這樣一句話：

「希望你獲得一個眾人欣羨、各方各面都成功的人生。希望你擁有一切，得到幸福。」

遇見若山照彥

根據論文發表時的記者會，小保方晴子在進行粉碎實驗，讓小鼠的不同組織碎片通過極細玻璃管以分離出小細胞的過程中，某天發現採集到的小細胞在培養皿中形成團塊。經過進一步調查後發現，屬於萬能細胞的特有基因Ｏｃｔ４正活躍運作。「（最初）實驗系統非常不穩定，（Ｏｃｔ４的運作）時而出現時而消失，就算告訴周圍的人，他們也只覺得是『搞錯了』。」（小保方所言）

但小保方反覆實驗，最後透過畸胎瘤實驗等方式，確定這種細胞具有分化成身體各種細胞的能力，她將結果整理成論文，投稿到某知名美國科學期刊。然而在二〇一〇年春天，原本有望刊登的論文卻遭退回。

失望的小保方等人決定以更能展現細胞萬能性的方法予以證明。這個方法就是將這種細胞注入受精卵，放回代孕小鼠的子宮，製作出來自注入細胞的體細胞散布全身的「嵌合鼠」。

「我們請全球最擅長製作嵌合鼠的研究員進行這項實驗，如果失敗就放棄吧！」

同年七月，小保方與小島醫師、大和教授、常田教授一起前往位在神戶市的ＣＤＢ，拜訪小島與大和認識的團隊負責人（時任）若山照彥。若山教授以製作出全球第一隻複製鼠而為人所知，在小鼠實驗領域擁有全球頂尖的技術。

若山研究室的信條原本就是「不害怕失敗，挑戰誰也做不到的事情」。即使聽說他們遭到哈佛大學的研究員拒絕，若山教授也沒有拒絕的理由。「真有趣，我們就來試試看吧！」

若山與初次見面的小保方討論實驗時，覺得她「雖然只有博士三年級，知識卻相當豐富，應該很用功」。

隔月，小保方與若山展開共同研究。小保方在東京女子醫大的大和研究室，將骨髓等體細胞通過玻璃管以採集小細胞，再搭乘新幹線運送到神戶市的若山研究室，由若山使用這些細胞進行實驗。但重複多次都無法製作出嵌合鼠，因而一度中斷實驗。

動物體細胞能夠初始化的概念

另一方面，關於小細胞的來源在這時有了重大的想法轉換。維坎提最初認為，類孢子細胞原本就存在於動物體內。

但實驗時的感覺卻不同。

「有趣的是，細胞在進行（通過玻璃管）操作時會出現，但如果不操作就觀察不到。操作愈多次細胞就愈多，因此我們推測，細胞或許不是isolation（分離出來），而是（新）形成的。」（小保方於論文發表時所言）

而且，無論使用腦、皮膚、肌肉、軟骨、骨髓等各種小鼠體細胞嘗試，都能採集到類似的細胞。

根據八田記者在爭議爆發前的採訪所知，東京女子醫大的大和教授從小保方留學時代就持續查看她的資料，他也著眼於細胞採集的頻率高低。

大和教授表示，在二〇一〇年十二月美國佛羅里達州的一場研討會，他與維坎提、小保方等相關人員曾齊聚一堂。

「小細胞或許不是存在於組織當中，而是新形成的吧？」大和教授如此詢問身旁的維坎提，而維坎提回答「我也是這麼想」、「看來似乎沒錯」。

小島說維坎提在那場研討會上，對預定隔年春天取得博士學位的小保方提出邀請，探詢她是否要到哈佛大學擔任博士研究員（博士後研究）。

「維坎提教授在研討會中問小保方（博士後的）薪水想開多少，她開玩笑說『每月兩萬美元』，把大家都嚇了一跳。但教授卻一臉認真地斷言：『Haruko值得這麼高的薪水，而且我保證她在七年以內一定能成為哈佛大學的教授。』」

「成功」製作嵌合鼠

不過如果要進行嵌合鼠的實驗，CDB的若山研究室還是最適合的。取得博士學位的小保方將博士後的資格掛在哈佛大學，並於二〇一一年四月以客座研究員身分前往若山研究室展開共同研究，持續研究的同時也會在波士頓與神戶之間往返。據小島表示，機票與在神戶停留時的飯店費用等，全都由哈佛大學的布萊根醫院支出。

小保方相信通過玻璃管的「刺激」能夠創造出新細胞，摸索著給予細胞刺激的方法，並發現浸泡在弱酸性溶液中這個方法更加簡便，製作效率也最高。她使用基因改造過的小鼠，當「Oct4」這種萬能細胞特有基因於細胞內運作，此種改造後的基因就會發出綠色螢光。除此之外，她到若山研究室之後也不再使用成年小鼠細胞，而是開始改用出生一週內的小鼠寶寶細胞。

若山教授也摸索著各種製作嵌合鼠的方法。

同年十一月，若山嘗試了與過去不同的製作方法。製作嵌合鼠的實驗中，通常會將分開的細胞以細針一個個注入受精卵內。但分開的作業對於細胞的負擔太大，於是他以小刀將細胞塊切成四等分，將含有約二十個細胞的小細胞塊直接注入受精卵中。雖然減輕了細胞的負擔，但刺入受精卵的針會變粗，如果技術不好受精卵就會破裂。正是因為若山熟習在顯微鏡下操作受精卵，擁有高超技術，所以他才能採用此種方法。

若山將注入細胞的受精卵移植到代孕小鼠子宮裡，大約二十天後將代孕小鼠的子宮剖開，看見了多個全身發出綠色螢光的胎兒。綠色螢光代表這些細胞來自注入的細胞。這些細胞的萬能性得到證明，後來就被命名為ＳＴＡＰ細胞。論文發表之初如此說明。

若山心想「不可思議的事情發生了」，他向身旁眼泛淚光的小保方道了聲「恭喜」，並且拚命地一一回想二十天前的作業。小鼠的籠子有沒有弄錯？是否不小心注入了其他細胞？

「我心想讓她空歡喜一場就太抱歉了。而且如果第二次之後無法成功就不能寫成論文，因此我永遠不會因為一次的成功就高興。」

不過，若山想不到有任何失誤，實驗也再度成功。而且讓嵌合鼠自然交配能夠產下第二代，第二代也和第一代一樣沒有觀察到異常。「最驚訝的或許是我。」若山教授回顧道。

輕易形成的幹細胞

若山教授製作出嵌合鼠後，也投入了ＳＴＡＰ細胞的「幹細胞化」。ＳＴＡＰ細胞雖然具備萬能性，卻不像ＥＳ細胞或ｉＰＳ細胞那樣具有幾乎無限的自我增殖能力。若山教授表示，同時具備萬能性與增殖性的幹細胞，是小保方從剛來到若山研究室時就想做的題目。

若山教授說「小保方雖然想做，卻遲遲做不出來，相當苦惱，因此我試著以製作嵌合鼠實驗時剩下的細胞製作，結果卻輕而易舉地就製作出來了。我用的是嵌合鼠第一次誕生時的細胞」。他使用適合ＥＳ細胞的培養基，將ＳＴＡＰ細胞移到這種培養基中培養，結果就轉變為與ＥＳ細胞極為相似的萬能細胞（ＳＴＡＰ幹細胞）。後來也使用這種細胞成功產出嵌合鼠，證明了這種細胞具有與ＥＳ細胞相同的萬能性。

雖然時期不明，但他們也「發現」ＳＴＡＰ細胞不只能形成胎兒，還能分化成胎盤。某位相關人員回憶當時的情形如下：

「小保方帶來的樣品確實能看到胎盤正在發光，因此大家都驚訝地發出了『喔喔』的讚嘆。但發光也可能是因為胎兒的血液流入，因此有好幾個人都說必須確實製作胎盤切片進行分析。結果她後來報告『ＧＦＰ呈陽性』。」

根據小保方的報告，胎盤組織中也存在來自ＳＴＡＰ的細胞，並且發出綠色螢光。

若山也使用ＥＳ細胞製作嵌合鼠的胎盤，交給小保方作為比較之用，但他還沒有收到切片分析結果的報告就調到了山梨大學。

二〇一二年三月，若山與小保方一起來到時任ＣＤＢ副主任西川伸一的辦公室諮詢研究事宜。西川副主任那時建議，為了證明ＳＴＡＰ細胞確實來自淋巴球，應該調查ＳＴＡＰ細胞是否存在Ｔ細胞特有的遺傳標記（即ＴＣＲ重組）。西川在論文發表後的採訪中表示，對於這時初次見面的小保方，他的「第一印象是『普通女孩子』，但她的研究很特別，這個年紀選擇若山研究室也給人積極的感覺」。

此外，同年五月，若山教授也成功培養不同於ＳＴＡＰ幹細胞的另一種幹細胞，稱為「ＦＩ幹細胞」。這種幹細胞保留了分化成胎兒與胎盤的能力，更兼具自我增殖的能力。若山表示他在研究室內與小保方等人討論時，有人提到「如果製作也能分化成胎盤的幹細胞，不就能提高研究的價值嗎？」這個意見就成為培養ＦＩ幹細胞的契機。

誰也沒看過的實驗

經由以上介紹可以知道，ＳＴＡＰ研究的主要資料，幾乎都是小保方在若山研究室時做出來的。但若山研究室的相關人員卻表示，在這段期間，包含若山教授在內的研究室夥伴，誰也沒看過小保方製作ＳＴＡＰ細胞的情景。小保方為了確認細胞的萬能性，還在若山研究室進行製作畸胎瘤的實驗，她將細胞移植到小鼠皮下，使其長出充滿各種組織細胞的畸胎瘤，但一樣沒人見過她做實驗的樣子。大家都在同一間研究室裡，為什麼會沒人看過呢？我產生了這樣的疑問，而若山教授認為原因有二。

其一是因為若山研究室的主要實驗，必須使用顯微操作儀這種特殊裝置在顯微鏡底下處理受精卵。在主要實驗室裡，每人都配有一台顯微操作儀，若山也有自己的座位，他在那裡聽研究夥伴口頭報告原始資料，同時進行實驗。至於不使用顯微操作儀的小保方，則在另一個設有細胞培養裝置等的實驗空間製作ＳＴＡＰ細胞。為了分析製作出來的細胞與組織，她也經常前往若山研究室之外的研究室，或是放著共用實驗裝置的房間。

其次，小保方進研究室的時間也與其他夥伴略有不同。據若山研究室相關人員表示，使用顯微操作儀需要十分專注，因此包含若山教授在內，幾乎所有夥伴平常都在早上九點左右上班，利用上午做實驗，午後則整理資料與撰寫論文等，用來處理事務工作。至於小保方，她經常做實驗到深夜，早上進實驗室的時間並不固定，有時候也會下午才出現。

小保方獨自一人在若山研究室從事不同的研究主題，實驗也多半獨自進行，但她仍會參加被稱為「進度報告」的研究室內部例行會議。這是報告最新的實驗結果以及討論今後研究方針的場合。

就如同在維坎提研究室透過初次簡報抓住維坎提的心一樣，小保方在若山研究室的簡報也讓周圍的人印象深刻。據說她在會議上首次報告時，就宣示「要做出取代iPS細胞的細胞」。

一名當時隸屬於若山研究室的研究員表示：「或許因為研究主題不同才更讓我有這種印象，但我覺得小保方的資料很豐富，簡報也很有說服力，十分與眾不同。」其他成員也表示「她看起來做了很多實驗，對自己的實驗很有自信，簡報時氣勢十足」。

不過，小保方製作的簡報資料卻與其他人有些差異。那些資料幾乎都沒有日期，圖片也沒有一一寫上說明。因為與博士論文酷似，後來被判斷為偽造的那張畸胎瘤照片，雖然也被使用於簡報資料上，但這時也完全沒有標示實驗使用的細胞由來以及具體的製作方法。

但若山教授只有稱讚小保方的簡報，完全沒有指出資料的瑕疵。「她一次拿出了這些前所未見的資料，照片又相當完美，讓我覺得一定是有紮實的證明，才能拿出這麼漂亮的照片，而且實驗也是經過反覆驗證，直到自己肯定為止的吧。」

預先申請美國專利

隨著我多次採訪研究室內部會議的有關人員，小保方晴子令人意外的一面也逐漸浮現。

這類會議不對外公開，能夠自由討論，因此發表內容受到追問或質疑都是家常便飯，但小保方有時會在會議中突然發怒。某位關係人說：「現在回想起來，經常都是在有人指出她應該知道的事情時生氣。」

這位關係人印象最為深刻的，正是日後成為若山呼籲撤回論文的一項原因，也就是有關ＳＴＡＰ幹細胞殘留基因印記（ＴＣＲ重組）的討論。

ＴＣＲ重組是ＳＴＡＰ細胞源自於淋巴球的證據，因此由ＳＴＡＰ細胞製成的ＳＴＡＰ幹細胞中，當然也應該要能觀察得到。二〇一二年中旬，研究室成員針對八株ＳＴＡＰ細胞進行檢驗，但在任何一株細胞中都看不到基因印記。

「可是小保方隔週又進行了一次檢驗，這次就在幾株ＳＴＡＰ細胞中觀察到些微的痕跡。小保方在進度報告中發表了這項結果。」

若山於是建議，先將ＳＴＡＰ細胞團塊分開成碎片，再使其轉變為ＳＴＡＰ幹細胞，這樣製造出來的ＳＴＡＰ幹細胞或許就會擁有清楚的基因標記。「結果小保方卻是氣得大吼，說『這麼困難的事情怎麼可能做得到！』」

我把這則插曲告訴某位信賴的研究員，他回覆道：「如果這件事屬實，我就不得不懷疑小保方身為研究員的資質。」他接著說：「接受各種意見與批評，提出有說服力的證據或自己的科學解釋，都是相當於研究員的義務。面對質疑時一一回應很重要，大發脾氣相當不合理。做不到就做不到，而說明做不到的理由時，必須有理有據。」

總而言之，撰寫新論文所需的資料收集得很順利。

二〇一二年四月，小保方以「體細胞因刺激而初始化，製作出全新的萬能細胞」為題投稿第一篇論文。這種「全新萬能細胞」的名稱是「Animal Callus Cells」（動物癒傷組織細胞）。論文由小保方主筆，維坎提負責校稿，因此小保方是第一作者，維坎提則是責任作者。若山教授與小島醫師也被列為共同作者。

但論文最後並未獲得刊登。小保方等人於同年六月再度投稿美國科學期刊《細胞》、七月投稿美國科學期刊《科學》。他們選擇的都是一流期刊，並以內容幾乎相同的論文接連投稿，但最後都沒有被選用。

四月二十四日，他們還在哈佛大學主導下，以維坎提、小保方等人為發明者，預先申請美國的臨時專利。

專利是工業化的種子，舉例來說，iPS細胞也是在研究的同時展開激烈的專利爭奪戰，此事仍令人記憶猶新。

維坎提等人預先申請的臨時專利，指的是在技術開發過程中，只要將完成的部分逐一提交給美國專利局，提交當天就會被視為審查優先權日的制度。而優先權日簡單來說，就是當收到兩件彼此競爭的申請時，用以判斷「何者為先」的基準日。當正式申請的內容在他國取得權利時，也能主張最早的預先申請日為優先日。

只要在預先申請後的一年內補齊明細書等文件，即可申請正式專利，而權利期間則為正式申請日後的二十年內。可說是根據已完成的部分保障優先權日的便利制度。

「笹井芳樹在論文撰寫過程中，對研究愈來愈投入」

二〇一四年四月下旬，多名CDB幹部終於有機會了解STAP細胞的研究。

若山研究室向倫理委員會提出了實驗計畫，而計畫內容就是使人類體細胞因刺激而初始化，換句話說就是製作人類STAP細胞。小保方出席委員會，簡介先前使用小鼠實驗的研究成果。論文發表後，CDB主任竹市雅俊在接受記者齋藤廣子採訪時表示：「我確實覺得這項發現非常具有衝擊性，但因為擁有嵌合鼠這個關鍵證據，我立刻就相信了。根本沒有懷疑。」而接受我訪問的西川伸一也說：「我不曾懷疑過。只要看數據就很清楚。」

另一方面，某位出席倫理委員會的外部委員則從小保方的表情中，感受到她心底深處的不安。

「她當時給我的印象和穿著日式圍裙上電視發表論文時相當不同，我覺得她的內心相當掙扎。無論是哪位科學家，在做出『世紀大發現』以前，都不會知道自己所做的事情是否為真，並因此不安。如果失敗就跌入谷底，成功則陷入狂喜。當時的她，看起來正處於波動的最低點。」

二〇一二年對小保方而言，是論文三次被退的考驗之年，也是她抓住重大機會，以研究員身分獨當一面的一年。以在倫理委員會的報告為契機，她獲得CDB正式聘用，成為研究室主持人（PI）。

根據CDB的自我評估調查，CDB在該年十月展開新PI的公開招募，而十一月就公開招募人事所舉行的非官方幹部會議上，提到了小保方的名字，西川直接徵詢小保方報名招募的可能性。

十二月二十一日，由多名幹部組成的人事委員會直接對小保方進行面試，小保方在面試中根據過去的成果發表今後的研究計畫。嵌合鼠還是具有莫大的說服力。「所有人都很感動」，某位當時的幹部如此回顧。

人事委員會內定由竹市主任向野依良治理事長推薦小保方，希望聘用她擔任研究小組負責人。此次公開招募共有四十七人報名，最後錄取了包含小保方在內的五人。從《每日新聞》透過資訊公開請求所得到的小保方推薦信，可以一窺CDB對這項研究所寄予的厚望。

「iPS技術是利用基因導入的方式改變基因組，因此無法排除癌化等風險。（中略）由此可知，當務之急是開發以容易取得的人類體細胞為基礎，且不需使用卵子或改造基因組的新手法。」

隨著小保方獲聘，ＳＴＡＰ研究也加入了強大的生力軍，那就是時任研究組長的笹井芳樹。

笹井在人事委員會上首度得知ＳＴＡＰ研究，並在竹市主任等人的委託下，協助論文的撰寫。此外，ＣＤＢ有一項制度，每位年輕ＰＩ都會搭配兩名相當於顧問（導師）的資深研究員，而小保方的顧問也決定由丹羽仁史計畫主持人與笹井芳樹擔任。

笹井立刻與小保方一同投入論文撰寫。他們所根據的是被《科學》退稿後，由小保方進行修訂的草稿，但論文的稚拙程度令笹井芳樹大吃一驚，據說他還曾跟有關人員表示：「我還以為是火星人的論文呢！」重新投稿《自然》的主論文（article）架構，在短短一週後的十二月二十八日就已完成。而稱為短文（letter）的第二篇論文，撰稿工作也順利進行。

某位知情人透露，「笹井芳樹在論文撰寫過程中，對研究愈來愈投入」。二〇一三年二月一日，笹井芳樹在寫給相關人員的郵件中報告，小保方利用「活細胞即時影像系統」，記錄下浸泡在弱酸性溶液中接受刺激後，淋巴球細胞在顯微鏡底下的變化。笹井透過影片看見萬能性的特殊基因活化，細胞開始發出綠光，最後形成團塊的模樣，他在郵件中寫道「（變化的細胞）以驚人的高頻率出現，令人相當感動」。有關人員表示：「我第一次看到他在郵件中用『感動』來形容。」

同年三月，小保方就任研究小組負責人。但研究室的改裝工程持續到該年十月底，在此之前小保方就寄居在笹井實驗室，與笹井齊心協力撰寫ＳＴＡＰ論文。另一方面，若山教授這時已經調到山梨大學，雖然他仍在ＣＤＢ擔任約聘團隊負責人，但該月底就關閉了ＣＤＢ的研究室，將據點完全轉移到山梨大學。

論文完成

兩篇ＳＴＡＰ論文，都在小保方就任後不久的二〇一三年三月十日投稿《自然》。也是在這個時候，首度使用ＳＴＡＰ細胞的名稱。

彙整了ＳＴＡＰ細胞製作方法與基本性質的主論文，責任作者是小保方與維坎提，而介紹ＳＴＡＰ細胞也能分化成胎盤的特殊萬能性，以及由ＳＴＡＰ細胞製作的兩種幹細胞性質的第二篇論文「短文」，則由小保方、若山、笹井三人掛名責任作者。維坎提研究室的小島醫師，以及在初期加入討論的東京女子醫大教授大和雅之，皆列入主論文共同作者，ＣＤＢ的丹羽仁史則列入兩篇論文的共同作者。

二〇一三年四月二十四日，預先申請臨時專利的一年後，他們也以申請國際專利取代向美國專利局提出正式申請，同時還將笹井芳樹列入發明者。在此之前的三月十三日，也向美國提出第二次的預先申請。

專利業務法人津國的專利師小合宗一表示，申請國際專利時，也在發明項目中增加了STAP幹細胞的製作方法，以及STAP細胞也能分化成胎盤等性質。此外，給予細胞的具體刺激內容也變得多樣化，包括機械刺激、超音波刺激、化學暴露、缺氧環境、放射線、極端溫度、粉碎、滲透壓降低……等。

笹井在二〇一四年二月上旬的聯合採訪，以及隔天寄給我的補充說明郵件中，如此介紹STAP論文獲得刊登的經過。

首先，小保方在CDB與若山教授正式展開共同研究後，挑戰了以下事項：

① 將具有萬能細胞特徵的細胞出現效率提升到可分析的水準。

② 製作嵌合鼠，證明這種細胞真的具有萬能性。

「小保方與若山憑著驚人的專注力（與毅力）」，利用在CDB約一年的時間，幾乎完成了①與②。他們根據研究內容，在二〇一二年春天將論文投稿到《自然》，但論文卻遭退稿，「審稿人的反應基本上並不相信」。嵌合鼠的實驗相當完美，因此他們遭遇到瓶頸，用小保方的話來說就是「不知道還能夠再做什麼」。

後來他們接受西川、笹井及丹羽的建議，進一步挑戰以下兩點：

③ 證明STAP細胞不是原本就存在於體內的幹細胞，而是新初始化的細胞。

④進一步確定STAP現象不是假象（例如實驗出錯或是其他現象的誤判）。

至於後來的經過，我在此直接引用笹井芳樹的郵件：

> 我們好好運用了若山研究室以外的CDB研究環境，而後半也在我的研究室進行實驗，終於在二〇一三年三月將這個部分（③、④）整理成全新的論文。這不是將一年前的論文改寫，而是從零開始重新撰寫（小保方未曾接受過撰寫這種大型論文的訓練，因此撰寫方式由我詳細指導，但論文的架構與想法依然是她自己的點子）。而且和上次投稿不同，這次撰寫的是分量多達兩篇的《自然》論文。即使如此，距離上次的rejection只有不到一年，由此也可看出小保方驚人的研究專注力。當然，我想CDB優渥的研究環境也有幫助。
>
> （中略）④有許多細節，但舉一個重要的例子來說，就是能夠看出並證明STAP細胞具有分化成胎盤的能力。這對ES細胞等污染物混入來說是絕不可能的，也清楚表明了這是STAP細胞極其獨特的現象。

二〇一三年四月，即使遭受嚴厲批評以及追加數據的要求，小保方依然想辦法

revise，直到二〇一三年十二月獲得accept為止，她一邊與我及丹羽討論，一邊踏實完成堆積如山的revise實驗（大概是撰寫兩篇普通論文的分量），最後經過三次revise，終於獲得accept（註：後來在CDB自我檢查驗證委員會的報告書中，所寫的修訂次數則是「兩次」）。

STAP論文就這樣誕生了。這也是一個無名研究生如童話一般成功的故事。

而論文在發表後僅僅五個月就要遭到撤回，絕對是所有相關人員都未曾意料到的狀況。

CHAPTER 5

確定不當

「STAP細胞將成為在科學史上留下一筆的醜聞」。就像是在為主編的這句話背書一樣，若山研究室的分析結果顯示了混入與調換成其他細胞的可能。另一方面，調查委員會也確定論文中含有「竄改」及「偽造」的部分。

不太可能所有共同作者都沒識破吧？

讓我們再度轉動時鐘的指針，時光回到二〇一四年三月，STAP論文共同作者山梨大學教授若山照彥呼籲撤回論文之際。

STAP相關新聞尚未結束。

三月十五日的《日刊體育》報導，研究小組負責人小保方晴子向取得博士學位的早稻田大學提出申請，希望撤回自己二〇一一年的博士論文，《每日新聞》等各大報也在隔天十六日的早報上刊載這一消息。

小保方的博士論文主題是，從小鼠身上採集的幹細胞轉變成各種細胞的可能性，其內容與美國哈佛大學教授查爾斯．維坎提等七人，同年在美國科學期刊《組織工程學A》（*Tissue Engineering Part A*）所發表的論文有多處重疊。附帶一提，該期刊是組織工程學的專業期刊，維坎提也參與創刊。

二月時網路上有人指出，刊登於《組織工程學A》的論文中含有上下反轉後重複使用的基因分析影像，此外也發現篇幅佔整篇博士論文中五分之一的序章裡，約有二十頁內容與美國國家衛生院（NIH）網站上的文章幾乎相同。

後來還發現，維坎提的研究團隊曾以「含有重複或配置錯誤的影像」為由，對那篇《組織工程學A》期刊論文的多張影像進行修正。三月十九日的晚報也將這件事寫成了報導。

不過，這段時期網路上已經對ＳＴＡＰ細胞的真偽展開激烈討論。我自己雖然覺得ＳＴＡＰ細胞的論文必須撤回，但卻認為當時仍無法確定真偽，而且ＳＴＡＰ細胞存在的可能反而更高一些。

我之所以會這麼想，主要是因為ＣＤＢ計畫主持人丹羽仁史的說明。二月下旬，慶應義塾大學助教中武悠樹在「NicoNico 動畫」的節目中指出，論文並未提出ＳＴＡＰ細胞也能分化成胎盤的明確證據，但丹羽面對這項質疑，卻回答「我實際看了胎盤的切片，並確定胎盤是由ＳＴＡＰ細胞分化而來」。我不認為被譽為幹細胞研究專家的丹羽會說錯或說謊。

網路上也有人「推測」，ＳＴＡＰ細胞的真面目，就是可分化成全身細胞的ＥＳ細胞與分化成胎盤組織的ＴＳ細胞的混合體，但丹羽表示「兩種細胞即使結合也無法成為密合的細胞塊」，否定了這種說法。雖然雙方見解差異如此之大相當不可思議，但身為記者，我也只能保留判斷。

同樣增添了可信度的，還有使用ＳＴＡＰ細胞製作畸胎瘤時，一般的方法並不適用，必須將作為細胞增殖「基座」的大分子一同移植的說明。如果由ＥＳ細胞製作，應該就不需要如此費工。

雖然也考慮了採集體內既存的微量多能性幹細胞的可能性，但就如同丹羽所說，Ｓ

TAP細胞的製作效率高，因此這種可能性也相當薄弱。

此外，儘管與論文內容無關，但共同作者笹井芳樹、丹羽仁史、若山照彥都已經是深獲好評與信賴的研究員。實在難以想像他們會涉險為不當行為做擔保。即使是在他們不知道的地方有造假行為，真的會有在一連串研究與論文撰寫的過程中，沒有任何一位共同作者識破的情形嗎？

我下定決心，寫電子郵件詢問CDB主任竹市雅俊。

我過去隸屬於大阪科學環境部時曾採訪過竹市主任。竹市發現了「鈣黏蛋白」（cadherin）這個將細胞彼此黏著在一起的物質，因而聞名全球，甚至被視為諾貝爾獎的候選人。他和笹井先生一樣，於談話間流露出對基礎科學的由衷熱愛，使得那次採訪成為難忘的美好回憶。

竹市雅俊

小保方所領導的CDB「細胞重新編程研究小組」是「中心主任戰略專案」的一部分。竹市主任在聘用小保方時與聘用後，想必都對她的研究進展有所掌握。我也從有關人員口中聽說，這次問題爆發後，竹市主任親自確認了論文原始資料。因此我想知道，若單憑論文所呈現的實驗結果原始資料，以及論文走到發表的過程為依據，他身為一名科學家會做出什麼樣的判斷。我坦率寫下這些內容，詢問他的見解。

還有另一個問題，那就是關於小保方的實驗筆記。

在理研的記者會上，針對小保方的筆記管理是否遵守理研的規範，竹市表示「尚未確認」。另一方面，倘若真如記者會所說「影像只是弄錯了」，並且已經將正確影像及原始資料提供給調查委員會與《自然》，那麼資料本身應該確實存在吧。在我的想像中，小保方的實驗筆記應該有部分根本不存在，或缺少了必要的紀錄，無論記錄方式或對舊筆記的管理都相當草率。

論文發表之初，每個人都大力稱讚小保方「研究態度真誠」與「實驗能力高超」，但這些稱讚與論文的疏漏落差太大，讓我相當困惑，說不定她真的非常喜歡實驗，實驗能力也很好，只不過因為沒有接受過必要的訓練且缺乏學術倫理觀，所以筆記的撰寫及管理都不確實。我在郵件中寫下這些推測，並希望竹市主任告訴我實情。

這段期間想必是竹市主任最忙碌的時期，但他在大約兩小時後就給了我一封簡潔的回信。關於我對ＳＴＡＰ細胞的推測，他答覆道：「您的科學考察相當深入，邏輯上也是正確的。但無論道理再怎麼正確，只要無法透過實驗複製就得不到確切的證據。這就是實驗科學家的態度。」竹市主任在記者會中也提到「唯有等待第三方的驗證出爐，才能做出科學方面的見解」，這或許是他一貫的方針吧。

關於實驗筆記，他則這麼回答：「我想調查委員會也已針對筆記展開調查。每項實驗的原始資料都很龐大，除非花時間詳細檢查，否則什麼也無法確認。因此，我不會只將筆記隨便翻翻。這是All or none，全有或全無的問題。」很遺憾，我無法從他的回答中判斷小保方的實驗筆記狀況。

他在郵件最後也加上這樣一句話：「期待問題解決之後，我們可以有機會慢慢聊。」雖然我不知道那會是什麼時候，但從這句話可以感受到竹市主任內心的從容，讓我不由得放下心來。

丹羽仁史做出誤導？

另一方面，我也向某位熟知CDB的研究員打聽狀況，他在同個時間點寄給我這樣的郵件。

唯一擔保STAP細胞存在的只有論文，在論文可信度遭到懷疑的狀況下，我認為STAP細胞的存在也極為可疑。

丹羽先生實際上拿不出任何能夠判斷STAP現象可以複製的證據，但他卻傳播自己相信能夠複製的資訊，我想這也是造成混亂的一個因素。

郵件中還提到「笹井先生在ＣＤＢ的權力變得太大，誰也無法表達意見」，也說「丹羽先生也追隨笹井先生的腳步，導致狀況更加惡化」。日後接受我當面訪問時，這名研究員似乎對於笹井及丹羽針對論文疑點的回應感到憤慨。

丹羽主張「ＳＴＡＰ細胞分化成胎盤」以及「ＥＳ細胞及ＴＳ細胞並未黏著在一起」，我詢問該研究員對這兩點的見解，他回答：「丹羽先生說他透過組織切片確認了分化成胎盤一事，但這不是論文中提出的資料。而且ＥＳ細胞與ＴＳ細胞確實能夠混合在一起，變成一個細胞團塊。但丹羽先生始終堅持『我相信』這一論述。」

「丹羽先生這麼堅持主張ＳＴＡＰ存在有什麼好處嗎？」

「他或許是希望透過ＳＴＡＰ取得研究經費來推動計畫吧？和笹井先生這樣有力的研究員一起推動計畫，也有助於鞏固他在ＣＤＢ內的立場。」

「假設ＳＴＡＰ細胞真的是偽造的，你覺得笹井先生與丹羽先生發現了多少？」

「他們兩人在投稿的時候想必都沒有發現吧。尤其是笹井先生，如果有所察覺他應該就不會投稿了。」

這名研究員一直以來都十分尊敬笹井芳樹這位科學家。「尤其是他寫的論文就像寫作範本一樣，所以我一定會讀過。但這次的論文問題太多，不只圖表，就連文章也有明顯的錯誤。」

聽了有關人員的意見後，我更加想要直接訪問丹羽，但他應該不會答應。因為在聯繫安排採訪的過程中，他寄來了這樣一封信：

我從昨天以來，就反覆地思考現在該說什麼，最後決定什麼都不要說，全心全意進行驗證實驗。

比起在這個時候發言，掀起媒體對這件事的關心以及科學界的議論，默默進行實驗更符合我的個性。

等到四個月後或者一年之後，公布驗證實驗的結果時，我再全部說出來。

看來，「驗證實驗」的計畫將會在近期公布。我儘管煩惱，還是與記者八田浩輔整理出論文調查的焦點，以「ＳＴＡＰ疑雲，是不當還是失誤」為標題，刊登於三月二十日早報科學版的主要報導。關於ＳＴＡＰ細胞真假的爭論，報導指出，從製作ＳＴＡＰ細胞到透過嵌合鼠實驗證明萬能性，這一連串的驗證實驗預計至少需要耗時三個月，接著寫道「似乎還要一陣子才有定論」。

維坎提公開製作方法的目的不明

三月二十日，論文的其中一名責任作者，美國哈佛大學教授查爾斯．維坎提的研究室，公開了他們自己的ＳＴＡＰ細胞製作方法。論文及理研所發表的製作方法，是將作為材料的體細胞浸泡在弱酸性溶液中給予刺激，而維坎提研究室發表的「改良版」方法，則是在這之前，先讓細胞通過極細的玻璃管，也給予細胞物理上的刺激。製作方法只有四頁，也沒有列出作者姓名。

我詢問某位研究員感想時，他歪著頭說「我不太清楚維坎提的意圖」，接著說道：「完全沒有數據顯示通過玻璃管會有什麼樣的不同，因此相當可疑，也無法在科學上給予評價。受過訓練的科學家應該會列出數據，比較通過玻璃管與沒有通過玻璃管的差異，但這份文件卻沒有做到。就如同小保方被批評的情況一樣，他們這麼做被說是『不成熟』也理所當然。」

維坎提等人公開製作方法就彷彿否定論文的手法，就某方面來說，這件事也突顯出問題的嚴重性。

「我從昨天開始，就有預感ＳＴＡＰ細胞將成為在科學史上的醜聞。」

永山悅子主編在隔天寄給採訪小組的郵件中這麼寫，而我也有同感。

若山研究室的分析結果

某天，一位採訪對象寄來了令人不安的郵件：「你掌握到重大消息了嗎？若山研究室的結果好像已經出爐了。」

「若山研究室的結果」是怎麼一回事？若山保管的「ＳＴＡＰ幹細胞」在第三方機構的分析結果，應該還要一陣子才會出爐才對……同一位採訪對象接著又收到了「結果似乎極可能是偽造」的消息。網路上已有人指出混入ＥＳ細胞的可能，難道分析結果也如此顯示嗎？如果真是如此，那可是條嚴重的新聞。採訪小組的氣氛一下子轉為緊繃。

我立刻詢問若山教授，但得到的答覆卻是基於他所屬的山梨大學強烈要求，他無法再接受採訪了。若山教授解釋，採訪電話湧入，導致大學公關室亂成一團，除了這類負面影響，再加上儘管這是他在理研時代的工作，報導中還是會出現山梨大學的名字，讓校方相當困擾，因此校方不再接受他「身為研究員有義務回答」的主張。

也有流言謠傳，「若山教授偷偷將結果告訴各方人士後，似乎受到了強大的壓力」。

隨著採訪進行，我終於知道所謂的分析，就是若山研究室在將ＳＴＡＰ幹細胞送到第三方機構前，所進行的簡易基因分析。我們幾乎掌握內容，差一步就能寫成報導時，三月二十五日晚上ＮＨＫ就進行了報導，雖然很可惜無法成為獨家，但還是刊登在隔天二十六日的早報上。

結果是這樣的：針對八株從ＳＴＡＰ細胞培養的ＳＴＡＰ幹細胞，若山研究室進行了簡易基因分析，其中兩株驗出了與製作ＳＴＡＰ細胞使用的小鼠品系不同的基因型。

用於實驗的小鼠有各種品系，只要調查細胞的基因型，就能確定所屬品系。舉例來說，假設用某隻小鼠寶寶的細胞製作ＳＴＡＰ細胞，再從這個ＳＴＡＰ細胞培養ＳＴＡＰ幹細胞，這時無論是ＳＴＡＰ細胞或ＳＴＡＰ幹細胞，都應該擁有與原本的小鼠寶寶相同品系的基因型。

原本的小鼠寶寶應該是「１２９」此一品系，但有問題的那兩株，一株驗出品系為「Ｂ６」，而另一株驗出的基因型，則屬於「１２９」與「Ｂ６」兩個品系的小鼠交配所生的後代（後來經過第三方機構詳細分析，發現第一株與第二株相同，都來源自「１２９」與「Ｂ６」交配所生的後代）。

根據先前對若山進行的採訪，用於ＳＴＡＰ細胞製作的小鼠寶寶是由若山研究室飼養，並由若山或若山研究室工作人員交給小保方。小保方採集小鼠寶寶的脾臟淋巴球，將其浸泡在弱酸性溶液中施加刺激，培養約一週後，就製成了「ＳＴＡＰ細胞」。但若山對這點的認知僅來自小保方的陳述。接著若山收下小保方提供的「ＳＴＡＰ細胞」，製作嵌合鼠並培養ＳＴＡＰ幹細胞。

ＳＴＡＰ細胞無法長期培養，至少若山研究室沒有保留過去製作的細胞。雖然無法直接調查當時的ＳＴＡＰ細胞，但理應具有相同基因型的ＳＴＡＰ幹細胞，其品系卻與原本的小鼠寶寶不同，這代表極有可能是在ＳＴＡＰ細胞製作過程，或在ＳＴＡＰ幹細胞培養過程中，不小心混入了其他萬能細胞或細胞遭到掉包。

然而，僅憑這次的解析結果，並無法判斷可能混入的萬能細胞是否為ES細胞。CDB竹市主任也表示「現在還是初步分析的階段，詳細驗證將與若山教授合作進行」。看來要揭開真相，唯一的方法就是等待第三方分析出爐，不過對研究可信度與STAP細胞的存在來說，此次的分析結果絕對是種質疑。

極機密研究的弊害

事態日益嚴峻的情況下，我們除了追蹤狀況的演變，也針對「STAP細胞的真偽」與「STAP問題的背景」進行多方採訪。關於後者，某位匿名接受採訪的CDB研究室主持人（PI）的說法相當耐人尋味。

這名PI表示「STAP研究在CDB內也是極為機密的計畫」。據PI所言，小保方在若山研究室擔任客座研究員時，「誰也不知道」她的存在以及研究內容。在若山製作出嵌合鼠後，幹部才知道這件事情，但因為萬能性的確切證據嵌合鼠已經製作出來了，所以「大家都大吃一驚，完全相信了」。

不過，小保方確定成為研究小組負責人後，一次也沒有在CDB內部的例行會議中上台，但其他PI都有在會議中報告的機會。小保方原本預定於二〇一四年二月上台報告，也因為論文出現疑點而取消。

若山研究室的分析結果

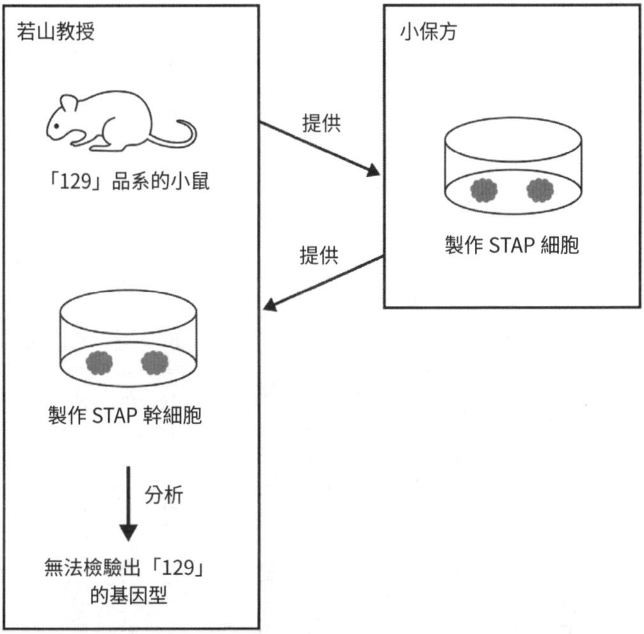

為什麼ＳＴＡＰ會成為極機密研究呢？ＰＩ表示這是笹井芳樹的方針。

「總之保持機密是笹井先生的做法。在論文完成之前，他自己的數據就連共同研究員都看不到。而這麼做的缺點也出現了。」

我也問到了主要共同作者在論文浮現疑點之後的反應。二月下旬，ＣＤＢ內部舉辦了ＰＩ的聚會，當時小保方、笹井與丹羽看起來都「充滿自信」。笹井的雙眼綻放光彩，大言不慚地談論ＳＴＡＰ研究的展望，邀請其他研究夥伴「一起加入研究」。「當時網路上已經滿是疑雲，為什麼還能展現這樣的自信呢？我覺得相當不可思議。科學家是質疑一切事物的懷疑論者，丹羽先生與笹井先生更是其中佼佼者。但他們仍然不顧一切地相信，給我一種像是被洗腦的感覺。」

另一方面，他的話語中也顯露出對笹井的辯護與擔心。「笹井先生被說是『幕後黑手』什麼的，但他不是那麼權謀的人，某方面來說他也是一名被害者。如果因為這種事情而受挫就太可惜了。理研能夠更早處理的話，笹井先生就不至於受到這麼大的傷害了。」

CDB內部也轉播了理研調查委員會在東京舉行的初步報告記者會，許多研究員都即時收看。據說笹井也在第一排正中間的位置，關心著記者會狀況。「我雖然只看到他的背影，但覺得他似乎瘦了很多。不知道他內心有多麼煎熬。對於自尊心強烈的笹井先生來說，這次事件帶來的打擊或許有點太大了。」

八田記者採訪了某位參與CDB創設的研究員，這名研究員也說「STAP的研究在發表之前非常封閉，只有笹井、小保方、若山、丹羽極機密地在進行」。「畢竟是這樣的研究題目，在（競爭激烈的）幹細胞領域就某種程度而言或許有無可奈何的一面，但這不符合CDB的作風。」

這名研究員表示，CDB原本是研究室之間沒有隔閡，交流暢通的「理想環境」。PI在每年一度的交流會中報告各自的研究內容，「彼此都能掌握哪間研究室在做些什麼」，積極任用年輕人的策略也取得成功。

「極機密研究」有什麼缺點呢？「只在小圈圈裡進行研究，就無法形成客觀的評價。如果在學術會議上報告或參與CDB內部研討會，就能夠得到反駁意見與被指出矛盾之處，經歷一番考驗。從某種意義上來看，缺乏這種機會是一件不幸的事情。」

該名研究員說，他在論文發表之前並不清楚小保方的狀況。「據說（負責指導工作的）導師給予她很高的評價，但你有聽過導師以外的評價嗎？如果去問CDB的博士後（博士研究員），評價就不一定很高。她的評價沒有CDB其他年輕負責人好。」

關於「STAP細胞的真偽」，原本相信的諸位研究員似乎也很快轉換成懷疑的態度。那位談論笹井先生「極機密主義」的PI表示，「笹井先生似乎說過大約有四個人成功複製實驗，但他所謂的複製大概只是發光的細胞」。八田記者採訪的京都大學相關人員則說：「事到如今或許有點後知後覺，但我愈來愈懷疑那（STAP細胞）果然是ES細胞吧？話說回來，如果小保方等人製作的（源自STAP細胞的）小鼠還活著，就能證明STAP細胞的存在，也能洗清嫌疑，但他們卻沒有拿出來。在拿不出來的時候就很可疑了。」

「對我的研究生涯造成嚴重打擊」

原本預測調查委員的調查要到四月中旬才會有結果，但我在三月下旬聽說，結果可能會出乎意料地提早出爐。這兩週以來，我第一次發郵件給笹井先生，詢問他對於若山研究室的ＳＴＡＰ幹細胞簡易分析，以及維坎提等人公布的ＳＴＡＰ細胞製作方法的見解，並在問題之後寫下這段話：

> 我身為記者，有幾個無法視若無睹的疑問，還是希望與您直接詳談。
>
> 此外，雖然這可能與研究沒有直接關係，但如果您現在依然深深信任著小保方的話，也希望更詳細地請教您判斷的根據。
>
> 像我這樣的年輕晚輩或許不應該多嘴，但有鑑於客觀狀況以及先前的採訪內容，長此以往，ＳＴＡＰ細胞問題恐怕會對您今後的研究生涯帶來嚴重的不良影響，實在令人深以為憂。

兩天後的深夜，我回到家裡查看電子郵件時，發現笹井先生回了一封長長的信。

他首先聲明自己對於ＳＴＡＰ幹細胞的簡易分析「不是很清楚」，而且「那只是在以多種條件檢討ＳＴＡＰ研究時，一間研究室所做出的『進度報告』級別的意見分歧，並沒有論文那麼嚴謹」，接著他這麼寫道：

如此武斷就將若山的理解歸為正確（正義），小保方歸為錯誤（邪惡），這樣的架構是否太過荒謬了呢？即使事實完全相反也很有可能，而且在明知接下來必定會進行「嵌合鼠製作」步驟時，小保方還故意將毛色明顯不同的小鼠品系混在一起，這究竟有什麼意義，我也完全不懂。

包含那兩人之間的溝通不良與誤解在內，將應該在實驗室內進行discussion的內容透過公共電視播放出去，我覺得非常沒有道理。這是相當人為的臆測與推斷，我不知道這麼做的是若山教授、他周圍的人、還是媒體，但不可否認的是，這就像以超越原本驗證框架的場外混戰，來形塑反派角色，做法令人毛骨悚然。

他所說的「透過公共電視播放出去」，指的應該是最早播報簡易分析結果的ＮＨＫ新聞。笹井先生少見的情緒化言詞讓我有點驚訝。至於維坎提的ＳＴＡＰ細胞製作方法，他的回答概要如下：

「維坎提研究室原本就喜歡以通過玻璃管的方式給予刺激，但這個方法能夠處理的細胞量有限。小保方新開發出浸泡在弱酸性溶液中的方法，能夠處理大量細胞，而她也將這個方法提供給維坎提研究室。維坎提研究室這次雖然公布了將兩者組合在一起的方法，但他們的意思並不是『如果不組合在一起就做不到』，只是要展現在他們的實驗當中『將兩者組合在一起更加順利』。

「像這次這樣大篇幅的論文，大約要耗時三年製作，但在撰寫論文之前需要統一製作方法並整理全體的實驗。簡單來說，二〇一四年初的論文使用的製作方法是『二〇一一年版本』，因此無論是維坎提研究室或小保方研究室，探討改良版本都是理所當然的事。維坎提研究室公布的應該是他們的『二〇一四年版本』吧？雖然無法判斷優劣，但請小保方立刻嘗試這兩種方法，我想更能善用她的時間與能量。只能說非常遺憾不能這麼做。」

除此之外，笹井先生繼續寫道：

我能做的就是提供（理研內外的）STAP驗證研究最大限度的協助。我以自己身為研究員的雙眼所見，堅信STAP是真實的現象（註：完全依照原文）。即便不是自己的實驗，只要是研究員都無法「否定」自己以雙眼確認的事物（我想只有在放棄研究員身分時才可能這麼做）。實驗事實當然是事實，但其解釋方式可能會與隨著搭配的其他數據而有所改變。

（中略）

都是一些半吊子的意見非常抱歉，希望您姑且一聽，作為他日得以更近一步開放地談論這件事情時的參考。

郵件的最後還補充道：

您說的應該沒錯，這次事件確實對我的研究生涯造成嚴重打擊。非常抱歉讓您擔心了。這個打擊或許嚴重到日後也無法挽回。

最後想說幾句話……

我個人的自我組織化研究，乃是奠定於自己身為研究員的獨立性，並賭上自己的研究生涯（雖然我無法預測會到什麼樣的程度，或者是以什麼樣的形式展現），我會一直將之視為「自己被賦予的使命」，盡全力去做該做的事情。對我而言，自我組織化與STAP兩者的層次截然不同，前者是「展現生命特性的奇蹟」，我對其抱持著使命感。

另一方面，STAP研究則跳脫了我過去的研究課題，因此我能夠抽離情感，一路提供協助。然而這終究只是次世代基礎研究的創新嫩芽，為了使其以論文形式問世，需要「writing面的協助」，所以我不惜將原本不足的時間分配出去，提供可能的助力。論文是我協助之下的成果，對於其中的謬誤，無論是該負起什麼樣的責任，還是該承擔什麼樣的損失，我都會坦然接受今後調查委員會的見解，並持續反思。

至於週刊雜誌報導的那些難以理解的八卦故事，即使我自己能夠視而不見，依然會在許多層面上對我的研究造成負面影響（包含研究室的士氣與人事）。老實說，我也不清楚這股造成海嘯般動盪的衝擊能量將會持續到何時，又會如何持續，現在我只能協助調查，並在做得到的範圍內一邊激勵研究室的夥伴，一邊抬頭挺胸進行自己的例行研究。即使如此，若將來有人說我的研究沒有必要，那時我也只能去面對它，並思考自己該怎麼做才好了吧，但現在，我只想每天腳踏實地做好自己該做的事情。

或許是疑點發現後令人眼花撩亂的發展，以及連日來的相關採訪讓我疲倦不堪，我讀這封信時，眼眶中忍不住充滿淚水。我莫名感到悲傷。論文有嚴重錯誤，ＳＴＡＰ研究的可信度已然瓦解。在這個狀況下，笹井先生甚至已經認知到「或許會對研究生涯造成無可挽回的打擊」，為什麼他依然主張「相信」ＳＴＡＰ細胞呢……

我忍不住覺得，笹井先生已經將自己關進了一間沒有出口的密室裡。

圖片剪貼被認定為「竄改」

調查委員會的最終報告在三天後的四月一日出爐。為了掌握報告內容的核心，東西日本的科學環境部傾盡所有人力進行採訪，大家透過電子郵件交換了許多採訪筆記。

前一天深夜也發生了一件不可思議的事情。大阪記者根本毅寫電子郵件向小保方約訪後，收到了本人的回信，他接著也透過電話聯絡。據根本所說，小保方「願意在四月一日之後接受採訪」，同時也透露「身體狀況非常差」。但直接與小保方取得聯絡就只有這麼一次，之後即使他想透過郵件或電話討論採訪事宜，也完全沒收到回音。

在東京都內舉行的記者會分成兩個部分，上午由調查委員會召開，下午由理研總部接手，各家媒體共派出約二百人參加。有鑑於這場記者會受到高度矚目，公司共派了七人前往，包含來自社會線的支援人力。為了採訪評論等，總公司科學環境部裡還有超過五人待命，值班主編通常為早晚報各一人，但當天分別為兩人與三人，人力編制之慎重超乎尋常。

上午的記者會首先由調查委員會會長，即理研高級研究員石井俊輔報告附上結論的調查結果，內容如下：

小保方的兩個項目屬於不當研究行為。若山、笹井兩人雖無不當研究行為，但責任重大。丹羽在論文製作的後期階段才參加研究，因此未發現不當行為。

小保方被認定有不當研究行為的兩個項目，皆在初步報告被列入需持續調查的四個項目之內，分別為其中的圖片剪貼，以及酷似博士論文影像的畸胎瘤影像。記者八田一邊聽記者會，一邊撰寫晚報頭版用的原稿。底下先詳細介紹調查結果的內容。

第一個被認定為不當的是「電泳」基因實驗結果，可以看到圖片有部分剪貼的痕跡。電泳實驗是一種將混合了多個DNA片段的樣本，注入到洋菜凝膠中的泳道一端，接著就如「電泳」這個名稱所述，施加電壓使其游動的實驗。愈短的ＤＮＡ片段游動速度愈快，愈長的游動速度愈慢，因此不同片段所游動的距離也不一樣。如此一來，各ＤＮＡ片段所顯示的橫條（稱為泳帶〔band〕），就會在泳道中的各個位置出現，由此可知樣本中所含的ＤＮＡ種類。

即使是同一樣本，凝膠的狀態與施加的電壓也會改變ＤＮＡ的泳動距離。所以基本上不同凝膠的圖片不能剪貼在一起，即使不得不剪貼，也必須在插入的泳道兩端加入白線等標示，以利讀者分辨，這是處理泳道圖片的原則。

實驗目的是為了顯示ＳＴＡＰ細胞由淋巴球（Ｔ細胞）變化而來。比較Ｔ細胞與ＳＴＡＰ細胞的泳道，顯示Ｔ細胞特殊基因特徵（ＴＣＲ重組）的泳帶如果也出現在ＳＴＡＰ細胞的泳道，就能成為主張ＳＴＡＰ細胞來自Ｔ細胞的證據。

根據調查報告，小保方提供給調查委員會兩張凝膠影像，作為論文中一張影像的原始影像。小保方說明，她原本預計將凝膠１的影像用於論文當中，但凝膠１的Ｔ細胞泳道泳帶並不明顯，因此將凝膠２影像中的Ｔ細胞泳道剪下並插入。調查委員會發現，小保方為了調整泳動距離的差距，在插入凝膠２的泳道前，將凝膠１縱向拉長了約一點六倍。委員會認為，小保方是配合了一旁ＳＴＡＰ細胞泳道的泳帶位置，來插入顯示ＴＣＲ重組的泳帶位置，為了消除剪貼痕跡，甚至還調整了影像對比度。

調查委員會認定，這樣的剪貼是為了「使ＴＣＲ重組的泳帶看起來更清晰」所進行的數據加工，而以目視調整位置的插入方法也「不符合科學考察與步驟」，因此等於是「竄改」的不當研究行為。

笹井、若山、丹羽三人在論文投稿前看到的，就是小保方提供的已加工影像，因「加工並不容易被識破」，故判斷他們三人沒有不當嫌疑。

畸胎瘤圖片被認定為「不當」

第二個被認定為不當行為的，是證明STAP細胞萬能性的畸胎瘤實驗等的四張圖片，與小保方二〇一一年的博士論文圖片極為相似的問題。初步報告也說明，在調查剛開始不久的二月二十日，笹井與小保方就以使用了錯誤圖片為由，提出訂正圖片的申請。據笹井表示，「正確」的畸胎瘤圖片雖然是二〇一二年七月所得到的圖片，但小保方在提出申請的前一天重新拍攝了影像。後來雖然發現圖片與博士論文的極為相似，小保方與笹井卻解釋「原本以為博士論文的資料也能使用於投稿論文，所以並未申告」。

博士論文裡使用的細胞，是以極細玻璃管穿透小鼠骨髓細胞所得，而STAP細胞論文使用的，是將脾臟淋巴球浸泡在弱酸性溶液中形成的STAP細胞，兩者實驗內容完全不同。據說小保方的辯解是：「我沒有充分認知到實驗條件的不同，單純只是誤用。」

調查委員會分析STAP論文有問題的那四張圖片後發現，這幾張圖片並非直接轉載自博士論文，而是將其他資料的圖片複製使用。另外，小保方等人於二〇一二年四月投稿英國科學雜誌《自然》，最後遭到退稿的論文中，也使用了同樣的圖片。驚人的是，包含四張問題圖片在內，被退稿的論文中所使用的九張圖片——在試管內分化成各種組織細胞的實驗圖片（三張），與使用兩種方法染色的畸胎瘤實驗圖片（共六張）——全部都與博士論文中的圖片極為相似。

換句話說，小保方在第一次投稿時，就已經「誤用」了九張與博士論文酷似的圖片，接著在二〇一三年三月再度投稿《自然》時，雖然將九張中的五張換掉，但小保方說「換掉時也沒有發現圖片誤用了」。

此外，小保方三年來只有兩本實驗筆記，記錄也不夠充分，因此無法以科學方式追溯這些影像資料的由來。

調查委員會認為，畸胎瘤影像是顯示STAP細胞萬能性時極為重要的資料，小保方的行為「徹底破壞資料的可信度，而且必須指出，她儘管認知到其危險性卻依然這麼做」，因此認定為「不當行為」。

畸胎瘤實驗是小保方在若山研究室時進行的實驗，調查委員會指出，同時身為研究室主持人與共同研究員的若山，以及指導論文撰寫的笹井，「並未注意資料的正當性、正確性及管理」，結果容許了這樣的造假行為發生，因此「責任重大」。

草率的研究現狀

接著也簡單說明持續調查的四個項目中，另外兩個項目並沒有被認定為不當行為的理由。

這兩個項目都是關於兩百字左右的實驗手法敘述的問題，第一點是這個部分與二〇〇五年德國研究團隊的論文敘述相同，有抄襲嫌疑，另一點則是收到笹井與若山的修改申請，表示敘述的後半部分與實際的實驗手法不同。

關於第一點，負責撰稿的小保方說：「雖然參考了詳細的文章，但是卻忘記標明出處。我手邊沒有原本的文章，也不記得出處是哪裡。」關於第二點，若山則表示這項實驗由若山研究室的成員進行，「小保方並不清楚」與敘述不同的那部分實驗詳情。

調查委員會認為複製其他論文內容且未標明出處是「不被允許的」，但論文中其他四十一處都標明了引用論文的出處，引用卻沒有標明出處的只有這個部分，再加上實驗手法與複製的文章內容極為一般，所以對小保方「忘記出處」的主張，委員會表示「姑且認為合理」。至於第二點，小保方承認她並未與若山及實驗室成員確認敘述是否正確，共同作者也沒有充分確認，才導致錯誤的敘述，因此兩者的結論都是「因小保方的過失所引起的失誤，但不能認定為不當研究行為」。

被認定造假的兩組圖片乃是顯示ＳＴＡＰ細胞來源與萬能性，奠定論文根基的實驗結果。在記者提問時間，有人發問道：「調查委員會是否懷疑ＳＴＡＰ細胞的存在？」石井會長回答：「ＳＴＡＰ細胞是否存在，需要經過科學的研究與探索，而這已經超越調查委員會的職責。這個調查委員會的目的是調查論文是否有不當行為，請勿將兩者混為一談。」

這時也首次發現小保方的實驗筆記非常草率，而這點在日後成為話題。調查委員真貝洋一表示，他在拜訪ＣＤＢ的三月十九日共拿到兩本筆記，一本記錄的是二〇一〇年十月至二〇一二年七月的實驗內容，另一本則是之後的實驗內容。他不確定筆記是否只有這兩本。據說很多頁連正確的日期也沒有，石井會長表示「至今指導過數十名年輕研究員，從來沒看過內容如此零碎的筆記」，「有些敘述別人也看不懂，（即使回溯筆記）也很難嚴謹地確認資料的由來」。此外，雖然也曾要求提供電腦，但小保方並未使用研究室的桌上型電腦，只有私人的筆記型電腦，因此只能請她主動提供資料。

經確認後發現，二月十九日小保方「重新拍攝」的畸胎瘤不是腫瘤團塊，而是薄薄的切片。真貝委員表示「我問小保方留下多少樣本，她說不記得正確數目，但畸胎瘤本身沒有保留下來」。雖然從實驗筆記可以判斷出小保方做過畸胎瘤實驗，但並沒有詳細說明這個畸胎瘤對應到哪個切片。

至於調查委員會從網路上指出的眾多疑點中，選出這六項作為調查對象的理由，石井會長只表明在剛開始進行預備調查時其實只選出了三項，預備調查的過程中再增加三項，並表示「我們根據（理研）事務局提供的報告調查」，調查委員渡部惇律師則說明：「（調查委員會）沒有決定不當行為項目的權限，調查主體終究還是理研。」

小保方反駁調查委員會的結論

除了石井會長之外，野依良治理事長、川合真紀理事（研究負責人）、米倉實理事（行為規範負責人），以及ＣＤＢ主任竹市雅俊都出席了下午的記者會。

野依理事長先是深深一鞠躬謝罪道：「對於引發損傷科學界可信度的事件，再度向社會大眾致上歉意。」接著針對不當行為的原因，他表示是「年輕研究員缺乏倫理觀及經驗，而理應彌補這些不足的研究員缺乏指導能力，再加上欠缺雙方相互驗證，引發了這次的不當行為」。他也同時提出在理事長主導之下的現階段處置，包含勸說他們撤回兩篇論文中含有造假圖片的主論文，透過懲戒委員會給予相關人員嚴正處分，以及進行驗證實驗等。

記者會發下來的資料中，也包含接受調查的主要作者的意見。我急忙掃過一遍，結果驚訝到啞口無言。因為小保方的意見與其他作者不同，正面反駁了調查委員會的結論

——「我的心情充滿了驚訝與憤慨」、「再這樣下去，可能會讓人誤以為連ＳＴＡＰ細胞本身都是捏造的，我完全無法接受」，對於被認定為不當研究行為的部分，她則寫道：「儘管是『沒有惡意的錯誤』，依然被判斷為竄改、捏造，實在讓我無法服氣。」她也表明最近將準備對理研提出申訴。

她主張自己只不過是基於「讓照片更容易看懂的考量」，才使用剪貼的電泳圖片，就算直接使用原始資料也不會改變任何結果，至於「誤用」的畸胎瘤影像，則是「單純的失誤，既不是為了造假，也沒有惡意」。

另一方面，若山教授表示「沒看出資料的正確性及正當性問題，覺得相當自責」，丹羽先生則發表了「由衷感到抱歉」等意見，兩者的回應都相當簡短，而笹井的意見雖然是包含解釋的長文，基本上也是在傳達遺憾與謝罪之意。

川合理事針對小保方的意見表示：「我親手將報告交給她並進行說明，小保方看起來有點心慌，這想必是她剛讀完時的感想。」

下午的記者會上，也繼續有人提出關於ＳＴＡＰ細胞真偽的問題，石井會長強調「我不清楚（ＳＴＡＰ細胞的有無）。這超出調查委員會的判斷範圍」。接著竹市主任表示：「從調查結果也可以知道，並非所有的資料都遭到否定，舉例來說，並沒有針對由ＳＴＡＰ細胞製造出嵌合鼠的質疑。ＳＴＡＰ細胞是否存在，尚無任何結論。關於這點最好還是從零開始檢驗，因此我們將展開驗證實驗。」他也說明驗證實驗計畫的概要，實驗操作的負責人是丹羽仁史，總負責人是CDB特別顧問相澤慎一，將從四月一日開始實驗，所需時間大致為一年，預算則超過一千萬日圓。

遭到擱置的不當行為驗證

在問答環節中，理研的應對態度也逐漸顯現。儘管他們積極安排驗證STAP細胞存在與否，但似乎不願意透過驗證論文與分析過去樣本，來釐清不當行為全貌。

論文為了確認STAP細胞的萬能性，在製作嵌合鼠前先進行了畸胎瘤實驗，但畸胎瘤實驗卻不在驗證計畫的概要裡。調查委員會判斷畸胎瘤影像為造假，由此來看也有進行實驗的必要，但竹市主任卻表示「這項實驗最大目的是調查STAP的有無。我們認為嵌合鼠是（萬能性）最確切的證據」，川合理事也說「既然理研的職員宣布發現新的現象，盡早釐清真偽就是理研的職責」。

有記者詢問「除了目前的調查委員會之外，以理研為主體，來驗證論文所寫的內容是否確實實行過、嵌合鼠使用的是否真的是STAP細胞等，不也相當重要嗎？」竹市主任卻回答：「回溯過去的調查不是不能做，CDB也很想檢驗為什麼會發生這樣的問題，但可以想像的是，用已有缺漏的材料無法檢驗。與其得出含糊的結論，不如驗證STAP細胞是否存在比較快。」

除了調查委員會列為調查對象的六個項目之外，網路上還指出了許多疑點，對此，川合理事雖然表示「我們會調查相關疑點的準確度有多高，最後再向各位報告」，卻沒有提出具體計畫。

從石井會長關於實驗筆記的說明以及竹市主任的發言，可以察覺過去的樣本有許多已經遺失，即使仍然存在，也無法追溯出哪個樣本對應到哪項實驗。但這種狀況是否真的會妨礙調查，或是樣本的殘存狀況將由誰調查、又是如何調查，這些都無從得知。

舉例來說，針對使用ＳＴＡＰ細胞製造的嵌合鼠組織，石井會長表示「如果不參考實驗筆記就無法確認，就這層意義而言並未確認」，而竹市主任則說ＳＴＡＰ幹細胞「雖然數量不明，但已向小保方確認（還有樣本）」，但就連竹市主任也沒有掌握樣本的全貌。

在參與人數眾多的記者會上，即使想要發問也很難被點到名。我在上午的記者會中一次也沒有被點到，好不容易才在下午記者會的後半獲得機會。我問他們，先不管能不能對應到實驗筆記，小保方是否提供了用ＳＴＡＰ細胞製造的嵌合鼠以及發光的胎盤呢？面對我的問題，石井會長只回答「我們沒有去問這種事，只針對能夠確認的部分進行確認」。據說他們曾進入小保方研究室，耗費五、六個小時進行調查。

我接著也詢問聘用小保方的始末。竹市主任回應：「我們採取公開招募的方式，請報名的人寫下研究主題，報告將來的研究計畫，同時也調查他們過去的成果。所有流程都跑過一遍，當時不覺得有什麼問題。」他表示，他們覺得小保方「非常優秀」。

那麼現在回想起來，有沒有什麼當時應該注意的地方？對此提問，竹市主任則回答「很遺憾，當時並沒有」。

這次的記者會也和調查委員會發表初步報告時一樣，以小保方為首的主要作者都沒有現身，針對這點，川合理事是這樣說明的：

「我請他們在調查時避免露面。雖然理研沒有禁止（接受採訪），但這樣的狀況對非公眾人物的年輕女性而言並不尋常，這也是事實。如果不是能夠保證職員身心安全的狀況，我想很難請他們出面。」

竹市主任表示，小保方因「精神上的問題等」，並沒有每天上班，只有在必要的時候才會出現。

這次記者會，上、下午加起來總共超過了四個小時。

「我不服氣」

《每日新聞》在四月一日晚報的頭版頭條以及隔天的早報上，大肆報導了這天的狀況。

早報在頭版頭條以「STAP論文恐將崩毀」為題展開連載報導。副標題是「密室導致造假，指導者未盡職責」，內容從多方面切入，談到ＳＴＡＰ研究是以極機密狀態進行，在ＣＤＢ內部也屬罕見特例，以及論文在發表之前，甚至不曾接受研究小組以外的檢驗的背景。

二版則整理了有關ＳＴＡＰ細胞存在的爭議現況，並概述驗證實驗的計畫。目前的狀況是，雖然在接受弱酸性溶液刺激的細胞中，萬能細胞特有基因（Ｏｃｔ４）確實運作並發出了綠光，但作為萬能性證據的畸胎瘤實驗與嵌合鼠實驗，卻拿不出重現報告，因此仍無法證明ＳＴＡＰ細胞存在。

這篇報導保留了較大的版面，我與永山主編討論之後，也在裡面首度介紹了「ＴＣＲ重組」的問題。「ＴＣＲ重組」是證明ＳＴＡＰ幹細胞「由完全分化的體細胞形成」的標記，但在ＳＴＡＰ幹細胞中卻找不到。雖然在問題浮現的三月上旬並沒有寫成報導，但在之後的採訪中，我逐漸認知到這仍是必須報導的問題。

三版是延續頭版的連載報導，介紹共同作者中有人證實，自己完全沒有參與論文中的實驗與分析，「只有簽名而已」。我獨家採訪到的這名共同作者坦承，「自己對論文中的資料完全沒有貢獻，也沒有看草稿。只有在其中一名共同作者的請託之下（以論文投稿所必須的作者身分）簽名。我當時以為這項研究經歷過如此漫長的討論，應該不會出問題」。他過去從來不曾連草稿都沒看過就成為共同作者，但「我心想這次的論文或許就是如此特別」。然而，現在論文充滿疑點，這名共同作者以後悔的口吻表示「現在回想起來，當時應該猶豫一下」。

此前沒有報導指出STAP研究背後的「密室性」，以及未經過充分討論就發表的事實，因此這篇報導獲得極大的迴響。

在同一版面上，也刊登了政府暫緩將理研改制為「特定國立研究開發法人」的報導。將理研改制為新設法人，是在STAP細胞論文發表隔天，由文部科學大臣下村博文所宣布的方針。這項制度能夠有彈性地設定報酬，以便從海外也能延攬優秀人才，企圖藉此創造世界頂尖的研究成果，而候選的單位則有理研與產業技術綜合研究所。

根據齋藤有香、大場愛兩位記者的採訪，STAP論文疑雲引發對理研改制的質疑，文科省以在四月中旬之前做出內閣決策為目標，要求理研迅速調查。最終報告會在距離初步報告僅僅半個月後就公布，也是基於文科省與理研希望照原定計畫推動改制的考量。但一日傍晚，在與野依理事長見面後，下村文科大臣表示「這個月（做出內閣決策）有困難」。據說文科省幹部在受訪時直言「STAP問題的時間點太糟了」，其他幹部也語氣強硬地說：「文科省費心費力地建立新法人制度，實在不希望最後只有經濟產業省管轄的產總研[8]獲得這項資格。」

8 編註：產業技術綜合研究所。

在與野依理事長對談後的記者會上，下村文科大臣說：「我們將委託外部的第三方專家調查，確認問題是否源自理研的體制因素，並評估理研是否符合新設法人的條件。」

而社會版則刊載了大阪科學環境部記者畠山哲郎的報導。他整理出在大阪市內面對各家媒體採訪時，小保方的代理人三木秀夫律師所闡述的內容，同時也一字不漏地刊登出小保方的意見。

據三木律師表示，小保方在三月三十一日接受理研關於最終報告的說明，她在聽取摘要時臉色明顯變得蒼白，並反駁道「我不服氣」。三木律師說「從她臉上能夠看出驚訝、憤怒及憤慨的情緒」。

關於撤回論文的問題，竹市主任在初步報告時的記者會上曾說明：「我提議撤回時，小保方看起來似乎是身心俱疲地點頭了，因此我判斷她接受了這項建議。」但三木律師予以否定，「當事人不同意撤回。她認為ＳＴＡＰ細胞的發現不容質疑」，針對無法複製的批判，小保方也表達不滿：「我花了半年、一年才做出結果，為什麼立刻就說做不到。」

三木律師也透露，小保方因壓力過大導致身體出狀況，「精神狀態相當不穩定，很容易就情緒激動」，因此有關人員隨時陪伴在她身旁。但另一方面，小保方也考慮親自召開記者會說明。

四月二日的晚報上，刊出了紐約支局記者草野和彥的採訪報導，內容稱面對調查委員會的不當認定，美國哈佛大學教授查爾斯・維坎提再次提出反駁。維坎提教授透過所屬的哈佛大學關聯醫療機構「布萊根婦女醫院」發表聲明，稱「對於（論文的）科學內容與結論沒有影響」，又說「倘若沒有具說服力的證據顯示這個科學發現完全錯誤，就不應該撤回論文」，重申他不撤回論文的一貫主張。

這時，香港中文大學的李嘉豪教授正在進行複製實驗，他嘗試以維坎提研究室發表的「改良版」製作方法操作，並公布萬能性相關基因稍微發揮作用的數據，維坎提教授對此表示「歡喜」，也展露自信說「科學事實終將真相大白」。但李教授在四月三日，於研究員專用的資訊交換網站發表評論，稱「我個人不認為ＳＴＡＰ細胞存在，再繼續投入人力與研究經費到這項實驗，只會浪費資源」，表明考慮中止實驗。

三日早報的系列報導「中篇」指出，日本學界近年來，有著過度重視於《自然》等知名期刊發表論文的風氣。五日見報的「下篇」則探討研究所教育課題，敘述由於政府方針，近三十年來博士課程的入學人數增加了三倍，但卻出現每名學生的指導教師人數不足等問題，使得博士學位逐漸「粗製濫造」，同時介紹日本年輕研究員被指整體實力低落的事實，以此分析ＳＴＡＰ問題的背景。

笹井表示「我想安排私下對話機會」

理研的記者會後，我以電子郵件聯絡笹井先生與丹羽先生，希望他們能夠再度接受當面採訪。我懷抱著些許期待，心想不當行為的調查已經結束，他們說不定願意受訪，但最後還是沒有得到同意。不過，丹羽先生在回信中透露，他預定在四月七日出席驗證實驗的記者會，並回應道：「我不知道自己能夠說到什麼程度。但如果是科學上的問題，我會盡量在允許的範圍內回答。」

笹井先生的郵件，則從對調查委員會報告的感想開始。

「老實說，我一直非常心痛。雖然不是我指導的部分，但自己指導的人被指控造假，讓我慚愧不已。」從這句話可以看出，對於小保方被認定有不當研究行為，笹井先生也遭受到相當嚴重的打擊。

他也提及驗證實驗，說「全世界也陸續傳出STAP部分複製的非正式報告與傳聞」，但「我們不打算搭便車」，並強調理研進行的驗證實驗是以製作嵌合鼠為目標的「嚴謹等級」。關於如何面對今後的採訪，他則寫出下列這段話：

我個人希望以某種形式，為這次的混亂與責任舉辦一場道歉記者會，但記者會必須站在理研的立場進行，所以我沒有決定權，而在現在這個當下，我也不知道何時能夠獲准。不過，在offical道歉記者會後，我想另外安排一個與道歉記者會不同，能夠更為平靜地與您私下對話的機會，以便更清楚地傳達我真正的想法，不知您意下如何？

非常抱歉，我很難自由地採取任何行動。

我也傳送郵件給若山教授，針對記者會中得知的資訊詢問幾個問題。關於小保方三年來只有兩本實驗筆記這點，若山教授解釋：「以前完全不知道。我也很驚訝。」

他說撰寫實驗筆記的訓練，理應在就讀博士之前，甚至讀大學時就該進行，教授不太會指導或確認博士研究員（博士後）的筆記，因為這會傷及當事人的自尊。「如果是我直接指導的學生或博士後就算了，但小保方是『哈佛大學維坎提教授的優秀博士後』，我實在無法開口要求她『請給我看你的筆記』。」

揭穿綠色發光影片的祕密

發出綠光的細胞在小小的手機螢幕中快速移動——這部在一月記者會上公布的影片是透過顯微鏡拍攝，再以高速播放出來的紀錄，內容是小鼠淋巴球受到弱酸刺激後，細胞在一週的培養期間所出現的變化。換言之，影片展現的理應是ＳＴＡＰ細胞誕生的瞬間。

我在東京都內某飯店的會客區，訪問一位ＣＤＢ出身的年輕研究員。丹羽及小保方等人的記者會應該會在近期內召開，我希望在記者會之前，盡可能訪問更多研究員對於ＳＴＡＰ問題的見解。

「這對日本科學界造成的傷害可不是開玩笑的。我已經不相信ＳＴＡＰ現象了。什麼複製實驗，根本就是緣木求魚。」

眼前的研究員對這次的騷動表現出憤慨之情。網路上有免疫系統的研究員指出「ＳＴＡＰ細胞影片就是巨噬細胞吞噬死亡細胞的影片」，我一詢問他對於這個說法的見解，他立刻拿出手機播放影片並為我解說。

巨噬細胞是阿米巴狀的免疫細胞，這種細胞會一邊活躍地四處移動，一邊吞噬病原體、異物以及死亡的細胞。「請你盯著這個細胞。你看，開始發出綠光的那一刻就完全靜止了不是嗎？有人說這是因為細胞已經死了。雖然之後又動了起來，但這只是被巨噬細胞吞噬之後，被帶走罷了。」

我定睛細看，正如這名研究員所說，也能看見像是巨噬細胞的透明物體輪廓。說來不可思議，一旦聽了這個說法後，不管再怎麼看這部影片，看起來都像是巨噬細胞接連吞噬死亡細胞的樣子。

那麼，細胞為什麼會看起來發出綠光呢？論文中的ＳＴＡＰ細胞製作實驗，使用了經過基因改造的小鼠細胞，當萬能細胞特有的基因Ｏｃｔ４活躍運作，就會發出綠色螢光。根據小保方等人的說明，細胞因弱酸刺激而「初始化」，Ｏｃｔ４開始運作，所以發出了綠色光芒。從論文剛浮現疑點時，就有人指出這或許是死亡細胞自己發出螢光的「自體螢光」現象。但自體螢光也會發出綠色以外的螢光，因此只要加上濾鏡就能輕易區別。

這名研究員指出了自體螢光以外的可能性，他認為可能是因為在細胞將死之際，負責遺傳訊息的基因組控制功能損毀，使得原本應該遭到抑制的萬能性相關基因也發揮作用。

「說不定除了發光之外，在蛋白質層次的分析也能檢驗出Ｏｃｔ４。但這與細胞是否具有萬能性，完全是不同的問題。」

換句話說，只有製造出畸胎瘤或嵌合鼠，才能稱得上是萬能細胞。即使製造出Ｏｃｔ４運作的綠色細胞團塊，在這個階段也無法稱之為「ＳＴＡＰ細胞的部分複製」。

「小保方的資料管理草率，又有大量從博士論文複製貼上的內容，我感受不到她對基礎工作的真誠。像丹羽先生與若山先生這樣，一路以來基於真實數據做出非常優秀成果的人們，卻被捲進這場論文風波，被追究責任甚至遭到貶低，實在讓人無法原諒。」

很多研究員當上ＰＩ後就不再親自進行實驗，但丹羽先生與若山先生至今依然親自動手做出數據。過去也經常聽說這就是他們在研究圈深受信賴的原因。

「尤其是丹羽先生，他與奧斯汀．史密斯（Austin Smith）等幹細胞領域的海外大老也相當熟識。丹羽先生能夠打進這個領域非常厲害。雖然我也覺得審查不夠嚴謹，但審查者想必也認為應該不會有問題吧？」

奧斯汀．史密斯是英國劍橋大學教授，擔任ＣＤＢ外部評價委員會的會長。論文審查者的名字通常不會公布，但據傳史密斯也是審查ＳＴＡＰ細胞論文的其中一人。

當我詢問他對於ＳＴＡＰ研究屬於極機密計畫這點有什麼意見，他也承認笹井先生這種做法是在採取祕密主義，並且如此評論：

「不管怎麼想，發表前都應該更慎重地討論，對論文內容也應該仔細檢查。但是他們卻只在寥寥幾位作者之間分享資訊。我想作者都會偏愛自己的研究成果，所以檢查難免較為鬆散。而我所尊敬的ＣＤＢ老師們沒有識破，加上發表前也未曾經過批判性的議論，實在非常遺憾。」

膿包擠破就擠破了，希望理研能夠徹底調查——他在採訪的最後留下這句話。

CHAPTER 6

小保方的反擊

「ＳＴＡＰ細胞確實存在。」小保方與笹井相繼召開記者會。我則在這個時候，針對理研沒有公開的殘存樣本進行採訪，雖然發現了畸胎瘤切片等樣本還有保留下來，但是……

驗證實驗的計畫

理研調查委員會發表最終報告的隔週之後，先前持續對大眾保持沉默的理研ＣＤＢ共同作者們，陸續召開了記者會。

第一棒是計畫主持人丹羽仁史。四月七日，東京都內舉辦了一場ＳＴＡＰ細胞驗證實驗計畫的發表記者會，丹羽以執行負責人的身分，與統籌研究的ＣＤＢ特別顧問相澤慎一共同出席。

開場先由相澤顧問說明驗證的意義：「理研ＣＤＢ的立場是非常希望釐清ＳＴＡＰ現象、ＳＴＡＰ細胞是否存在，對於研究圈、社會大眾也有釐清這點的義務。希望這次的驗證在將來回顧科學的歷史時經得起批判。」

丹羽雖然在論文不當行為的調查中被認為「沒有不當行為」，但由身為論文共同作者的他來執行驗證實驗的安排，也招致批判。或許是意識到這一點，相澤顧問說明：「丹羽仁史在細胞研究、多能性研究領域是獲得全球認可的研究員，他親自動手執行的實驗，無論結果如何，都絕對能夠獲得全球研究員的信賴，因此選擇他作為實驗負責人。」接著輪到丹羽發言，他先是致歉「身為共同作者之一，對於事態演變至此致上由衷歉意」，而後說明驗證計畫。計畫概要如下：

這次的計畫是從頭開始驗證STAP現象是否存在。根據論文，STAP現象是指施加刺激使分化後的體細胞初始化，並獲得萬能性的現象。若將STAP細胞注入稍微發育後的小鼠受精卵（囊胚），就會誕生出全身細胞有從原受精卵細胞，也有從STAP細胞發育而來的嵌合鼠。此時STAP細胞的特徵是，不只能夠分化成胎兒，也能分化成胎盤。

利用STAP細胞可製造出與ES細胞相似的「STAP幹細胞」，並且兼具萬能性與自我複製能力。從STAP細胞可得到STAP幹細胞本身也是初始化的一項證據，但基本上，如果能夠透過嵌合鼠確認STAP細胞的萬能性，STAP現象就稱得上獲得證明了。

製作嵌合鼠是評價細胞萬能性最嚴密的方法。製造畸胎瘤或是在培養皿中分化成各種細胞，都被定位為間接證據。只要能夠製造嵌合鼠，即可依此判斷細胞獲得了完全的萬能性。

和論文內容一樣，此次實驗將使用的小鼠經過基因改造，在萬能性基因Oct4運作時會發出螢光。手法是從小鼠脾臟採集淋巴球細胞，以弱酸性溶液給予刺激後，再將細胞移到培養皿培養。哈佛大學維坎提教授提倡兩種手法並用，也就是讓細胞通過玻璃管與酸性處理，此次驗證實驗也將嘗試他的建議。

為了證明分化的體細胞初始化並形成了新的STAP細胞，需要一個表明已分化的識別標誌。在論文中，這一標誌就是附著在T細胞基因上的痕跡（TCR重組）。

不過，這個方法其實也有許多弱點。論文已經確認，將心肌、腦、肺、肌肉、脂肪組織、纖維母細胞、肝臟、軟骨細胞等經過酸處理，Oct4也會因為STAP現象而運作。於是在這次的驗證實驗中，將使用當細胞分化成肝細胞與心肌細胞等特定體細胞時，會發出螢光的基改小鼠，由淋巴球以外的體細胞製作STAP細胞，嘗試藉此證明「將分化的細胞初始化」。

舉例來說，透過基因改造操作，讓小鼠體內已分化的肝細胞發出螢光，然後從這種小鼠身上取出肝臟細胞，以酸處理製作STAP細胞，再製作嵌合鼠，那麼自STAP細胞衍生出的細胞在嵌合鼠體內也會發出螢光。如果能夠透過嵌合鼠確認發出螢光的細胞，就能證明分化過一次的細胞能夠被初始化並具有萬能性。同樣的方法也曾使用於iPS細胞的研究。

如果能形成STAP細胞，就能從這種細胞培養出STAP幹細胞，也能驗證是否能使用STAP幹細胞製作嵌合鼠。

驗證將以大約一年為期，並且規劃在四個月後發表初步報告，有關細胞培養的實驗將由我（丹羽）負責，嵌合鼠實驗則由相澤負責。

丹羽仁史對ES細胞說的反駁

丹羽在說明當中提出幾項科學見解，其中一項反駁了質疑STAP細胞其實就是ES細胞的說法。此處補充丹羽的見解：

也有人質疑，只要混入ES細胞，就能創造出STAP現象或STAP幹細胞。我研究ES細胞大約已經二十五年了，就我所知，即使將ES細胞注入受精卵，也絕對不會形成胎盤。雖然有報告顯示，約有百分之二的ES細胞同時擁有生成胎兒與胎盤的能力，但若要加以使用，就必須以這類ES細胞群的特殊基因來識別並採集它們，再將其注入受精卵。如果沒有這種標記，就不能只收集可以分化為胎兒與胎盤兩者的細胞，也不可能將收集到的細胞保存在培養皿當中。

雖然在特殊環境下製作的iPS細胞也能分化成兩者，但那是二〇一三年九月的報告，是非常最近的事情。不過，無論哪種報告，我自己都沒有嘗試過實驗。

即使只是能夠分化成胎兒與胎盤這一點，既有的見解就已無法加以說明。STAP現象是能夠說明這點的一項假說，可以說是應該驗證的假說。

此外，論文提到以TCR重組為標記證明「已分化的體細胞初始化」，他也針對這項方法的「弱點」做出如下講解：

論文描述，首先以「CD45」這種蛋白質為指標，從出生一週的小鼠脾臟收集淋巴球。其中百分之十～二十為T細胞，而T細胞中具有基因標記的也是百分之十～二十。換句話說，收集到的淋巴球當中，具有TCR重組的細胞只有百分之一～四。

接著思考從收集到的淋巴球製造STAP細胞的過程。以CD45為指標收集到的細胞大約半數是B細胞，百分之二十是T細胞，百分之二十是吞噬病原體與死細胞的巨噬細胞，還有若干這些以外的細胞。論文主張，整體細胞在經過酸處理後，約百分之七十會死去，存活下來的百分之三十細胞則近半被初始化，Oct4開始運作。

必須注意的是，STAP細胞團塊是由各種細胞的群體形成，保留了各種細胞混合在一起的性質。這些細胞當中，即使含有來自具基因標記之T細胞的STAP細胞，也只有極少數。

製作嵌合鼠時，會進一步將STAP細胞團塊分切成十～二十個細胞的小團塊，再注入受精卵當中。根據ES細胞實驗的經驗來看，十～二十個STAP細胞當中，能夠形成嵌合鼠身體的細胞恐怕只有幾個。而我們也理解，這幾個細胞中是否含有來自具基因標記的T細胞的細胞，有相當大的程度是機率問題。

培養STAP幹細胞的過程也是同理。TCR重組在STAP幹細胞的階段還留下多少，現在已經成為各方指出的問題。如同三月五日發表的ＳＴＡＰ細胞製作指南（實驗手法解說）所示，八株ＳＴＡＰ幹細胞中都沒有ＴＣＲ重組。

若從這個觀點思考，依循論文的手法探討如何從淋巴球引發初始化固然是重要課題，但光憑這一點，很難嚴謹地檢視ＳＴＡＰ現象是否存在。

撰寫實驗指南的丹羽仁史竟然沒有製作過ＳＴＡＰ細胞

聽了這番解說之後，內心驚訝的恐怕不是只有我而已。雖然大致能理解「ＳＴＡＰ細胞團塊」來自各種繁雜的血液細胞，但是由具有ＴＣＲ重組的Ｔ細胞生成的ＳＴＡＰ細胞，在其中所佔比例竟像丹羽先生說的那麼少，而且能夠檢驗出來的機率也很低，這些都是我不知道的事實。「不是體內原本存在的未分化細胞，而是將分化完全的體細胞初始化」是ＳＴＡＰ細胞的重要概念，而ＴＣＲ重組就是這個概念的證明，既然如此，研究小組為什麼要採用機率如此之低的方法呢？

進入問答時間後，問題果然集中在丹羽先生對ＳＴＡＰ研究的參與及見解，而非驗證計畫本身。

丹羽表示，他從二〇一三年一月開始參與這次的論文，針對論文撰寫、如何回應投稿後收到的審查者意見提供專業建議。在他加入的時候，幾乎所有資料都已經存在了，他是就「如何整理這些資料才具備科學說服力」的觀點給予建言。而那時候，他並沒有「回溯實驗筆記或原始資料進行確認」。

對於STAP現象，他說自己「親眼看到了形成的過程」。在論文發表後的二月，他「大約看過三次」研究小組負責人小保方晴子從小鼠脾臟採集淋巴球，進行酸處理的過程，「我一直觀察到發現（與萬能性相關的基因）Oct4為止。之後由若山教授製作嵌合鼠，證明STAP細胞可形成胎兒與胎盤，而我給予這個部分絕對的信賴。我想看看這些現象是否真的互相關聯」。

但若山已經表示，他不知道小保方當成「STAP細胞」交給他，用來製作嵌合鼠的細胞「到底是什麼」。而丹羽對於嵌合鼠實驗沒有半點懷疑，也讓人覺得奇怪。

大約一個月前發表的STAP細胞製作指南，是由丹羽先生擔任責任作者，他在被問到其中緣由時解釋：「當時的理研已經疲於回應，因此我決定負起責任，挑起說明為何無法複製的任務。但如果問我是不是從頭到尾做過驗證，也不是那樣。」他也說，指南內容「基本上與論文的敘述沒有不同。我們檢視了應該注意的問題事項以及到二月為止出現的疑問，在與小保方討論之後，寫下必須重申的要點」。

「丹羽先生您撰寫實驗指南卻從來沒製作過STAP細胞，這不是很奇怪嗎？」面對這項合理的質疑，丹羽先生答道：「因為當時能夠補充說明實驗方法、擔任公關窗口的人只有我一個。對於為什麼發表自己沒有做過的實驗指南，我無條件承受這個批評。」

論文發表之後，包含確認萬能性在內的複製實驗，國內外都沒有傳出成功的消息。雖然仔細一想也是理所當然，但丹羽先生是整理「ＳＴＡＰ細胞詳細製作方法」的當事人，又有「至今依然親自進行實驗，因此深受信賴」的風評，從他口中聽到「我沒有做過這項實驗」的說明，讓我不禁感到困惑。

為什麼不優先分析留下來的樣本

我一直很在意殘存樣本的分析，因此詢問相澤先生這個問題。一方面是因為若山研究室的簡易分析做出了不自然的結果，所以我認為比起驗證實驗，應該以分析樣本為優先。但相澤先生否定了分析殘存樣本的必要，他說：「就ＳＴＡＰ現象是否存在的觀點來看，我不覺得現在殘存的樣本能夠給出答案。」

「這是為什麼呢？」

「舉例來說，ＳＴＡＰ細胞現在被冷凍保存，即使將其解凍，製成嵌合鼠，也無法成為ＳＴＡＰ細胞存在的證據。某些人會說，這只不過是混合了ＥＳ細胞的細胞，所以才能做到吧？最大的問題是ＳＴＡＰ細胞、ＳＴＡＰ現象是否存在。用ＳＴＡＰ幹細胞製成的嵌合鼠也還留著，但就算調查這些嵌合鼠，也無法當成ＳＴＡＰ細胞存在的證據，所以我們才會說這次驗證不會調查樣本。不過，若是從調查（調查委員會選出的）六個項目以外的整篇《自然》論文來看，或許還是有其意義。」

一同出席的坪井裕理事補充道：「有關使用殘存樣本的STAP驗證可以做到什麼，也是理研改革推進總部打算研討的課題。現階段我們尚未決定不分析殘存樣本，預計會評估能否以不同於此次驗證計畫的形式做出些成果。」

「之後會發表評估結果嗎？也就是剩下了哪些樣本、又會如何分析呢？」

「我們會在評估可以怎麼做之後再行答覆。」

就算是客套，他的語氣都稱不上積極。我再度詢問相澤先生。

「STAP細胞製成的畸胎瘤切片也還留著吧？只要分析切片，不就能夠在某種程度上驗證STAP細胞到底是什麼了嗎？」

「雖然又再重複了一次，但從STAP細胞是否存在的觀點來看，就算分析切片也沒有任何意義。」

我也對丹羽先生提問。雖然與先前以電子郵件詢問的內容有所重疊，但我還是想在官方場合確認。

「您曾經表示混入ES細胞的說法很難想像。但STAP細胞的分析採取細胞塊的形式，因此是否有可能不只混入ES細胞，也混入了（分化成胎盤的）TS細胞呢？」

「我聽若山教授描述注入受精卵的狀況，他說從小保方手上拿到的細胞是極為均勻的細胞集團。此外，我自己也曾將ＥＳ細胞與ＴＳ細胞混合在一起，但這兩者在短短數天內就完全分離了。我想這可能是因為發現的鈣黏蛋白（使細胞黏著在一起的分子）不同。就這個觀點而言，使用這兩者製作彼此均勻密著且均質混合的細胞團塊，至少就我的經驗來看非常困難。這就是我的見解。」

「分離前的狀態，不是很難從外觀上區別嗎？」

「但分離之前就幾乎沒有黏著在一起。」

「任何培養基都是這種狀況嗎？」

「我沒有觀察到那種地步。但我想在維持各自分化能力的情況下繼續培養，應該是相當困難。」

下一個問題可能會惹怒對方，但我還是豁出去了。

「有人指出，活細胞即時影像可能是巨噬細胞吞噬死亡細胞的樣子，您如何看待這個說法？」

「我反過來問，這個說法該如何證明呢？我想確實也可以有這樣的意見，但是該如何區別這兩者呢？我也無法立刻給出答案。」丹羽先生看似有點不悅。

「觀察活細胞即時影像時，是否也一併進行了對照實驗？還是您只看了小保方口中的ＳＴＡＰ細胞影像呢？」

「我看到的畫面是從沒有螢光的細胞開始出發，到發現Ｏｃｔ４，然後它們一邊獲得螢光同時聚集在一起。我記得在那樣的視野之下，極有效率地觀察到了好幾組相同現象。」

到此為止，問題就被擔任司儀的公關室長加賀屋悟打斷了。

接下來被問到自身的責任時，丹羽先生如此回答：

「我不斷地問自己，事態為何會演變至此。我想很難只靠單方面（防範）。我決定驗證也是為了負起責任。身為研究員，有責任驗證這個現象是否存在。」

此外，小保方在四月一日收到調查委員會的最終報告後，給出了可以解讀為徹底抗戰的意見，對此他也表示理解，「六個項目的判定結果看起來就像是徹底否定（ＳＴＡＰ細胞的存在），而小保方的意見則反駁了這點。我能夠理解她的心情。畢竟如果完全遭到否定，也不會有驗證了」。

相較於丹羽毫不隱藏自己堅信ＳＴＡＰ現象的存在，相澤維持他謹慎的態度，強調「我並非相信一定能夠複製，畢竟不試看看也不知道會不會成功」。

無論ＳＴＡＰ現象如何，證明某個現象「不存在」原本就非常困難。相澤也承認這點，「如果能夠複製，答案就很簡單，但如果無法複製，要找出原因則極為困難。這也是驗證計畫的重要課題」。

當他被問到「是否會尋求小保方的建議」，他表示：「目前並非能夠取得建議的情況，但有些資訊可能只有小保方才知道，若情況允許，我們希望獲得她的協助。」

他也表達了最終仍有必要由小保方親自進行實驗的見解：「若情況不允許，我們希望小保方恢復到能夠進行實驗的狀態。畢竟很難在不給她驗證機會的情況下，就判斷STAP現象不存在。」

《每日新聞》在頭版及新綜合版報導了記者會的內容。我根據在這場記者會上新得知的資訊，譬如來自STAP幹細胞的嵌合鼠仍存在等事實，寫出「理研應優先分析殘存樣本」的標題。因為假設分析的結果發現混入了ES細胞等，那麼STAP細胞有可能打從一開始就不存在，投入一千三百萬日圓的驗證實驗恐怕也將白費工夫。「研究結果有多少部分是真的」與「STAP細胞是否存在」這兩項命題當中，理研只對後者特別積極，這樣的態度使我對理研的不信任感逐漸膨脹。

小保方提出異議申訴

而在大阪，小保方的代理律師三木秀夫在這天表明，面對理研調查委員會所做出的結論「關於兩組造假、竄改之影像有研究行為不當之虞」，小保方將於四月八日提出異議申訴，九日召開記者會。至於當事人小保方則因「身心狀態不穩定」，住進了大阪府內的醫院。

隔天我前往大阪，與大阪科學環境部的根本毅組長等人一起，參加三木律師與室谷和彥律師召開的小保方申訴內容說明會。

理研的「防止科學研究不當行為的相關規程」中，給予「不當研究行為」如下定義，「但不包含沒有惡意的失誤以及意見的出入」。

①造假：捏造數據與研究結果，將其記錄並報告。

②竄改：藉由操作研究資料、樣本、機器及過程，省略或變更數據及研究成果，將研究活動所得到的結果加工成與實際狀況不同。

③盜用：使用他人的想法、作業內容、研究結果及文章時，並且未加上適當的引用標記。

小保方等人在異議申訴書中主張，被認定為不當的兩項研究行為，都因為「存在良好的結果與真正的影像」，因此未符合不當行為之規定，該認定結果並不妥當。

針對被認定為「竄改」的「電泳」影像剪貼問題，他們表示，證明STAP細胞是由已分化細胞初始化而來的基因痕跡（TCR重組），已由原本的兩張凝膠影像證實，剪貼「只是為了讓影像看起來更清楚所施加的操作，結果本身並未受到任何影響」。調整其中一張影像的對比，也是為了讓DNA泳帶看起來更清楚，並不影響結果。小保方進一步解釋，「關於投稿論文的凝膠照片該如何適當的使用，自己沒有機會接受這方面的教育，也不清楚《自然》的投稿規定」，並表示「我已經反省自己不適當的標示方式，也向《自然》提出訂正後的論文稿」。

調查委員會指出，從其中一張影像插入泳道時，如果只調整影像長度，泳帶的位置將會產生偏差，所以插入方法「並未遵循科學的考察與步驟」，申訴書針對這點反駁，稱其中一張影像往左傾斜了兩度，只要另一張影像以縱向縮小至百分之八十左右並修正傾斜，就能在不破壞各泳帶科學關係的情況下插入泳道，故認為是委員會「沒有給予小保方解釋的機會，就擅自認定會產生偏差」。

證明ＳＴＡＰ細胞萬能性的「畸胎瘤實驗」影像，因酷似小保方博士論文中的影像而被認定「造假」；針對這項問題，申訴書首先解釋「造假是捏造不存在的數據及研究結果，並將其記錄或報告」，隨後表示「應使用的影像目前是存在的，將提出給調查委員會」，主張「這只不過是論文刊出時使用了錯誤的影像」。

代理人聽了小保方的說法後，認為論文使用的影像「並非剪貼自博士論文的影像」，而是小保方為了向ＣＤＢ團隊當時的負責人若山照彥與哈佛大學教授查爾斯．維坎提報告，所製作的投影片資料。該資料最早由小保方在二〇一一年十一月二十四日製作，後來為了在實驗室會議上使用，經過數度修正改良。不過據三木律師表示，「無法確定使用的是哪個時期的投影片影像」。

博士論文的影像，是從通過玻璃管的小鼠骨髓細胞中採集細胞進而製成的畸胎瘤，小保方稱這群形成球狀團塊的細胞為「球體」（sphere）。球體是原本就存在於生物體內的細胞，與在體外全新製作的STAP細胞概念不同。但令人驚訝的是，申訴書以這些細胞也是STAP細胞為前提，寫著「當時，STAP細胞被稱為sphere」。換句話說，小保方將兩者混為一談。關於這點，三木律師表示：「雖然定義改變，但從內容來看，我們並不認為球體與STAP細胞完全不同。她說廣義來看，兩者是相同的。」

申訴書更進一步指出，小保方手上存在著兩張「正確的影像」，分別是拍攝於二〇一二年六月九日，如論文所記般由STAP細胞製成的畸胎瘤影像，以及在遭到質疑後，於二〇一四年二月十九日，「以確保資料正確性為目的」重新拍攝的畸胎瘤影像，因此小保方「完全沒有」必要與動機，在論文中刻意使用另外的影像，並斷定「就經驗來看，小保方不可能基於惡意使用錯誤的影像」（不過，所謂正確的影像是否來自依循論文敘述的實驗，三木律師則認同「這是小保方的主張，沒有明確的客觀證據」）。

此外，申訴書也控訴，調查委員會在發表初步報告兩週後就完成最終報告，時間「相當短」，在這段期間更只有找小保方問過一次話，「並未給予充分的反駁機會」，主張應該將調查委員全部換成外部委員，並且半數以上應為前法官或律師等熟知法律的人士後，再度進行調查。

理研的調查委員會在四月一日的記者會說明，「（小保方的）身體狀況是最優先的考量」，但三木律師卻表示，小保方認為「調查委員會並未顧慮她的身體狀況，只要求她回答是或不是即可」。

隔天四月九日，小保方的記者會當天，《每日新聞》在早報一版及三版，報導了小保方異議申訴的內容以及專家的看法。日本分子生物學會研究倫理委員會會長，國立遺傳學研究所特聘教授小原雄治表示：「這次這樣的剪貼在科學界就屬於竄改。如果這種事變得理所當然，其他的研究資料也將失去信用。」熟知研究倫理的東京大學榮譽教授御園生誠則評論：「雖然申訴書給人的印象是含有強詞奪理的主張，但理研在誠摯處理小保方反駁的過程中，也能更加釐清問題所在。」

此外，東京科學環境部的特派組長清水健二整理了一篇報導，彙整過去被認定有研究不當行為的研究員提起訴訟的案例，並指出「爭論期也可能拖得很長」。

小保方的記者會

九日，在大阪市內某飯店的記者會會場，擠滿了超過三百名記者與攝影師，氣氛異常熱烈。《每日新聞》從東西兩地的科學環境部與大阪社會部出動許多記者參加，陣容十分強大。記者會從下午一點開始。東京本社版的晚報上，報導了各家報社都延後截稿時間，在頭版頭條刊出小保方表情與記者會開場狀況的情形。

這是小保方自一月以來首度在公開場合現身。而且這期間事態發展急轉直下。小保方一出場，她的一舉一動便成了全場焦點。

小保方身穿深藍色洋裝，戴著珍珠項鍊。雖然她看起來有點疲倦，但這或許是因為妝髮的氛圍與一月底記者會時不同的關係。

在記者會的一開始，小保方拿著準備好的講稿，用真切的表情發表聲明。

「由於我的粗心大意、學習不足與不夠成熟，導致論文疑點叢生，造成理化學研究所以及諸位共同作者在內許多人的困擾，我對此由衷表示歉意。我也深刻認知到了自己的責任，並深切地反省。」她如此致歉並接著說道：「我在不熟悉生物學論文的基本撰寫方式及呈現方式的情況下進行作業，再加上我的大意，導致論文產生許多瑕疵，我對此深感羞愧與抱歉。即使如此，我依然相信ＳＴＡＰ現象總有一天會對某些人帶來幫助，並持續進行研究。雖然在許多研究員來看，這種程度的錯誤實屬難以想像，但這類錯誤並不影響論文研究結果的結論，更重要的是這些實驗都曾確實進行，資料也都存在，所以還懇請各位理解，我完成這篇論文絕非出於惡意。」說完之後，她深深一鞠躬。

接著由室谷律師使用投影片再次說明異議申訴的內容，但在他說明時，小保方幾乎不看身旁播放的投影畫面，一直面無表情看著正前方，讓我相當在意。

記者會人數如此之多，即使完全無法提問也不足為奇。但我在進入問答時間那一瞬間就舉手的策略奏效，讓我得以搶到頭香，首先提問。三木律師在開頭要求大家體諒小保方的身體狀況，因此我提問時盡量避免了像是質問的語氣。

「首先有三個問題。第一個想請教的是，請問小保方女士是在哪個階段弄錯了簡報中的畸胎瘤影像呢？二〇一一年十一月製作第一份簡報時，投影片裡是否有說明這些細胞是由哪種細胞、接受了什麼樣的刺激所製成的呢？」

「二〇一一年實驗室會議中使用的簡報，主要是根據各種細胞接受壓力處理後會幹細胞化的觀點整理而成，因此並未寫明畸胎瘤影像是接受了什麼樣的刺激。簡報只是逐一說明各種體細胞接受各種刺激而幹細胞化，並作為說明的一部分，放入了畸胎瘤（形成）的資料。」

「所以您使用畸胎瘤影像並非作為具體的實驗結果，而是作為能夠形成多能性幹細胞的其中一個例子嗎？」

「是的。」

「但我覺得您於二〇一二年十二月，在若山研究室報告時使用的改良版資料中，也出現了同一張影像。」

「這點必須確認之後才知道……」

「聽說您在二月十九日重新拍攝了畸胎瘤的樣本，那麼這時拍攝的畸胎瘤，是什麼時候又是由誰在哪裡進行的實驗結果呢？」

「那是我在若山研究室進行的實驗，確切日期必須確認才能知道，但那是我將酸處理得到的ＳＴＡＰ細胞做成畸胎瘤切片，再重新染色後所拍攝的照片。」

「您剛才的說明，是否也記錄在實驗筆記當中呢？」

「是，」小保方這麼回答之後稍微遲疑了一下，「我不知道筆記在第三者眼裡是否足夠詳細，但對我來說是足以回溯的程度。」

「所以這些都寫在提交給理化學研究所調查委員的實驗筆記當中嗎？」

「是的，應該是。」

「第三個問題，透過申訴書很難看出弄錯圖片的原因，但為什麼在撰寫論文時，不使用原始資料而是使用簡報中的圖片呢？是否有什麼狀況，譬如時間緊急之類的呢。」

「嗯，關於這點我只能說真的非常抱歉，因為我反覆在簡報內整理並更新資料，我就非常放心地把裡面的資料用在了論文的圖片上。如果當時追溯了原始資料，就真的不會發生這樣的事情，所以我相當後悔……也每天都在反省。」

「使用於論文中的簡報圖片，只有這張畸胎瘤的影像嗎？」

小保方隔了幾秒才回答：「我不確定還有哪張圖片是來自簡報，但這次也對其他資料的原始資料做了確認與調查，因此直接使用簡報整理好的大張照片的，我想是的，只有這張。」

「STAP細胞是存在的」

小保方的語氣雖然禮貌，內容卻令人失望透頂。根據小保方對第一個問題的解釋，簡報資料裡的畸胎瘤影像並沒有寫明原始細胞與製作方法，也不是具體的實驗結果，而是「各種細胞受到刺激就會變成多能性幹細胞」的現象概念圖。但在回答第三個問題時，她卻說資料的影像「經過反覆更新」，也就是因為不斷替換成最新的實驗結果，導致她沒有注意到該影像是過去的實驗結果，就「完全放心地」使用了。

如果依照最初的解釋，很難相信小保方在替換影像時掌握了具體的實驗條件，就這麼將這些資料用於論文，手法實在太過粗糙。鑒於這份簡報資料就是若山教授呼籲撤回論文的理由之一，小保方的回答終究不能令人信服。而且她還漏掉了一個極為重要的說明，那就是為什麼撰寫論文時沒有回溯原始資料呢。

針對畸胎瘤影像，理研的調查報告指出，小保方申告自己「弄錯圖片」時，並沒有坦承博士論文中也使用了相同的圖片。小保方在隨後的提問中說明了理由：

「其實我已經確認了所有資料，卻一直找不到畸胎瘤的原始資料，直到我回溯到『非常久遠的資料』，才察覺那是學生時代拍攝的影像。這張影像也使用於博士論文當中，因此我首先向早稻田大學的老師確認，將博士論文的資料使用於投稿論文中是否符合規範。在這個階段，我也向理研的上司報告『論文出了嚴重的錯誤』，上司指示我立刻向《自然》提出修正請求，因此我聯絡《自然》並提供了正確影像。後來，調查委員會也表示發現錯誤，但是當時就我的認知，博士論文屬於個人作品，並非對外發表的投稿論文（所以沒有申告）。我並不是覺得這種事情沒有必要向調查委員會報告，真的只是『沒有注意到』罷了。」

記者會長達兩個半小時。小保方哽咽表示：「我從學生時期就在各個研究室流浪，一直以來都以自己的方式進行研究，真的是學藝不精，也不夠成熟，我感到相當羞愧。」另一方面，關於研究的真偽，她也斬釘截鐵地道「ＳＴＡＰ細胞是存在的」，還說「自己已經成功了兩百次以上」，「這次論文是提出『現象論』，而非（製作ＳＴＡＰ細胞的）『最佳條件』的呈現。當然還存在著許多訣竅與某種配方，但我希望作為新的研究論文對外發表」。

被問到是否考慮撤回論文時，她強硬否定道：「撤回論文等於是向全世界宣告論文結論完全錯誤。我不認為這是正確的行為。」

至於ＳＴＡＰ細胞是否為實驗中混入的ＥＳ細胞，針對這個說法，小保方稱「在製作ＳＴＡＰ細胞時，研究室根本沒有做任何ＥＳ細胞的培養作業，確保了不可能混入的環境」，並提出以下三項「ＳＴＡＰ細胞存在的科學證據」：

●活細胞即時影像（細胞在經過酸處理後如何變化的影片）中，（與萬能性相關的基因）Oct4在原本沒有發光的細胞中運作，發出螢光。同時也確認這個螢光並非自體螢光。

- （在嵌合鼠實驗中）具有同時能形成胎兒與胎盤的特徵
- 與ES細胞不同，只要培養環境不改變，增殖能力就非常低。

調查委員會指出，小保方只交出兩本三年來的實驗筆記，無法追蹤出影像為哪個實驗的結果。對此，小保方回應「實驗筆記有四、五本」，而且作為二〇一二年六月拍攝的「正確畸胎瘤影像」相關紀錄，寫著「拍攝前一天『已將畸胎瘤切片染色』的內容」。小保方表示，畸胎瘤切片、來自STAP細胞的發光嵌合鼠胎兒與胎盤都有留存。透過相澤、丹羽兩人的記者會，我們已經知道來自STAP幹細胞的嵌合鼠還活著，但來自STAP細胞本身的小鼠胎兒與胎盤有保留下來，還是第一次聽說。如果這是真的，那可是重要的事實。

對於科學疑點的說明缺乏說服力

小保方接著眼泛淚光地表示：「我想我的起點不是零，而是負一百，如果我還有機會重新面對研究，如果我還有身為研究員的未來，我希望貫徹自己的想法繼續研究下去，讓ＳＴＡＰ細胞發展成為對人有用的技術。」展現回歸研究生活的意願。

小保方在面對我一開始的問題時也是如此，雖然她在整場記者會中反覆道歉，對於科學疑點卻缺乏有力的說明。

針對被認定為「竄改」的影像剪貼，有記者質疑「我認為只要有美化實驗影像的意圖，就必然會遭到批判」，小保方道歉：「因為我的學習不足，而採取了自以為是的呈現方法，關於這點我深切反省，真的非常抱歉。」不過對方又再追問：「這樣的行為會引人懷疑（試圖隱藏不利資料），您是否承認不恰當呢？」小保方則回答：「我以為只要呈現出正確結果就沒有問題。」但在過去的不當研究行為中，若是未經說明就將原本應該使用一張圖片展示的事物，以多張圖片拼貼在一起呈現，就會被視為竄改。

對複製性的疑問也一樣，小保方雖然說「有人獨立進行實驗，而他也成功了」，「我想只要能夠掌握所有細部訣竅，就一定能夠複製」，但是卻沒有揭露那名成功的人叫什麼名字，也沒有說訣竅是什麼。（日後理研接受《每日新聞》採訪，否定了包含確認萬能性在內的「獨立成功案例」。）

至於與ＥＳ細胞混入說相關，有關若山教授在山梨大學保管的「ＳＴＡＰ幹細胞」，其基因型與製作原ＳＴＡＰ細胞時所用小鼠不同的問題，小保方則避重就輕地回應：「我自己尚未直接與若山教授談過，所以不清楚詳情。」

現場的提問此起彼落，最後由三木律師打斷，宣告記者會結束。或許是因為體力消耗殆盡，小保方一起身就站不穩，將兩手撐在桌上穩住身體。「小保方女士，請您最後說一句話。」一面對記者的喊話，小保方似乎說著什麼低下了頭，但響起的快門聲太過巨大，淹沒了她的聲音。

其他共同作者怎麼看

記者會結束後，我回到大阪本社，立刻透過電話與電子郵件，詢問若山、丹羽、笹井等共同作者的感想。若山教授透過電子郵件回覆我如下評論：

> 我認為她承認錯誤並道歉，已經稍微往前走了一步。
>
> 希望她今後能夠誠實回答在網路等場域遭受質疑的其他問題。
>
> 這次只有回應調查委員會提出的六個項目。
>
> 若不釐清其他被指出的疑點，這篇論文將因為失誤過多，而不再有人相信。
>
> 我想如果她抱持著從零開始重新來過的心情，那麼贊成撤回也不失為一個好方法。
>
> 倘若理研或其他研究員能夠成功複製，那固然不錯，但如果為此等上好幾年，未免也太不堪。

接受電話採訪的丹羽則說：「我沒有看完整場記者會，但她應該把想說的話都說出來了吧？」小保方在記者會上好幾次表達對共同作者們的歉意，丹羽先生對此吐露了心情：「我才因為自己力有未逮而感到非常抱歉。當然沒人希望發生這種事，我也不懂事情怎麼會變成這樣，到現在還是想著自己當初哪裡做得不夠，說老實話，我沒有怪罪小保方的意思。」

小保方表明「STAP細胞製成的嵌合鼠胎兒及胎盤都存在」，我也向丹羽確認這點，他坦承「隱瞞也沒有意義，確實存在」。

笹井的反應雖然來不及報導出來，但他隔天也回給我這樣一封信：

小保方在記者會上坦率說出了她現在的心情與想法，與我所認識的小保方平常的想法與發言相比，給我的感受並無不同。她的言行並不像刻意為之或作秀表演。我認為她雖然謹慎，卻十分坦率。然而局面會演變到她必須這樣召開記者會的地步，責任也確實在於我的指導不足，為此我非常痛心。

無可避免地，我想我將面臨追究責任的質問，而且其嚴厲程度亦不會止於小保方記者會的狀況。

各電視台都現場轉播了記者會的狀況，當天的各家晚報與隔天的各家早報，也都以大篇幅報導。

「兩百次成功」的意義

《每日新聞》早報除了一版、三版與社會版之外，也在特輯版整理了記者會的摘要。三版以「缺乏科學上的說服力」為標題，以表格整理出小保方主張的重點與主要作者的想法。

社會版則記錄了在小保方任職的神戶理研CDB內，其他研究員的反應。根據相關人士的採訪報導，數十名研究員聚集在CDB某個房間當中，收看記者會的網路直播，偶爾也有研究員露出苦笑。其中一位CDB研究員冷冷地說：「對原始資料進行加工、論文的重要圖片使用了錯誤影像，這些都是難以想像的失誤。調查委員會認定為不當研究行為並沒有錯。」而對於小保方說自己在製作STAP細胞時，已經成功了兩百次以上，也有人質疑道：「她說的成功是指哪個階段呢？製作兩百次至少也要花好幾年。」

或許笹井親耳聽到了這些意見吧。我才剛回信給他表示「記者會沒有充分說明科學的部分就結束，相當可惜」，他就再度回信道：「關於科學方面，我想在那樣的身體狀況下，勉強只能做到這種程度吧？」也補充了似乎在為小保方發言緩頰的說明：

兩百次這個數字遭到了誤解，但在某些實驗方法下可以達到，譬如設定三個條件，以八種體細胞樣本重複進行三次實驗，這樣就完成了七十二次的STAP細胞製作（不過，只有達到發現與萬能性有關的基因Oct4的階段），我想應該稱不上極端。她的意思應該不是做到（成為萬能性確切證據的）嵌合鼠實驗階段。

小保方的辯護團隊也在記者會五天後，針對包含「製作兩百次以上」在內的幾個說法發表「補充說明」，其內容皆整理自小保方的解說。關於「兩百次」的解釋大致如下：

我幾乎每天都會進行STAP細胞實驗，有時候一天會進行好幾次。從小鼠體內取出細胞然後給予各式各樣刺激的作業，並不會花太多時間，培養則是同時進行。若在培養後確認多能性標記（與萬能性有關的基因）為陽性，就能進一步確認STAP細胞製作成功。多能性的部分，則是透過在試管內分化成多種細胞的實驗、畸胎瘤實驗、嵌合鼠實驗等，多次確認複製性。

STAP細胞的研究大約在五年前開始，二〇一一年四月確認了可透過浸泡在弱酸性溶液中製作，二〇一一年六月到九月左右，也使用淋巴球之外的多種細胞，嘗試以施加酸處理等刺激方式製作STAP細胞，光這段期間就製作了一百次以上。二〇一一年九月之後則一直反覆進行論文裡所寫的實驗，把從脾臟採集的淋巴球以酸處理製作成S

TAP細胞。我需要使用大量的STAP細胞進行基因分析與畸胎瘤實驗，因此光是這個方法，也製作了一百次以上。

基於以上理由，我才會在記者會上喊出兩百次這個數字。

換言之，就如同笹井先生在郵件中所說，小保方所謂的「製作」，指的是完成確認Oct4運作的階段。但製作一次STAP細胞需要好幾隻小鼠寶寶。我向若山教授確認，製作使用的小鼠並非自外部購買，而是由若山研究室繁殖的，因此他表示「若以極為單純的邏輯思考，雌性小鼠需要繁殖兩百次，但我的繁殖群體並沒有那麼大」。

針對若山保管的STAP幹細胞小鼠品系與原小鼠不同這點，補充說明也予以解釋：

> STAP幹細胞來自長期培養的STAP細胞。無論是長期培養還是保管都由若山教授進行，這段期間發生了什麼事情我並不清楚。現在的STAP幹細胞全部都是由若山教授培養的。報導影射成是由於我的蓄意行為，導致得出的結果與若山教授理解不同，我對此深感遺憾。

若山本人也承認STAP幹細胞是由他培養，但作為其原料的卻是他從小保方手裡收到的「STAP細胞」。這種像是要把責任全部推給若山的解釋，讓人忍不住搖頭。

分析殘存樣本可以知道什麼

小保方的記者會後，我把主要精力投入在採訪研究中殘留的細胞等樣本。理研似乎完全無意公布殘存樣本的狀況，但透過多場記者會與多次採訪，狀況逐漸變得明朗。目前已知的殘存樣本如下：

- ＳＴＡＰ細胞製成的嵌合鼠的胎兒與胎盤（可能以福馬林固定液保存）
- 具備類似ＥＳ細胞增殖能的ＳＴＡＰ幹細胞
- 保留分化成胎盤的能力，同時也具備增殖能的ＦＩ幹細胞
- ＳＴＡＰ幹細胞製成的活體嵌合鼠
- ＳＴＡＰ細胞製成的畸胎瘤切片

分析這些樣品，可以獲得哪些資訊，而這些資訊又有多深入呢？

專長為基因醫學的東京大學教授菅野純夫說：「如果能夠從樣本抽取出攜帶遺傳訊息的ＤＮＡ，就算只有少量，也能得知原本的小鼠品系、性別、有無ＴＣＲ重組等重要資訊，而這些資訊將有助於實驗過程的驗證。樣本分析與驗證實驗同時進行不是很好嗎？」

另一位研究員則著眼於畸胎瘤切片，他指出，ＳＴＡＰ論文的畸胎瘤影像除了被認定為「造假」的那三張之外，其實看起來更像是成熟的小腸與胰臟組織，幾乎不可能是畸胎瘤，相當不自然。這名研究員表示：「只要將切片放到顯微鏡底下看，就能知道到底是不是畸胎瘤。」並接著說道：「我懷疑或許小保方本身缺乏組織學知識，只是隨便貼上不知哪來的小腸或胰臟影像。反之，笹井先生是ＥＳ細胞專家，又有醫師執照，理應發現圖片的不對勁才對。我覺得這點上的草率比弄錯圖片還要嚴重。」

笹井先生別著理研徽章召開記者會

小保方的記者會結束之後過了一週，笹井先生於四月十六日在東京都內召開記者會。

我在收到記者會通知的前一天，再度邀請笹井先生接受採訪。記者會上的提問次數與內容都有限制，因此我抱持著死馬當活馬醫的心態，詢問他能否在會後返回神戶之前，撥給我一點時間。

當天晚上，笹井先生果然還是回信拒絕了，郵件中有這樣一段話：

我完全無法確定明天的場面會變得多混亂，或者能否在科學部分冷靜說明，但在科學方面也絕對需要慢慢討論，雖然我也希望能夠這麼做，但這次應該很難吧！

明天我也會盡可能坦率回答，但勢必無法超出理研的立場。

我很在意最後那句話，因此立刻回信：

我個人希望笹井先生您在回答問題時，能夠更重視自己身為科學家的立場，再來考慮理研的立場。

小保方的記者會之所以遭到批判，我想就是因為很多人覺得她欠缺身為科學家的誠實與邏輯。

我採訪範圍內的許多科學家也都相當關切，想知道您將在記者會上針對STAP細胞做出什麼樣的發言，又會如何發言。

非常抱歉，寫了一些自以為是的內容。明天就請多多關照了。

這場「最後關鍵人物」的記者會，和小保方的記者會幾乎一樣，現場擠滿了超過三百名記者。笹井先生在深灰色西裝的胸口處，別上了之前採訪時沒看過的理研徽章。他開頭先道歉「這次的事件造成了許多人的困惑、失望與困擾，非常抱歉」，說完之後深深一鞠躬。

最初的四、五分鐘裡，笹井先針對自己在撰寫STAP論文時所扮演的角色等進行說明。「研究論文的計畫分成四個階段。第一階段是研究的發想與企劃，第二階段是進行實驗，第三階段是解析實驗數據與製作圖表，第四階段則是撰稿與總結。我在第四階段時才加入。這次成為問題中心的主論文（article）曾於二〇一二年春天投稿《自然》，遭到嚴厲批評與退回，但後來我改寫論文內容，整理多張圖表組合，協助改善了論文的邏輯結構。」

笹井是在CDB主任竹市雅俊的請託之下，於二〇一二年十二月下旬投入改寫作業，他表示：「論文從構思到投稿耗時約兩年，我是在最後兩個月的最終階段，以顧問的身分加入，因此原本不打算掛名作者，後來因維坎提教授與若山教授的邀請才掛名。」

關於沒有識破論文的錯誤，他表示「科學論文不應該發生這種問題，我為此羞愧難當」，但同時也解釋「許多資料都已經整理成圖表，我很遺憾沒有機會看到原始數據與實驗筆記。小保方畢竟是獨立的PI（研究室主持人），不是我研究室的直屬部下，我很難提出『讓我看看你的筆記』這樣無禮的要求」，並說「在這個由多名資深研究員，以複雜形式參與的特殊共同研究裡，雙重、三重的確認作用卻無法發揮。作為縱覽全篇文章的角色，我深感己身責任之重大」。

他說自己在二〇一二年十二月的聘用面試首次見到小保方，「我們聽小保方簡報，進行詳細討論，以獨創性及研究的準備狀況為中心審查，就和一般的人事聘用一樣，沒有任何偏袒」。

笹井芳樹的回答疑雲重重

此外，笹井先生也列出了以下三個「若不以STAP現象為前提，將難以解釋的資料」。

①活細胞即時影像（透過顯微鏡觀察細胞在酸處理後如何變化的影片）——於培養皿中放入經過酸處理的細胞，將該培養皿安裝於顯微鏡後即自動拍攝，因此實際上不可能發生中途加入細胞等人為的資料操作。

②特殊的細胞性質——體積比ES細胞小，細胞核也小，幾乎沒有細胞質。基因的運作方式也和ES細胞等不同，再加上增殖能低，無法長期培養。

③注入受精卵，製作來自STAP細胞的細胞散布全身的嵌合鼠的實驗結果——和ES細胞不同，如果不注入細胞團塊就無法製成嵌合鼠，而且也能分化成ES細胞無法分化的胎盤。即使混入能夠分化成ES細胞與胎盤的TS細胞，也無法順利形成一個細胞塊。

笹井認為「這些數據很難由一介個人進行人為操作」，並主張STAP細胞的存在是「具驗證價值的最合理假說」，同時補充：「不過，假說永遠都需要反證假說，並且仔細斟酌。為了理研今後的可靠驗證，在確保客觀的狀況下，由第三方進行實證將非常重要。」

在回答問題時，笹井也一再提到「反證假說」。

「混入ES細胞是研究員最容易想到的一種（反證假說）。但我們已經反覆確認過，有些現象無法用ES細胞證明。也有說法認為可能是在嵌合鼠實驗中，採集了受精卵發育初期階段的細胞塊注入，但若山教授是『世界級科學家』，不可能看錯。因此到目前為止，尚未看到具說服力的反證假說。」

「這些細胞的基因分析結果顯示其模式與ES細胞不同。如果是混合物，很容易就能分辨。我們所說的STAP細胞，確實是過去未曾發現的細胞。」

然而笹井列出的三項資料，其可信度也受到質疑。例如①的活細胞即時影像，有人指出「看起來像是死亡的細胞」，他則反駁「細胞若是死亡，會吸收某種特殊色素，但發出螢光的看起來是沒有吸收這種色素的細胞」。而關於③STAP細胞具有也能分化成胎盤的特殊萬能性，被問到其「確切證據」時，他表示「丹羽先生比我更專業，他告訴我STAP細胞的分化模式與（分化成胎盤的）TS細胞不同，是TS細胞無法引起的現象」。

他進一步強調驗證實驗的重要，「STAP對我來說，是至今依然難以相信又不可思議的現象，但如果沒有這個現象，很多實驗的結果都無法說明。身為科學家，我非常渴望弄清其中真偽。因此透過驗證實驗釐清真相比什麼都重要」。

當被問到自己在研究中親眼看過哪些「原始資料」，笹井舉出以下三個例子：

- 六張一組的畸胎瘤影像中，沒有被認定為「造假」的那三張，「因為沒有清楚對到焦」，所以與小保方一起重新拍攝切片的影像。
- 拍攝活細胞影像時，即時看到畫面。
- 在試管內進行將STAP細胞分化成各種細胞的實驗時，他一天數次與小保方一起觀察細胞如何分化。

笹井還說：「除此之外的部分，則是小保方以前在若山研究室時投稿《自然》內容，因此我沒有看原始資料。」根據說明，那張被許多研究員指出「就畸胎瘤而言太過成熟，不自然」的影像，笹井也參與了拍攝。這讓人更加困惑，為什麼他沒有發現這張照片的疑點呢。

嵌合鼠實驗是萬能性最嚴謹的證明，他對此表示「這個部分由若山教授把關」，

「進行實驗時，研究室的主持人必須負起管理責任」，暗指若山教授的責任重大。

接著又說「我自己就是單純的顧問，協助年輕研究員向全世界發表具獨創性的成果。我從來沒認為那是自己的研究」，並提及自己作為責任作者的第二篇論文「短文」並未被認定行為不當，代表「後半部的疑點已經釐清」等，推卸責任的發言相當引人矚目。

會場也有許多人參考丹羽與小保方的記者會，提出關於科學疑點的問題。

舉例來說，STAP幹細胞中，觀察不到代表來自成熟體細胞T細胞的基因標記（TCR重組），丹羽也曾在記者會中說明，TCR重組在STAP幹細胞與嵌合鼠中非常罕見。有鑑於此，是否代表論文的邏輯建構原本就不堪一擊呢？

對於這個問題，笹井先生表示：「我想讀了論文就能理解，關於T細胞的內容只寫了一、兩行，是證據的附帶說明之一。關於STAP細胞來自體細胞這點，則使用了能夠確實證明的細胞進行實驗，並以高效率製造（STAP細胞）。就如同透過活細胞即時影像看到的，觀察到非常少量的細胞開始變多時，不就代表細胞的變換正在發生嗎？而就我的理解，TCR重組不過是論述這點的其中一項佐證。」

與笹井芳樹的問答

雖然會上限制每人只能提兩個問題，但記者會開始約三個小時後，我才有提問的機會。我問的是共同作者在論文發表之前如何進行討論，以及如同先前的報導所述，STAP研究成為「不尋常的極機密計畫」的理由。我想弄清楚論文的草率為何會被忽視。

「笹井先生您剛才提到，假說永遠都需要反證假說，並且仔細斟酌，而最容易想到的反證假說就是混入了ES細胞。那麼在研究階段，是如何針對這些反證假說進行討論的呢？」

「丹羽先生是（幹細胞的）專家，在與丹羽先生的討論中，總是會出現混入ES細胞是否可能造成這種現象的話題。」

「討論是在您與丹羽先生之間進行的嗎？」

「是的，在撰寫論文的時候，若山教授正忙著從CDB搬到山梨大學，因此我只見過他大約三次，其他就透過電子郵件聯絡。說是反證，但這樣的討論相當於指出若山研究室的資料是實驗假象（實驗錯誤或其他現象的誤認），因此我並沒有當面跟他說，但我確實與丹羽先生及小保方討論過。」

「若山教授（將研究室搬到山梨大學後）也無法成功複製，當若山教授前來詢問這點，您沒有想過必須更加深入地探討複製性問題嗎？」

「他去到山梨大學後，也因為研究室剛起步而非常忙碌，如果他能夠在那個時候來理研仔細討論當然最好，但修改論文所需的實驗過於繁重，再加上小保方研究室也正在施工，因此基於各種理由而無法實現。」

「也就是說，對於反證假說，沒有進行過若山教授也一同參與的深度討論。第二個問題，我聽說小保方在成為ＰＩ後，一次也沒有在ＰＩ通常會參加的ＣＤＢ內部研討會上報告。我也聽說，您相當保護小保方女士，在論文寫作方面也幾乎都是兩人合作，因此有段期間外人很難表達意見。論文一次也沒有接受過研究小組以外的批判討論，是您的方針導致的嗎？」

「關於小保方，一方面是她的研究室因為施工等等花了不少時間，她從二〇一三年秋天才正式開始（身為ＰＩ的實質）工作，而後依照順序，每位ＰＩ大約兩年會輪到一次報告自己研究的機會。根據我的理解，二月時就會輪到她，但到了二月時，又出現了這些質疑，她因為忙於製作給調查委員會的資料等原由，無法按時報告。在此之前都沒有正式輪到她。但是，她曾向若山研究室、人事委員會、ＰＩ的共同作者，以及與我研究室關係深厚的另一個贊助單位報告過。此外，（論文投稿後）在修改時，也被指出基因分析必須做得更加確實，因此也與相關人士非常深入地討論。不過，我們沒有機會討論誘發ＳＴＡＰ的酸處理條件等議題，除此之外的部分都有討論過。」

「這代表你們有機會去討論對已形成細胞的分析，但卻沒有機會討論製作方式嗎？」

「關於這點，維坎提教授的意見非常強烈，除非取得他的許可，否則很難傳播資訊。主論文的部分是中心，但無論是若山教授還是我，都不是責任作者，因此很難基於我們的判斷，自由地傳播或擴散關於核心部分的資訊。」

「酸處理是小保方來理研之後開發的方法吧？」

「是的。」

「既然如此，卻必須考慮維坎提教授的意願，我覺得不可思議。」

「維坎提教授負責發想的部分，而且……小保方也是由維坎提教授直接雇用，因此我想他試圖以責任作者的身分管理資訊。」

透過這一連串問答，可以發現不論是關於ＳＴＡＰ細胞製作方法，或是混入ＥＳ細胞的可能性，這些與論文基礎有關的討論，都被限縮在極少部分的理研共同作者之間，就連在證明萬能性方面角色至關重要的若山教授，都被排除在外。再參考其他問答的內容，也能察覺在當時的狀況下，每位共同作者都難以萌生責任感。

關於小保方「身為研究員的資質」，笹井先生是這麼說的：

她擁有豐富的發想能力，靈感來臨時的專注力非常高。這是聘用她時所有面試官一致的看法，我現在也依然這麼認為。同時，在論文發表之後也發現她的訓練不足，作為科學家，有許多應該在非常初期就嫻熟於心的智識，她卻沒有掌握。例如她在資料管理方面有著某種草率的心態，結果導致了資料的錯置。她是集兩種極端特質於一身的人。身為顧問，或者說身為一名資深研究人員，最令我警惕與後悔的部分，就是我與理研的夥伴耗費心力培養她的強項，卻沒有考慮到她的弱點並加以強化，我們沒有認知到年輕研究員會有這些短處，因此不要說助力她的成長了，最後也沒能幫助她打好基礎，這是我的不足之處，我為此相當痛苦。

而對部分媒體稱他與小保方有著「不當關係」，他則予以否定。

CDB崩塌的腳步

三小時二十分鐘的漫長說明，笹井先生總是條理清晰，就某個意義而言著實令人欽佩，但比起道歉，他話裡辯解的意味更加濃厚，自始至終都在強調驗證實驗的意義，這一點讓人遺憾。而他強調若山教授的責任，一再表示自己只參與研究的最終階段，也都強化了他「逃避責任」的印象。此外，他的主張大多與丹羽及小保方相同，理研所屬三人與離開理研的若山先生之間的差異，變得更加鮮明。

專長為幹細胞生物學的慶應大學教授須田年生，於會後接受電話訪問，他針對這場記者會評論道：「論文的共同作者是互相合作並共擔責任的關係。彼此的主張有如此大的落差，想必從研究階段至今，共同作者之間的溝通都不夠充分吧？每個人都各自召開記者會的狀況就很有代表意義。」此外，關於笹井先生舉出的三項ＳＴＡＰ細胞「物證」，隸屬日本生物學會的九州大學教授中山敬一，在接受特派組長清水健二採訪時提出質疑：「這次的說明並未出示新證據，我不覺得能夠排除ＳＴＡＰ現象以外的可能。」

若山教授的名字在記者會中被反覆提及，我詢問他的感想時，他在回信中除了官方回應之外，也補充道「我不會反駁，因為我的責任也很重大」。另一方面，根據大阪科學環境部記者畠山哲郎對三木律師的採訪，小保方在這天表示：「當我看到尊敬的笹井老師因為我的過失而被迫回答嚴厲質問，心中充滿了歉意。」

《每日新聞》在頭版、三版、社會版刊出上述意見與記者會狀況。我在三版除了記者會情景之外，也根據事前採訪，報導殘餘樣本的狀況與對其分析的必要性。

記者會隔天，某位國立大學教授透過電子郵件分享了這樣的感想：

> 那些科學方面的主張對我來說並不具說服力。我試著找出他認為資料符合標準的根據，但始終還是百思不得其解。
>
> 尤其都到了這個時候，為什麼還把小保方提出的資料與普通人提出的資料相提並論

呢？實在很不可思議。歷史早已證明，試圖在造假論文中尋找真實的行為是多麼地空泛又徒勞。原本表示輕易就能製作的ＳＴＡＰ細胞，用公布的手法卻非常難以製作一事，已被廣泛認定，撤回論文也是普遍認為的必要之舉，在當前這個階段召開今天的記者會，未免太過不合時宜。

我認為他們的責任，不是為了滿足自己的興趣而探究、驗證回歸假說的ＳＴＡＰ現象，而是應該誠實闡述為何會引發將這麼多人捲入的嚴重風波。將ＳＴＡＰ宣傳為「需要進一步探究的現象」是一種罪過，會讓人們更加混亂，這一點他們難道不知道嗎。

我甚至想稱之為「ＳＴＡＰ存在的騙局」。

一位國立大學的年輕研究員也提出如下批評：「笹井先生不僅沒看過原始資料，還表示這些連出處都不確定的資料『很有希望』，我完全無法認同，他自己心底說不定也是這麼想的吧。不論是政界或輿論，這場記者會的主要目的就是安撫科學界以外的群體，但對科學家來說，卻留下從頭到尾論述都非常不誠實的印象」。

這正是我個人暗自擔心的狀況，笹井先生提出的主張，比起一名科學家，給人的感受更像是以理研ＣＤＢ幹部的立場為優先考量，這似乎加劇了理研外部科學家的批判聲浪。

同一天，某位相關人員寄來了這樣一封郵件：

如同我的預料，政府與政治家之間似乎對於ＣＤＢ的將來做出了重大決定。一個時代與研究所迎來結束的過程，我想對須田女士等人而言，將是反思日本科學現況的絕佳素材，因此不只小保方，也請您好好關心今後ＣＤＢ的發展。

ＳＴＡＰ問題將使ＣＤＢ走入歷史——我當時還無法想像，這封郵件的內容終有成真的那一天。

CHAPTER 7

不當行為確定

《每日新聞》取得了理研CDB的自我檢討驗證報告書草案。裡面寫著在聘用小保方時，允許了省略部分審查項目等例外措施。與此同時，「嵌合鼠」影像也被發現了致命的疑點。

私下向笹井芳樹提出疑問

四月下旬，針對笹井與丹羽主張「ＳＴＡＰ細胞是具驗證價值的最合理假說」的背後根據，我再次進行採訪。

舉例來說，就「ＳＴＡＰ細胞具有特殊的萬能性，也能分化成胎盤」這一論述，我再次詢問專家意見，而對於丹羽及笹井所說，從嵌合鼠胎盤切片「觀察到以未曾有過的模式從ＳＴＡＰ細胞分化而來的細胞」這點，就有專家的見解認為「不僅表達得模糊，論文裡也沒有確切的資料」。

笹井在四月十六日的記者會前，暗示了會後個別採訪的可能，因此我再度邀請他接受採訪，但他的回覆卻是「我雖然召開了道歉記者會，但調查委員會報告指出我負有重大的指導責任，根據指導責任的定義，我當然也可能成為懲戒委員會的對象」，因此依然難以受訪。

不過，他說若是科學方面的提問，他能夠以電子郵件回答。我立刻透過電子郵件傳送了幾個問題，並且很快就收到回信。另一方面，我也將同樣的問題傳送給丹羽先生，卻沒有收到他的回覆。

其中一個問題是關於細胞發出的「綠色螢光」。在ＳＴＡＰ細胞的製作實驗中，使用了經過基因操作的小鼠細胞，只要與萬能性相關的基因Ｏｃｔ４運作，該細胞就會發出綠色螢光。但有人指出，這可能是死亡細胞發出螢光的「自體螢光」現象。光色取決於光的波長，自體螢光除了綠色之外，也包含了大範圍波長的光，因此細胞發出的螢光具有什麼樣的波長，便成為了這個問題的關鍵。

笹井先生在記者會上表示「發出的螢光與死亡細胞的自體螢光不同」，小保方也曾說明「確認並非自體螢光」，卻都沒有提出明確資料。於是我問道：「聽說分辨的方法除了只觀察Oct4螢光波長範圍的光之外，如果在波長方面有全體共通的特性，是否為自體螢光就能一目了然。為了洗清自體螢光的嫌疑，公開這類原始資料不是最快的方法嗎？因此我想請教原始資料的有無，以及是否有可能公開。」而笹井先生的回答如下：

如您所說，死亡細胞的自體螢光波長範圍廣泛，除了綠色之外，也能看到紅色螢光。因此，一般檢驗的方法主要是使用綠色的濾光片（觀察螢光），紅色濾光片則幾乎看不到螢光。（依波長分離光波的）光譜分析也是一個方法，但自體螢光某種程度上也存在於大自然，因此我想最好還是透過基因分析等其他分析方法確認。這次重新進行的驗證，或許也會考慮這樣的追加分析吧。

此外，有人指出以STAP細胞製成的畸胎瘤影像中，分化成小腸與胰臟的影像太過成熟，看起來不自然，我也詢問了若山與笹井這個問題。畸胎瘤是將STAP細胞注射到小鼠皮下形成的良性腫瘤。裡面混合了各種身體組織的細胞，是萬能性的一大根據。若山在郵件中稱「我沒有從事過臟器切片的工作，雖然理解在網路上引起爭論的質疑，卻不知道是不是真的」，至於笹井先生則做出如下的反駁：

> 我自己曾實際透過顯微鏡觀察這些影像的樣本，確實是畸胎瘤細胞塊的一部分。STAP細胞形成的畸胎瘤，整體來說體積比ES細胞形成的小，組織的局部結構清晰，這點也給人成熟度較高的感覺。這樣的組織形成，可說是畸胎瘤內的自體組織化。ES細胞的畸胎瘤難以形成胰臟（這點是否為真也不清楚），所以STAP細胞的畸胎瘤也應該一樣，這個說法並不符合邏輯。ES細胞在試管內分化的實驗也能形成胰臟細胞，所以真的能夠斷定在生物體內無法形成嗎？此外，提給《自然》的修正中並未抽換這些圖片。

笹井稱「只有推理小說般的討論盛行」

笹井先生在郵件的結尾也附上這樣的見解：

我現在的看法，與我四月一日的聲明基本相同。

即便以retrospective（追溯性）的方式，片段地分析論文細節，也無法成為ＳＴＡＰ現象的證明。我認為暫時撤回，在不預設立場的情況下驗證，才是最具建設性的方法。當這樣成功複製實驗，打造第三者也能複製的環境後，加深各方面的科學討論，研究界再認真討論conversion vs selection（轉換或挑選：是細胞的轉換，或者只不過是從生物體內原有細胞中挑選）等議題，才更加健全。

否則，大家討論的自始至終都是如「推理小說」般的內容。

我讀完之後覺得疑惑。笹井理應知道，ＳＴＡＰ論文除了調查委員會列出的六個問題之外，還有許多疑點，甚至有ＳＴＡＰ本身就是造假的說法。即使如此，在過去這些記者會上，記者們多次點出驗證過去資料的意義為何，他難道不理解嗎？我是這樣回信的：

關於最後的部分，我也不認為驗證過去的資料，對於ＳＴＡＰ細胞真偽的科學論證有幫助。

不過，查清是否有混入其他細胞或掉包的嫌疑，調查研究是以何種方式實施等，難道不必要嗎？

如果不這麼做，萬一驗證實驗最後失敗了，真相將會含糊地被敷衍過去，甚至可能徹底失去社會的信賴。

我擔心如果事態演變至此，無論對理研還是對ＣＤＢ而言，都將成為無可挽回的打擊。

同理，我也認為公開原始資料以及與審稿人之間的溝通內容，還是有其必要。

笹井再度回信給我，以下是他信中所說的「真心話」內容：

我有一件事情搞不清楚，那就是媒體為什麼不大力主張「請小保方本人在一定期間（例如三個月）內複製，並進一步寫成指南（附上示範照片）與實施講習」呢？網路上也有不少這樣的意見。

結果最有機會複製，也有責任複製的人，卻遠離了實驗室，我認為這個問題被弄得非常複雜。我想在歐美的話，當然會持這樣的論調。然而在日本卻以部落格為中心，只有不負責任的，彷彿「妄想」般的推理小說論調盛行，讓人覺得非常不合理。

您覺得這樣的意見為什麼不會有更多聲量呢？（只是因為國民對於當事人身心疲勞的體貼嗎？）

我想如果這樣的意見夠大聲，無論是理研還是小保方，思考都能更加積極正向吧……

如果他覺得複製實驗很有可能失敗，應該就不會這樣寫了。笹井先生直到現在依然打從心底信任小保方，也對ＳＴＡＰ細胞的存在抱持著毫不動搖的信心吧。我原本覺得笹井在記者會上始終都站在ＣＤＢ幹部的立場回答，這次的回信讓我有點意外。我如此回信道：

您所說的內容相當清楚。

的確，如果小保方在公開場合做出複製實驗，狀況將會立刻改善吧？如果能夠實現的話，我也覺得務必要這麼做。

在小保方的記者會上，也有記者提出這樣的建議。

她當時的回答是這樣的：

「我不知道可以用什麼樣的手法進行公開實驗，但如果有人想看我做實驗的狀況，不管在哪裡我都願意去。如果有人想讓這項研究多少有點進展，我希望盡可能提供協助。」

另一方面，她則針對關於製作的訣竅表示：「這次的論文是提出『現象論』，而非『最佳條件』。當然還存在著許多訣竅以及某種類似配方的東西，但我希望作為新的研究論文對外發表。」

我在採訪記者會的時候，覺得小保方後者的回答非常難以理解。小保方正處在身為研究員的緊要關頭，幾乎就要走投無路，作為她主張「論文有錯但不影響結論」的根據，親自複製或由第三者複製STAP細胞應該是最重要的課題才對。

設身處地來說，如果我對STAP細胞製作的成功率有信心，一定會在記者會上斬釘截鐵地說「務必給我公開實驗的機會」，也會立刻公布「訣竅與配方」。我不可能說出「下篇論文」之類的夢話。雖然她的回應也可以解釋為將來打官司的準備，但即使考慮到這點，這樣的回答依然讓人很難接受。

有人在刻意操作

笹井寄來回信的四月二十四日晚上，理研又爆出了新的問題。一份遭到公開的文件顯示，現在擔任調查委員會會長的理研高級研究員石井俊輔，曾在二〇〇八年作為責任作者發表一篇論文，但論文中出現了圖片資料順序調換（剪貼）的錯誤，並已採取了訂正手續。網路上指出，包含石井等人在二〇〇四年發表的另一篇論文在內，兩篇論文都有圖片剪貼與重複使用的現象。《每日新聞》也接獲相同情資，並以東京科學環境部記者渡邊諒為中心進行深入採訪。石井透過書面針對二〇〇四年的論文表示「我認為沒有問題」，並致歉稱「引起大家懷疑非常抱歉」。

石井在二十四日晚上請辭會長的職務。理研在隔天受理此請求，並針對石井的論文疑點展開預備調查。《每日新聞》根據記者渡邊、大場愛，與筑波支局局長相良美成等人的採訪，在二十五日的早報、晚報及隔天的早報刊出了這個問題。

諷刺的是，被指可疑的影像與STAP論文中被認定為竄改的影像一樣，都是「電泳實驗」的結果。二十五日接受《每日新聞》等媒體採訪時，石井解釋「不當行為的判斷標準會隨著時代而改變。十年前允許的事情，現在變得不被允許」，並強調「自己（的論文）只是調換了一張圖片中的順序」，和小保方的剪貼不同。事實上，石井的研究領域剛好從二〇〇四年左右起，就有要求在剪貼圖片時必須加上線條清楚標示的方針，專業期刊亦有所介紹。另一方面，理研內部也在二〇〇四年發現論文圖片的剪貼問題，當時的調查委員會要求撤回那篇論文，而石井也是委員會的一員。

報導也介紹了一些評論，例如「石井在二〇〇八年的論文中也列出實驗數據，雖然看似並無矛盾，但自己的論文剪貼沒問題，STAP論文剪貼就是不當行為，這樣的說法很難服人」（日本分子生物學會幹部），「調查委員會成員是這樣的狀態相當嚴重，將可能導致整個生命科學界失去人們信賴」（熟悉研究倫理的東京大學榮譽教授御園生誠）。

二十五日，在位於埼玉縣和光市的理研總部，以野依良治理事長為首的幹部緊急召開會議，就應對方案討論長達四個小時。在這天會議後的記者會上，理研改革委員會會長岸輝雄也表達擔憂，稱「若（石井的論文）被判斷為完全不當的話，那不得不說調查委員會全體是個大問題」，改革委員會是由外部專家組成，於四月成立，而岸輝雄也暗示了原本目標在五月連假後總結的改革方案，將有可能推遲。

令人驚訝的是，有關調查委員會成員的爭議進一步擴大。後來得知，除了石井之外，另外三名擔任委員的研究員各自隸屬的機構也都收到通報，指他們過去的論文有圖片剪貼及重複使用的狀況。在收到通報後，理研及外部委員隸屬的東京醫科齒科大學展開了預備調查。

這篇報導刊登出來後，記者八田浩輔立刻收到多名採訪對象如下的評論：

「我試著驗證部分調查委員的論文爭議，都不是什麼嚴重的問題，有些甚至很明顯沒有任何問題。可以推測告發者完全沒有看過文章，或者懷著惡意。這個告發者恐怕是站在擁護小保方或其共同研究員的立場，又或者與他們利害關係一致。其目的或許是打擊理研、調查內容或網路驗證者，因此收集完全沒有問題或者不是什麼大問題的內容，向媒體及部落客提出控訴。調查委員應該不會被認定為不當行為吧。」

雖然無法得知告發者的意圖，但石井以外的三人，立刻就洗清了論文的爭議。

畸胎瘤影像造假的重要性

剛好在這個時候，我耳聞笹井住院的消息，因此寄了一封慰問信。

聽說您住院了，真的嗎？記者會那時候您的精神看起來比之前好，我還因此放下心來……

如果是真的，我由衷獻上慰問之意。

我想自二月以來，您一定心力交瘁，因此當務之急是先好好休養。希望您早日恢復健康。

幸好我馬上就收到回信。根據信中所說，笹井是在記者會前住院，原因是「過勞與壓力」，再加上舊疾的「急性惡化併發」，於是在三月下旬緊急住院，出院則是四月上旬的事。

笹井表示「現在為了維持身體狀態，工作時也注意保持體力」，關於即將到來的黃金週四天連假，他則表示：「理研也放假，我準備努力撰寫累積的四篇論文（關於幹細胞的自我組織化）。希望您也能休息或旅遊，擺脫疲勞，迎接愉快的假期。」

緊急住院應該是相當嚴重的狀況吧。我腦海中浮現出笹井平日極為堅毅的形象，覺得既意外又擔心，但知道他仍關心自己的研究，也稍微放下心來。但他信件結尾的補充是關於調查委員會成員剪貼問題的見解，倒是讓人意想不到。

附帶一提，調查委員會的凝膠影像剪貼問題，更加如實地展現出不當行為的判定存在著double standard（雙重標準）。

我想，無視於過去十年來有多少研究員充分理解並完全遵守嚴謹的規範，以只有一百分才算合格的最高標準討論，就是最主要的問題。各個研究員不應該覺得「我徹底遵守規範，做錯的只有某某人」，而是整個研究圈都應該完全接受現實，確實掌握以未來為導向的系統性「改善」方案，我想才是最重要的事情。

剪貼凝膠的做法比起其本身的問題性，更重要的如果是無限制地允許這種事情，有時可能也容許了非常嚴重的造假竄改，因為有這樣的「危險性」，才把「不剪貼（除非例外）」當成一種禮儀」以避免「瓜田李下」之嫌。

說老實話，我（看了石井委員會的問題）深刻覺得現在試圖以「故意」這個極度微妙的詞彙，解釋倫理問題與實質上不當行為的範疇，是個強人所難的標準。

雖然笹井的見解也不是毫無說服力，但就我個人的印象，畸胎瘤影像的造假是更加嚴重的不當行為。而我一方面也覺得，石井會長的請辭導致大家只把目光焦點擺在剪貼問題，似乎有點不太好，因此我在回信時坦率寫道：

連假中也在寫論文，真不愧是笹井先生。
期待您發表自我組織化研究的新成果。
我非常興致盎然地拜讀了您關於圖像剪貼的評論。
（中略）
研究規則本身似乎也不斷在改變呢！
不過，比起圖像剪貼，我個人原本就對畸胎瘤問題更感興趣。
從實驗重要性的觀點來看，畸胎瘤似乎也更加重要。
我也覺得，擔任委員的老師們爆出剪貼疑慮，導致大家對於畸胎瘤的注意力降低，是否反而成為問題呢？
還請您務必保重身體。

話說回來，這個時候主要作者的主張都已出爐，因此也是回顧二月以來各種騷動的好機會。《每日新聞》早報有個「記者之眼」的欄位，讓記者能夠闡述自身的見解。這次以「ＳＴＡＰ細胞」為主題，安排了上下兩回的評論。

五月八日早報刊出的「上篇」，由大阪科學環境部組長根本毅，根據他入社前在研究所主修生命科學的經驗，深入淺出地解釋不當研究行為的意義：「研究就像是在拼拼圖。如果有人擅自製作拼圖片，拼圖就失去了意義。無論假的拼圖片與真的如何相似，依然會導致共同拼拼圖的人產生不信任感，共同作業也就無法成立。」此外，他也表示「我想知道STAP細胞本身是否真的存在」，因此主張應該請小保方本人再次操作實驗。

隔天的「下篇」則由我撰寫。文中回顧時至今日的事件發展經過、共同作者之間對於疑點的不同回應，並指出既然有許多並未成為調查對象的疑點，即使理研在驗證實驗中成功製作出STAP細胞，論文的疑點也不會消失，反之，就算失敗，也無法斷定「STAP細胞不存在」。我同時主張「在進行驗證實驗的同時，也希望徹底調查STAP研究的過程中發生了什麼並予以公開」，並舉出①源自STAP細胞的殘存樣本、②實驗裝置以及小保方等人的電腦保存的原始資料、③實驗筆記、④《自然》投稿論文原稿與圖片圖表類的原圖、與審查者之間的對話等具體例子。最後我這麼總結：

「如果理研仍是個誠實的科學家集團，我由衷希望他們不要試圖敷衍過關，而是以冷靜的科學之眼親自揭開真相。這也是對那些在STAP細胞上寄予厚望的社會大眾，以及對腳踏實地日夜伏案實驗，與不當行為無關的研究人員，應該負起的責任及義務。」

嵌合鼠影像也有新的造假嫌疑

「CDB自行徹底調查了論文的所有圖表，結果發現大多數圖表都有問題。其中甚至含有多處『致命的疑點』。」

我在石井剛辭去會長不久，聽到了這個大消息。

雖然網路上已經指出許多疑點，但CDB是小保方等人所屬的機構，極有可能取得原始資料，如果是CDB自行整理的徹底調查結果，那麼意義就相當重大。這是《每日新聞》無論如何都想要做出獨家報導的內容。

在多次訪問相關人員的過程中，報告書提到的疑點內容逐漸浮現。

據說「致命的疑點」是相當於論文主幹的嵌合鼠實驗結果。我心想，原來如此。嵌合鼠是由若山教授使用小保方交給他的「STAP細胞」製作。就算小保方的實驗筆記內容草率，只要使用影像原始資料中附帶的拍照日期等資訊，就能與若山教授的實驗筆記交叉比對，找出論文中的影像出處。

疑點之一是，論文中指出「來自STAP細胞」與「來自ES細胞」的嵌合鼠影像，在原始資料中都是「來自STAP細胞」。理研的調查委員會表示，論文中包含影像的圖表資料全都由小保方與笹井製作，對若山教授的採訪也證明了這點。相關人員表示：「這不就代表圖表製作者無法區分STAP細胞與ES細胞嗎？」

這件事讓人驚訝不已。就調查STAP細胞萬能性來說，製作嵌合鼠是比畸胎瘤來得更為重要的實驗。如果這個疑點是事實，那就相當於實驗完全不具可信度。

大阪科學環境部記者齋藤廣子在採訪CDB主任竹市雅俊時，問及CDB的自行調查，竹市主任承認調查已經開始，於是就在四月三十日的早報露出消息。

儘管完全沒有提到調查結果，但這似乎是一篇理研完全不樂見的報導。三十日晚上，東京都內舉辦了改革委員會第六次會議的記者說明會，活動結束後，其他媒體記者詢問「今天有部分報導指出，CDB自行調查了所有資料」，理研的公關人員一臉不在乎地表示：「有關這點，我們已經向《每日新聞》提出抗議。因為竹市主任似乎什麼都沒說，但卻被寫成了報導。關於竹市主任的回答並非事實。」

「您是指報導有誤嗎？但我們大阪的同仁說沒有接到理研的抗議。」

或許是被我氣勢洶洶的態度嚇到，另一名工作人員匆忙說了句「請稍等一下」，就跑進另一個房間，不久之後又出來道歉說「我們並未確認是否提出抗議，非常抱歉」。我雖然對於可能會導致其他媒體記者產生誤解的說明感到憤怒，但這也顯示了理研對調查結果的處理變得神經質。

理研令人難以理解的回應依然持續。

根據特派組長清水健二在五月五日早報的報導，理研理事長野依良治在四月下旬，指示所內約三千名研究員「自主檢查」過去十年間所寫的全部論文。推測成為檢查對象的論文數達到兩萬篇以上。受訪研究員一臉驚訝地表示「我不覺得拿寶貴的研究時間來做這種事情有什麼意義」，我也有同感。

公開實驗筆記的目的

距離小保方對理研調查委員會的不當行為認定提出異議申訴，大約過了一個月時間。委員會如何處理小保方的異議申訴成為焦點。大場愛、齋藤有香兩位記者在黃金週連假中也持續採訪相關人員。五月七日，調查委員會拍板決定不再進行調查，《每日新聞》則在隔天的早報中報導。

小保方在四月二十日及五月四日提出理由補充書，詳細說明自身主張，但其內容大半都在爭辯竄改與捏造的定義，並反駁弄錯影像的經過；從中也得知，儘管小保方曾說實驗筆記「除了交給調查委員會的那兩本之外還有其他的」，但她並未提交。

另一方面，大阪的吉田卓矢與畠山哲郎兩位記者，幾乎連日包圍採訪小保方的辯護律師團。

辯護律師團在得知調查委員會的方針後，於五月七日發表聲明，稱「無法認同。對於草率粗糙的處理方式深感失望與憤怒」。而同一天，小保方的實驗筆記也作為理由補

律師團公開的小保方筆記部分內容

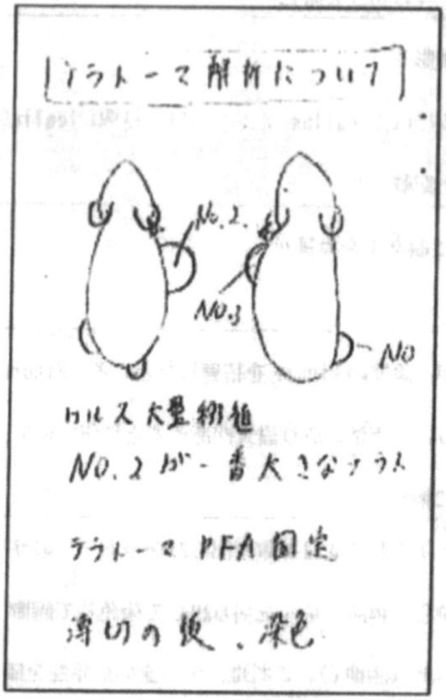

6／28

CD4 5+cellをソース

→ストレス条件を試した。

→q p c r

OCT4

Nanog

陽性かくにん！

よかった。

12／27入荷（6W）

右カット　No2　Testis　左あし　右かた

左カット3つ　No3　Testis　左かた

2つ　No4　Testis　右あし

12／27に10^5 ずつ移植 ♡

充書的一部分，首度向媒體公開。根據記者吉田的具名報導，公開部分是二〇一二年一月二十四日的紀錄。標題是「關於畸胎瘤分析」，內容則是兩隻小鼠的圖與「畸胎瘤ＰＦＡ固定」等說明。此外還有同天拍攝的小鼠照片，兩者的畸胎瘤位置、大小以及剪耳標記等特徵一致。針對被認為造假的論文畸胎瘤影像，辯護律師團主張「對照小保方的說明與筆記就能發現，她確實進行了實驗」。

小鼠的圖是手繪的，其他則有重新以電腦打字後公布的筆記內容，裡面也有一般實驗筆記看不到的記載，譬如「確認陽性！太好了」的記述或是愛心符號等，引起一番討論。

某位相關人員後來如此推測公開部分筆記的理由：

「其他部分似乎多少也有正常一點的記錄。律師之所以選擇這一頁，或許是在暗示她雖然具備直覺，卻缺乏一般的研究能力，因此其他共同進行實驗、撰寫論文的作者也有責任吧？我認為這是為規避責任所做的伏筆。」

「小保方明顯有竄改及造假等不當研究行為」

隔天八日，理研正式決定駁回小保方的申訴，並通知了小保方。竄改及造假這兩項不當研究行為的認定已定案，根據理研的規章，接下來將進入對小保方的懲戒程序。理研同時也予以勸告，要小保方撤回兩篇STAP論文中含有不當行為的主論文。

理研於八日午後在東京都內召開記者會。前半場由調查委員會成員出席。繼石井之後接任會長的渡部惇律師，一一說明不修改最終報告的依據。

根據理研的規章，不當研究行為「不包含沒有惡意的失誤及意見的不同」，而小保方主張影像瑕疵「是失誤而非不當行為」。為此，調查委員會就「惡意」的定義詳加說明，表示「若解釋成加害目的這樣的強烈意圖，就只有具備如此強烈意圖的情況才會成為違反規章的對象，但這明顯違反制定規章的目的，制定規範乃是為了確保研究論文的可信度」，並說「這在法律用語中是『知情』的意思，與故意同義」。

關於被認定為「竄改」的電泳圖片，小保方承認將兩張圖剪貼在一起的事實，但她主張「『竄改』指的是儘管不存在顯示良好結果的資料，卻透過變更或省略資料使之看起來存在，本質在於製造出顯示良好結果的虛構資料」，以及「這次存在顯示良好結果的資料，因此不符合竄改定義」等論調。

調查委員會則回應「即使存在顯示良好結果的資料，若透過操作與變更等加工使圖片與實際狀況不同，當然還是屬於竄改的範疇」，並出示詳細研討兩張圖片的結果。

電泳是將混合許多DNA片段的樣本注入洋菜凝膠中，然後通電，使其泳動的實驗。泳動距離因DNA長度（分子量）而異，因此泳道中會出現顯示各DNA的橫條（稱為泳帶），如此一來就能知道樣本中含有哪些DNA。但即使是相同的DNA片段，其泳動距離也會因每次實驗的些微條件差距而異，因此分子量與泳動距離的確切比例範圍也會改變。

小保方承認將其中一張凝膠影像縱向拉長後剪貼，調查委員會指出，在此種情況下，兩次凝膠實驗的「標準ＤＮＡ尺寸標記」的各泳帶相對位置明顯產生偏差，並解釋若像小保方所主張的那樣以「目視」剪貼一個泳道，那麼泳帶的分子量就會失去科學根據，導致資料缺乏真實性。

記者會上還介紹了一項耐人尋味的新事實。小保方等人第一次投稿英國科學期刊《自然》遭到退稿後，於二〇一二年七月向美國科學期刊《科學》投稿同主旨的論文，這時，審稿人要求在剪貼電泳影像時必須標記白線以示區別。對此，小保方給調查委員會的說法是，「《科學》的審稿人在給予意見時並未徹查，不了解論文的具體內容」。

調查委員會認為，小保方自己準備了被認為是《科學》論文修訂版的論文，因此判定小保方「改稿時完全沒看過審稿人意見」的說法不足為信。其次，小保方在接受審查意見的七個月後，於二〇一三年三月，再度將含有問題影像的ＳＴＡＰ論文投稿《自然》，調查委員會依此做出「明顯帶有惡意」的結論。

透過記者問答環節，證實了過去的投稿論文及審查資料等補充資料，都是由若山教授提出。另一方面，據說小保方拒絕提交投稿《科學》的論文及修訂版論文，調查委員會直言：「這些資料應該能為（小保方自己的）說明背書，拒絕提出只能說是主動放棄辯解機會。」

那麼被認定為「造假」的畸胎瘤影像呢？這張影像原本應該「來自淋巴球經酸處理後所得到的ＳＴＡＰ細胞」，結果卻來自博士論文中也使用過的「對骨髓細胞施加物理刺激所得到的細胞」，而小保方給出的理由是「這只不過是單純的失誤，使用了錯誤的影像」。

然而調查委員會卻認為「任何一位研究員都知道，如果不逐一確認影像的出處，恐怕會將實驗條件不同的影像資料使用於論文當中」，而且——

- 論文從投稿到錄取（確定刊登）有九個多月的時間，有充分的機會更換影像。
- 二〇一二年投稿的同主旨論文也使用了同一組影像，因此有兩次以上確認出處的機會，但是卻沒有這麼做。
- 出問題的影像，有兩次在原始影像資料上追加說明文字的痕跡，小保方也承認「其實我有發現寫著文字」。

基於以上事實，調查委員會做出了如下結論：「儘管意識到可能是不同實驗的資料卻依然使用，有鑑於此便不能說是無心之過。」

此外，小保方雖然聲稱「我已經主動發現用錯影像並報告了」或「正確影像是存在的」，但是調查委員會指出：

- 笹井與小保方在二月二十日的最初報告中，只陳述原始細胞為骨髓細胞而非淋巴球，並未說明實驗方法的差異以及博士論文中使用了相同影像。
- 提出的實驗筆記未能證明她主張的正確影像是以何種方式取得，而且畸胎瘤從小鼠體內取出五個多月以後才做分析的說明，也讓人感到不合理。

據此，調查委員會認為「不影響判定為惡意的理由」。

此外，小保方表示，她無法接受理研不等到四月開始的驗證實驗結果出爐，就斷定研究行為不當，但調查委員會反駁「小保方明顯有竄改及造假等不當行為，不需要再度實驗的指示與許可，再加上小保方也沒有提出要求，因此沒有必要等待驗證實驗的結果」。據說小保方除了其他的實驗筆記之外，就連調查委員會要求的資料、醫師診斷書等都沒有提出。

理研總部打算不理會這六項以外的疑點嗎？

實驗筆記再度成為問答時間的話題，擔任調查委員的理研主任研究員真貝洋一表示：「首先，筆記中許多頁都沒有標明詳細日期與年分。頂多只能說是備忘，他人根本不可能驗證。」

有人提問：「關於《科學》的剪貼，小保方以外的共同作者知道嗎？」對於這個問題，真貝委員說明「若山教授提供相關資料時，投稿《科學》的論文尚未完稿」，渡邊會長則補充「若山教授並沒有看過《科學》的圖表」。關於再次投稿《自然》並獲得刊登的ＳＴＡＰ論文，若山教授曾親自說明他並沒有參與寫作，而且是直到投稿的前一天才實際看到論文，調查委員會也證實「他說的沒錯」。

調查委員會的記者會之後，緊接著是理研總部理事川合真紀（研究負責人）、米倉實（行為規範負責人）與會長渡部三人的記者會。

渡部會長稱「我認為小保方等人對於『惡意』一詞或許有非常大的誤解。同一份規章當中，也有作為一般意義使用的『惡意』，因此規章的用字遣詞也有問題」，米倉理事則表示「我們將考慮重新檢視規章」等，皆承認規章的文字使用容易讓人混淆。

現場的提問大多是對理研處理方式的批判，但總部的許多回答都缺乏說服力。

針對小保方在資料管理與製作論文圖片時的草率，此次的異議申訴審查結果做出了更具體且詳細的說明，因此有記者質問：「現在已經發現狀況相當嚴重，我實在不覺得小保方能夠做出像樣的科學考察。這麼一來，使用人們的納稅錢，花一年時間驗證ＳＴＡＰ細胞是否存在，真的有意義嗎？」川合理事對此回答：「ＳＴＡＰ現象的發現是以理化學研究所之名發表。所以我們有責任予以證明，也打算負起這個責任。」

「不當研究行為已經確定，那麼基於這項研究成果的專利該如何處理？」面對這個問題，米倉理事以「我們將根據驗證實驗的結果判斷」作為回應。即使有人指出「申請專利的文件中，也含有被懷疑是不當的影像」，他還是說「專利申請者除了理研之外還有其他單位，因此只由理研判斷不一定恰當。論文與專利應該被視為兩回事」，並表示理研尚未與共同申請專利的東京女子醫大及美國哈佛大學討論。

投稿《科學》雜誌的論文被指出經過剪貼，從這項新釐清的事實也可推測，如果再度進行調查，極有可能會發現新的不當行為。「這時應該可以重新展開調查吧？」被記者這麼詢問時，渡邊會長表示「異議申訴的審查，原本就只限於被認定為不當研究行為的調查，即使偶然發現新的事實，也應該另外組織調查委員會調查」。就某方面來說，他的回答是認同了這項提議。

不過，川合理事卻補充「據我們判斷，對於論文是否有不當行為的調查已經相當充分了」，因此理研在現階段不打算組織其他的調查委員會，這代表除了調查委員會已調查的六項問題之外，理研不打算處理其他質疑。

接下來我也獲得了提問的機會。

「川合理事強調不當研究行為與科學上的真偽是兩回事，這讓我覺得非常奇怪。我想請問調查委員會，不理會這六項以外的疑點就結束調查的原因為何。川合理事以前曾說，針對STAP細胞與ES細胞的基因相似性問題，監察與行為規範室正在進行研究。那麼包含『與ES細胞的相似』在內等問題，調查委員會為什麼不調查其他疑點呢？請解釋理由與原委。」

「我們首先從（將問題）分工開始進行。調查委員會負責論文的不當行為，驗證團隊負責STAP現象的存在與否，各自在自己的崗位上全力以赴。此外，從留下了許多樣本與材料來看，很難釐清許多科學上的根據，也有人提出質疑。現階段之所以優先實施驗證計畫，是因為在討論ES與STAP的差異時，若不清楚STAP到底是什麼，討論起來必定會相當困難，考慮到這點，若能證實STAP本身是真實的現象，就能得到對照數據，也能進行驗證。不過包含您在內，許多熟悉科學界的人都提出了類似意見，因此我們也將其視為優先事項，正在討論現實層面上該如何運作。關於與ES細胞的相似性必須確實解釋，並與科學方面的探討同時並行。等到結果出爐後就能仔細說明。」

「您的意思是，今後準備進行具體的調查嗎？」

「由於關係到預算，我想應該有極限，但目前已經在可能範圍內展開評估了。」

「我的意思不只是透過驗證實驗釐清STAP細胞的真偽，而是要弄清楚已經問世的STAP論文中到底發生了什麼事，是過去的事情。」

「針對您所說的部分，我們現在已經正在開始研究可能的突破口。」

「除了樣品分析之外，也有許多出現疑點的圖片與表格，針對這每一項都有許多能夠立刻進行的手段，譬如要求小保方提出原始資料、將其公開並廣泛驗證等，為什麼至今為止都不進行呢？我想到目前為止，針對過去的驗證還有更多能夠做的事情。」

「我們收到您的意見了。」

最後避重就輕的回答讓我無法釋懷，所幸接下來發問的兩家媒體繼續緊咬著這一點不放。

川合理事表示：「總部的立場就如同一開始所說的，目的是釐清這篇論文是否涉及研究行為不當，又是否有人行為不當的問題，而最後得到確實存在不當行為的結果，並勸告小保方撤回論文。調查委員會已經確定該論文有目前這些不當行為，因此算是功成身退。不過，在這些驗證當中，或許還有一些必須做的事情。雖然沒有打算置之不理，但並非目前的優先任務。」關於基因分析，他則表示「或許多少有一些嘗試進行的部分，但並未正式進行」。

「優先順序的判斷是否有誤呢？為了防止重蹈覆轍，首先應該釐清發生了什麼事情，才能對症下藥，防止錯誤再度發生。」面對這樣的意見，川合理事的回答如下：

「在有限的預算及框架之下，首先該做什麼？何者的優先順序較高，有各種不同角度的思考。我推測樣本的驗證以及對每一張圖片進行驗證，將會耗掉龐大的時間。這只是我的預測，每個人的想法理所當然會有差異，但這不是我一個人的決定，而是在討論之下進行的。在收到這次異議申訴的回答書後，我們正準備進入下一階段，至於到底該不該進行須田女士所說的，驗證留存下來的樣本，也必須再次拿到會議桌上展開討論。因此請再給我們一點時間。」

「論文的所有圖片？我們並未完全掌握」

小保方的代理人三木秀夫律師表示，小保方得知理研做出不重啟調查的決定後，洩氣到說不出話來，並表示「不管說什麼都沒用」。三木律師批評「這是先射箭再畫靶，完全無法接受」，對於撤回論文的勸告，他也坦言「小保方沒有撤回論文的意思」。

《每日新聞》在五月九日早報的頭版及三版，做出包含小保方反應在內的報導，同時刊登調查委員會的報告摘要。三版內容針對STAP論文的後續，說明理研的撤回勸告不具強制力，而第二篇論文雖然未接到撤回勸告，但如果主論文為「母」，第二篇論文的內容就相當於「子」，若主論文變成廢紙，子論文的成果也將失去理論基礎，川合理事就表示「撤下『母論文』獨留『子論文』，或許並不合理，但有關此部分需交由《自然》去判斷」，聲明將最後的判斷交給有強制撤回論文權限的《自然》出版社。

《自然》的公關負責人於九日接受記者八田採訪時，就論文的處理表明「近日將做出結論，並採取措施」。至於所謂的措施是撤回論文還是只要修正即可，則以「不予置評」避開回答，但他先介紹一般情況後再說明「作者若無法出示支持論文結論的根據，那麼即使作者不同意，《自然》也會做出撤回論文的決定」。

此外，文部科學大臣下村博文在同一天內閣會議後的記者會上正式表明，將放棄在一般會期中提出將理研改制為「特定國立研究開發法人」的法案，並表示「若理研負起對國民說明的責任，並制定更確實的管理機制，再考慮於（秋季的）臨時會期中提出」。

而在理研總部的記者會上，由於《每日新聞》報導稱CDB將調查所有圖片的消息，引起媒體問到「今後打算公布結果嗎？」但川合理事卻說「論文的所有圖片？我們並未完全掌握」，完全否認這項事實。我很在意這點，因此詢問當初提供這項消息的相關人員，結果對方語帶不快地說：

「我聽說《每日新聞》報導出來後，竹市主任被叫去理研總部為此道歉。調查所有圖片這件事，是CDB內部有良知的成員說服原本不情願的竹市主任，才開始進行的，但已經不可能公布了。理研總部對CDB的態度很強硬。」

另一方面，聽說CDB的內部調查發現，來自STAP細胞與來自ES細胞的嵌合鼠比較影像，其實都是「來自STAP細胞」。關於這個說法，我也得到了其他關係人的確認，而且此人的消息來源據說就是若山本人。至於出問題的影像，則來自調查委員會未做出不當行為認定的第二篇論文「短文」。此外還有其他疑點，那就是短文中重複使用了與主論文相同的嵌合鼠胎兒照片。

同時，由外部專家組成的改革委員會中，有位委員也表示「我們認為不清楚實質上到底發生了什麼事情就不可能擬定改革方案，但卻一直得不到想要的資料」，因此改革委員會也開始自行收集資訊。

小保方將展開複製實驗？

各種錯綜複雜的情況下，我在五月中旬接獲了一則特別奇妙的消息。

那就是「小保方即將在驗證實驗總負責人相澤慎一特別顧問的監督下，親自於CDB展開複製實驗」。據知情人士所言，那些貼著小保方喜愛的嚕嚕米貼紙的實驗裝置，已經從封閉中的小保方實驗室，被搬到了位於另一棟樓的相澤研究空間。而且幾天前，笹井在聽說小保方將參與實驗後，開心地說「如果能就這樣複製出STAP，那就能夠一舉反攻了」。

有位相關人士從以前就確信STAP細胞是造假產物，他表示：「在密室以祕密配方之類的進行實驗，如果公布成功複製的消息，那麼即使研究圈不相信，也是有效的政治操作。不能在造假的基礎上一再造假，將STAP宣傳得像真實存在一樣，我希望可以避免這種鬧劇。」

相關人員的言論中也穿插著傳聞，雖然不清楚其中有多少真實的成分，但如果準備在暗地裡進行，我可不能錯過。我趁著這天透過電子郵件與電話採訪了各方人士。

接電話的一位CDB幹部表示：「我在大約兩週前聽說有這樣的計畫。但我不知道實驗會在何時，以什麼樣的形式進行，也不清楚是否真的會進行。」

丹羽出差不在，而相澤先生雖然接了電話，卻完全否認了此事。

「我沒聽說過這件事。至少就我的理解，理事會表示在懲戒委員會的結果出爐之前，不會允許她進行實驗。」

即使小保方不親自操作實驗，也應該可以在同一個房間內見證並提供建議吧？聽到我這麼詢問，相澤承認已經打電話尋求她的建議了，同時也表示我是第一個問到這件事的人。

當我再次致電相澤，試探著問實驗裝置是否真的已經移動，他明顯表現出不悅：「我不知道。為什麼要問這種事？接下來是不是連我的鞋子收到哪裡去都要問？」

小保方的代理人三木律師則給出耐人尋味的回答。他說「關於這點不予置評」，我追問正在住院的小保方能否外出時，三木律師則答說：「包含這點在內，我們目前不會發表任何資訊，因此不予置評。正在評估所有的可能性。」

我寫信詢問笹井，他在回信中表示「（小保方）現在還在住院，另一方面也還在等待懲戒委員會的結果，因此我推測即使她有意願，也很難採取行動，我也不清楚（讓小保方參加實驗）該如何實現」。

結果，小保方參加計畫的說法沒有在這天取得證實，但到了下一週，我又收到小保方開始到CDB相澤研究室「上班」的消息。據說有多名研究員在CDB所內看到小保方的身影。她果然是在見證實驗吧？我再次透過電子郵件詢問相澤，他給我的回覆不置可否：

正如先前提過的，小保方並非由我擔任負責人的驗證計畫團隊成員。理事會也已告誡，在調查委員會↓懲戒委員會做出結論之前，不允許她進行複製實驗。

不過，就如同這項計畫啟動時，我在記者會上所說，尋求她的建議與協助是被允許的措施，因此我們會隨時尋求她的協力。關於這點，現階段沒有任何改變。

若上述事項有任何變更，例如她得以親自操作複製實驗之際，我們將會透過公關室對外發表。

我想我們不可能只將消息透露給《每日新聞》。

除此之外您所提出的問題，我並不認為有我不得不撥出時間來回應的內容了。

另外，請轉告您的消息來源：

如果有這些閒工夫，不如更專心地投入研究。

相澤先生搞不清楚狀況。我讀了回信的最後兩行後，這麼想著。

研究員為什麼會將資訊洩露給媒體呢？當然是因為不論ＣＤＢ內外，都湧現一股對理研處理的不信任之情。不只是論文作者的不當行為，理研慢半拍的回應與隱蔽真相的文化，將對生命科學、理研、以及社會對ＣＤＢ的信賴造成無可挽回的傷害，再這樣下去，甚至可能危及自己的研究環境。正因為抱有這種危機感的研究員不在少數，才會有人將消息提供給媒體。

內部文件顯示小保方的錄用是特例

「你能不能來看一下ＣＤＢ自我檢查驗證委員會的報告書草案？」

我從某個人那裡收到這個求之不得的提議，幾天後我前往指定地點，寒暄了幾句後，對方就把資料交給我。

我急忙掃過一遍，注意到幾件以前都不知道的事情。我確定這份文件可以寫成報導，但當然不可能將文件影印備份。我戰戰兢兢地從包包裡拿出相機，比出拍照的手勢，用眼神徵詢對方同意，對方輕輕點個頭，就開始做其他事情。

我拍完照回到公司後，就與主編永山悅子、特派組長清水健二討論報導該怎麼寫。報告書草案檢驗了包括ＳＴＡＰ研究與論文寫作過程、錄用小保方、報導發表等各環節的經過，除了找出問題點之外，也提出改善的建議。

「這份文件很有趣。」默默讀到最後的清水組長一開口就這麼說。

報告書中也有許多先前連載特輯已經介紹過的內容，但就「過去未曾報導或發表的新事實」這一角度來看，我們最注目的是CDB在錄用小保方為研究小組負責人時，為了避免STAP研究曝光，例外允許了省略部分的審查項目。

根據報告書草案，CDB自二〇一二年十月起，開始公開招募新PI（研究室負責人），並從四十七名應徵者當中，錄取了包含小保方在內的五人。這個時候，決定CDB營運重要事項的幹部會議，允許STAP研究在論文發表之前保密。於是，審查PI候選人的人事委員會採取了例外措施。通過書面審查的候選人通常被會要求以英語進行公開講座，但小保方只接受了非公開的日語面試及質疑問答。

小保方沒有實績，人事委員會卻未詳查她過去的論文，也未詢問她在若山研究室擔任客座研究員時的研究活動，這代表委員會並沒有謹慎評估她是否具備擔任PI的資質。而且CDB並未制訂錄用PI的明文規範，因此採取例外措施時也無規則可循。

接下來引起注意的是有關笹井參與的內容。根據報告書草案，笹井在二〇一二年十二月二十一日人事委員會面試小保方時，才第一次知道STAP研究。他接受竹市主任委託，積極指導論文的寫作，並與查爾斯・維坎提教授等美國哈佛大學的共同作者進行協調。在指導論文寫作時，他信任小保方既有的資料，並未從批判角度重新檢討，因而忽視了其中謬誤。

小保方在二〇一三年三月一日就任研究小組負責人，而在她搬到新研究室之前的八個月時間，她主要都在笹井研究室中度過，人事及物品的管理則由笹井負責。在CDB，每位年輕PI會由兩名資深研究員擔任導師（顧問）輔助，笹井與丹羽就被指定為小保方的導師。但笹井先生卻「超越研究指導的範圍」，直接參與STAP論文的撰寫，不僅名列第二篇論文的責任作者，甚至還加入了申請專利的發明者。

報告書指出，這種狀況導致笹井造成的「封閉狀態」出現，不僅疏忽了對小保方的教育，與共同研究員的聯絡也不夠充分，使得資料驗證的機會減少。

STAP研究變成「極機密計畫」的背景就是笹井的「祕密主義」，周邊的多名研究員在接受《每日新聞》採訪時已證實這點，報社也在四月初就早一步報導出來。在笹井的記者會上，我自己也曾提問「STAP研究應該有『資訊封閉』的狀況吧」，而自我檢查驗證委員會的報告也恰好為此事背書。

報告書草案還進一步指出多項事實，好比在論文的新聞發布一事上，也是由笹井指示公關部門著手準備，並開會討論與文科省的聯絡事宜，第一作者小保方幾乎沒有參與；那份後來因「不恰當」而撤回的STAP與iPS細胞比較資料，也是笹井在記者會前一晚製作的，而且他沒有與公關負責人商討，就將資料分發給出席者；笹井當天還擔任了記者會司儀，而這通常是公關負責人的職責。

笹井是負責CDB預算申請的幹部，或許是認為STAP研究的巨大衝擊，將有助於新計畫獲得預算，才在新聞發布時強調了iPS細胞與STAP細胞的差異。

統整了這些內容的報導以「小保方的錄用也是特例」、「笹井超越職權的『封閉指導』」為標題，大篇幅刊登於五月二十二日早報的社會版。

隔天二十三日的早報則進一步報導，後來還發現被認定為竄改的剪貼影像，也用在二〇一二年六月向美國科學期刊《細胞》投稿的論文當中（該論文也被退稿）。調查委員會的報告證實，該影像也被美國科學期刊《科學》（二〇一二年七月投稿，被退稿）的審查者指出經過剪貼，並且很有可能用於至少三篇論文。

同一篇報導也介紹小保方於二〇一二年十二月，為了應徵理研職缺所提出的研究計畫書中，出現了酷似她在博士論文中使用的圖片，而該圖片理應與計畫無關。

短文也有不當行為？

就在我們準備第一篇報導的五月二十一日晚上，發生了稍微有點失算的狀況。NHK在晚上七點的新聞，報導了CDB調查所有圖片後的部分結果。

其實我在這個時間點，已經取得了全圖片調查報告書的詳細資料。原本也考慮在隔天寫成報導，但既然其他媒體已經報導出來，就不可能拖到隔天了。

我緊急將ＮＨＫ報導的兩個疑點寫成稿子。文章以「ＳＴＡＰ論文再現疑雲，另有兩圖疑似造假」為標題，刊登於ＣＤＢ自我檢查驗證的報導旁。

此外，我也請求大阪記者齋藤廣子協助進行深入採訪，並於二十二日晚報的社會版刊登後續報導。內容披露ＣＤＢ向理研總部報告除上述兩圖之外，還有多張圖片與圖表出現新的疑點，成為了獨家報導。

接下來，介紹一下透過採訪掌握的全圖片調查有關結果。

新的疑點分成兩種。率先報導出來的兩個疑點都與嵌合鼠實驗的圖片有關，而這也是早已從多位知情者口中聽說的內容。這是ＣＤＢ調查小組就圖片由來與疑點，詢問參與實驗的若山教授時所發現的問題。據相關人士表示，四月時已向竹市主任報告此事，並於五月十日向理研總部的監察與行為規範室報告，但未與小保方確認。

第一個疑點是，第二篇ＳＴＡＰ論文「短文」首圖展示的嵌合鼠影像，那張嵌合鼠影像原本應該是上圖來自ＥＳ細胞，下圖來自ＳＴＡＰ細胞，但其實兩張圖都是二〇一二年七月同一天拍攝的「來自ＳＴＡＰ細胞」影像。該影像儲存在若山研究室電腦中的「Ｏｂｏ資料夾」，若山查閱攝影當天的實驗筆記，確認那天只有拍攝「來自ＳＴＡＰ細胞」的嵌合鼠。

嵌合鼠的製作，是先將ＳＴＡＰ細胞這類其他細胞注入受精卵，再移植到代孕小鼠的子宮當中，並且會讓來自注入細胞的細胞發出綠色螢光。

論文提到，在「來自ES細胞」的影像中只有小鼠的胎兒會發出綠色螢光，應為胎盤的部分則不發光，至於「來自STAP細胞」的影像則是胎兒與胎盤都發光。這是證明STAP細胞萬能性的極重要影像，顯示STAP細胞不只能夠分化成身體的各種細胞，也能分化成胎盤。若這張影像失去可信度，那麼就如同相關人士所說，是不折不扣的「致命性」問題。

第二個問題則是短文的圖片中，有一張嵌合鼠胎兒照片所拍攝的嵌合鼠，與主論文圖片中的嵌合鼠是同一隻。兩張圖片都在二〇一一年十一月的同一天拍攝，但根據若山的實驗筆記，這天只得到一隻嵌合鼠胎兒，因此可以知道拍攝的是同一隻。

根據論文說明，兩張圖片取得自完全不同的實驗條件，而據相關人士表示，主論文使用的才是「正確」圖片。換句話說，有問題的兩張圖片都來自調查委員會並未認定有不當行為的短文。

根據取得的資料，小保方於二〇一二年一月以後開始製作短文，同年十二月小保方被內定為研究小組負責人之後，就由笹井全面參與改寫。若山在二〇一二年十一月底的時候，第一次看到短文的草稿與圖表，他當時認為使用的小鼠圖片是正確的。而若山看到改寫後的論文圖表，是在二〇一三年三月九日。因此判斷有問題的圖片是在這段時間被換上去的。

這兩件之外的疑點，則是在一張一張檢討除了圖片以外的圖表與表格時所發現的。

除了理研調查委員會所調查的那六項之外，還有超過十張圖表被發現問題。其中調查小組認為屬於「重大疑點」的問題，至少有以下五件：

- 主論文的一組圖片中，將原本在無法比較的條件下拍攝的影像當成比較對象，並將顯微鏡下不同視野的影像當成相同視野的影像並列。
- 主論文的另一張圖，也將顯微鏡下不同視野的影像當成相同視野的影像並列。
- 比較STAP細胞、ES細胞等不同細胞增殖率的主論文圖表中，各點的排列方式相當不自然，而且還酷似京都大學教授山中伸彌等人在二〇〇六年時，針對iPS細胞（誘導多能性幹細胞）開發所發表的論文圖表。
- 主論文圖表將解析度不同的兩張影像合併成一張，呈現得彷彿是同一張影像一樣。
- 短文的嵌合鼠圖片將實際上並未長時間曝光拍攝的影像，當作長時間曝光拍攝的影像介紹。這張影像試圖顯示ES細胞不會分化成胎盤，因此被懷疑是為了隱藏實際存在於胎盤的低程度螢光。

儘管從資料中可以窺見若山教授全面協助調查的態度，但採訪小組中也有人提出對若山的質疑。因為新的疑點當中含有多張若山負責的嵌合鼠實驗影像，而且出錯的狀況也非常嚴重。負責實驗與拍攝的若山教授為什麼沒有發現錯誤呢？

在二月的採訪中，若山自己說明「嵌合鼠的影像在拍攝當天就儲存於ＵＳＢ隨身碟裡交給小保方，自己並未參與《自然》論文的圖片製作」。我取得的資料也推測，有問題的影像是小保方從持有影像中挑選出來的，這也與理研調查委員會的看法一致。即使如此，從二〇一三年三月十日投稿《自然》，經過兩次修正，到同年十二月二十日確定刊登的這九個月間，為什麼若山都沒有察覺問題呢？

那張明明是短時間曝光的胎盤影像卻被指為長時間曝光，資料對此提到，若山手邊並沒有同一天拍攝的長時間曝光照片，但他卻沒有發現問題，這更是不可思議。

ＣＤＢ調查小組針對此點指出，在論文投稿之後，笹井與小保方忙於論文訂正以及與《自然》的溝通，在此期間只有兩次為了論文與若山聯絡。若山看到刊登的最終原稿已經是受理刊登之後的事，因此極度缺乏確認論文圖片的機會。

針對這些新的疑點，由外部專家組成的改革委員會展開了行動。

五月二十二日召開的改革委員會一致認為「有調查之必要」，並由其中一名理事提出調查的請求。

然而理研卻極度消極。理研在二十三日受訪時，表達了「只要作者之間決定撤回，就不會調查未被認定有不當行為的論文，若不撤回則有可能實施調查。至於主論文已經勸告撤回，因此不會重新調查」的想法，並於二十六日決定，由於部分作者已有撤回論文的意願，因此不會進一步調查。

理研公關室在接受特派組長清水採訪時回答：「已確認作者本人（若山）在改革委員會提出要求之前就已申告論文的錯誤，共同作者之間也展開撤回的行動，故判斷沒有調查的必要。」然而理研表示尚未取得小保方的同意，因此就和被認定有不當行為的主論文一樣，「原則上必須取得所有共同作者同意」的論文撤回條件，在這個時間點並未達成。

再者，我們與若山確認後發現，他本人雖然協助了CDB的調查，實際上卻未主動向理研總部申告。不僅理研公關室對事實的理解有出入，理研的應對也明顯自相矛盾。因為在主論文的處理中，即使若山呼籲撤回，但他們仍持續調查並認定其中有不當行為。

另一方面，小保方的代理人三木律師於二十六日在大阪市內舉行記者會。根據齋藤廣子、畠山哲郎兩名記者的採訪，他們聲稱「被質疑的部分乃根據若山教授負責的實驗內容撰寫，若未向若山教授確認則無法採取任何處置」。

此外，三木律師也在記者會上證實，小保方已向理研的懲戒委員會提交申辯書。根據申辯書摘要，小保方提出「調查委員會的判斷是基於對不當研究行為規章的誤解，若以此為據執行懲戒解雇的話，屬於違法處分」等主張。

不論是疑點已經變得如此重大且明確，卻決定不調查的理研，或是明明論文的圖片是由自己製作，卻疑似在聲明中不斷將責任推給若山的小保方，都令我相當失望。

我寄電子郵件給若山，詢問他對於理研不重新調查的決定有何看法。若山是短文的責任作者，若這篇論文確定有不當行為，他絕對會被追究比先前更重的責任。若山的回信是這樣的：

「我想即使（論文）撤回，也必須釐清是否有不當行為，即使我因此失去科研費（科學研究費）也無可奈何。」

某位過去曾參與論文不當行為調查的教授，透過電子郵件寄來憤怒的評論：

這次對於ＳＴＡＰ疑點的調查太過不公正了。只要出現一個疑點，就應該假設其他資料也可能存在疑點，理研沒有從這個的角度進行調查，本身就讓人覺得從一開始就只有小保方被當成犯人，並試圖將她切割。所有的資料是由何人在何時何地取得，論文又是在什麼情況下投稿刊登，這些都應該按照時間順序查明，進而釐清相關人員的責任所在。不調查清楚就草草結案，只會留下不良的先例。而且這麼一來，我們便無法從這場ＳＴＡＰ騷動中學到任何教訓了。

不過，關於重啟調查一事尚未有定論。而在接下來一個月裡，相繼出現了兩項徹底顛覆ＳＴＡＰ存在的分析結果。

CHAPTER 8

動搖存在的分析

分析已公開的STAP細胞基因資料，結果在八號染色體上發現了三倍體。最多培養一週就能生成的STAP細胞不可能出現三倍體，那是ES細胞的特徵。

第二個分析結果

五月下旬，因ＣＤＢ調查所有圖片而浮現的新疑點被報導出來後，要求撤回ＳＴＡＰ論文的行動突然活躍了起來。

根據我對多名相關人士所做的採訪，山梨大學教授若山照彥在五月中旬，再次向全體十一名作者呼籲將他掛名責任作者的「短文」撤回。除了研究小組負責人小保方晴子之外，其他十人都回信表示同意，但小保方卻回信稱「因身體狀況不佳，無法做出重大決定」。協議雖然因此而暫時中斷，不過到了二十六日左右，小保方透過笹井表示「自己不會反對」，終於取得全員同意。

相關人士透露，小保方之所以會轉為「同意」，似乎是因為ＣＤＢ副主任笹井芳樹在背後極力說服。也有相關人士表示：「笹井先生也是，一想到再這樣下去短文或許也會被認定為有不當行為，所以感到焦慮吧？」後來又有消息說，若山寄信向理研的理事與共同作者呼籲重啟論文調查，但笹井先生卻強硬反對。

共同作者同意撤回短文的消息，首先在《日本經濟新聞》五月二十八日的晚報曝光，《每日新聞》也在隔天早報刊登。小保方的代理人三木秀夫律師在這天傍晚接受媒體採訪。根據大阪科學環境部記者吉田卓矢的採訪，三木律師表示「雖然第一作者是小保方，但操作實驗的是若山教授，論文也是聽從若山教授的建議，在若山教授的指導下撰寫而成」，主張若山教授在理研時主導了短文的寫作。

他更進一步陳述，稱「小保方只是消極地同意『如果若山教授希望撤回論文，不會特別反對』，也沒有收到明確的撤回理由說明」，又說「她認為重要的是（報告ＳＴＡＰ細胞存在的）主論文。短文若以『主從』關係來說只是附屬，對她而言那是若山教授的論文」。

關於短文的嵌合鼠影像問題，三木律師表示「說老實話，對於為什麼會使用錯誤的影像，希望能有更進一步的說明」，顯示出他們認為若山必須負起全責。

然而，理研調查委員會在初步報告的記者會中說明，兩篇ＳＴＡＰ論文的圖表皆由小保方與笹井共同製作，尤其具體作業的部分更是由小保方負責。我手上關於ＣＤＢ調查所有影像的內部資料也指出，若山並未直接參與論文圖表的製作，而且他直到投稿前一天才看到圖表的最終版本，顯然與三木律師的發言互相矛盾。

不久之後，我也收到美國哈佛大學查爾斯·維坎提教授同意撤回主論文的消息。據說五月底時，他向《自然》送出了撤回申請的文件，文件附上七項理由，其中也有第一次聽聞的問題。「本週是關鍵。」採訪小組的氣氛一下子變得緊繃。

也就是在同一時期，我們首度聽說了兩項分析結果，而這將徹底顛覆ＳＴＡＰ細胞，以及由ＳＴＡＰ細胞製成的「ＳＴＡＰ幹細胞」的存在。

第一項是若山教授委託第三方機構進行的ＳＴＡＰ幹細胞分析，這項分析得到了與實驗所用小鼠互相矛盾的可疑結果，另一項則是理研的研究員針對公開的ＳＴＡＰ細胞基因資料進行分析，結果做出了無法以ＳＴＡＰ細胞說明的結果。

關於前者，若山研究室在三月做的預備分析也有類似結果，當時就已經從某個ＳＴＡＰ幹細胞裡，檢出與實驗所用小鼠不同品系的小鼠基因型。這絕對是重要的結果，但並不會讓人太過驚訝，不過我聽到後者時，仍忍不住脫口而出：「這是真的嗎？」

據知情人士透露，該研究員分析ＳＴＡＰ研究小組公布於網路的ＳＴＡＰ細胞基因排列資訊，結果在八號染色體發現了三倍體（Trisomy）。三倍體是指原本應為兩條的染色體變成了三條，是一種染色體異常現象。

知情人士直言：「由出生一週內的小鼠寶寶細胞開始製作，最多培養一週就能生成的ＳＴＡＰ細胞不可能出現三倍體。不過，三倍體在長期培養的ＥＳ細胞裡倒是很常見。」並且補充：「如果只是ＳＴＡＰ幹細胞的結果，小保方陣營或許會說是若山介入才出現異常，但這個結果卻是與他並未參與的ＳＴＡＰ細胞有關。」

還有另一項重要結果。除了由ＳＴＡＰ細胞培養的ＳＴＡＰ幹細胞之外，還有另一種「ＦＩ幹細胞」，其資料顯示，這種幹細胞被視為兩種不同細胞的混合物，其中一種可能來自某一品系小鼠的ＥＳ細胞，另一種則可能是以不同品系小鼠的受精卵製成的「ＴＳ細胞」，由這兩種細胞以九比一的比例混合而成。ＴＳ細胞是分化成胎盤細胞的幹細胞。

另一方面，根據論文，ＦＩ幹細胞保留了ＳＴＡＰ細胞的特殊多能性，能夠分化成全身的各種細胞，也能分化成胎盤細胞，被認為是具有自我增殖能力的細胞。知情人士推測：「即使將ＦＩ幹細胞以適當條件培養，ＥＳ細胞的基因也不會發生變化。ＦＩ幹細胞應該從一開始，就是ＥＳ細胞與ＴＳ細胞的混合物吧。」

ＳＴＡＰ論文圖片的深刻疑點，包含確定有不當行為的兩項在內，已經有好幾項被公諸於世，但這兩個分析結果卻是關於細胞本身，或是細胞遺傳訊息的原始資料，因此與過去的疑點性質不同。不過，若要將這兩者寫成報導，還需要掌握更詳細的內容，必須更謹慎地取得實證。

推動論文重啟調查

我與主編永山悅子討論之後，決定先再次詢問維坎提對論文前景的看法，並邀請他接受訪問。同時也針對這兩項分析結果進行採訪（儘管公關負責人寄來了維坎提的回覆，但那只是將他四月一日時的意見「我不認為論文應該撤回」，剪貼成「最新聲明」罷了）。

最令人擔心的是，撤回這兩篇論文或許將導致重啟調查的可能性變成零。理研已經定下了不重啟調查的方針，就社會反應來看，想必也有不少人覺得「調查撤回的論文沒有意義」。

但是如果讓事件就這樣落幕，真相將會永遠葬送在黑暗之中，那也將是日本科學界以及科學新聞界的失敗。儘管微不足道，但身為科學新聞界的一員，也為了負起當初相信STAP細胞是項傑出成就，進而予以報導的責任，我無論如何都想要避免這樣的狀況。

如果情節嚴重的新事實曝光，要求重啟調查的輿論便會隨之高漲，理研或許也不得不推翻原本的判斷。因此，我無論如何都想在主論文撤回一事被報導出來之前，先報導分析結果。這種焦慮的情緒愈來愈強。

另一方面，由外部專家組成的改革委員會似乎也有同樣迫切的危機感。根據會長岸輝雄在六月四日會議後的簡報，這天討論的是理研對於短文的回應。他表示「論文撤回就不予追究的做法，與改革委員會的方針相悖」，委員會一致認為必須調查新的疑點，並再度向理研提出重啟調查的請求。而關於預計於近日發表的防止再犯應對措施，委員會也達成共識，將把由第三方持續調查的必要性納入條款。

隔天，某位委員在接受特派組長清水健二採訪時也表示：「理研應該連短文都予以徹查，這是全體委員的共識。只要我們仍持續檢討如何防止不當行為，就必須釐清有哪些不當行為，參與的人是誰，又是如何參與，否則也無法提出防範措施。仔細想想，調查下去是理所當然的事。」

此外，根據記者大塲愛採訪，文部科學大臣下村博文也在這天內閣會議後的記者會上指出：「這是國民高度關心的課題，因此將追究說明責任。」雖然他並未明確回答是否該重啟調查的問題，只說「交由理研判斷」，但也要求「希望理研採取國民能夠接受的應對措施」。

「現在的情勢是關鍵。如果若山教授也持同樣看法，說不定願意以見報為前提接受我的採訪。」

六月上旬，我在永山主編的強力勸說之下，終於下定決心寫郵件向若山教授約訪。我表達自己理解現狀，但也希望他「協助推動論文重啟調查」的想法，結果自然而然變成了一封長信。

雖然我也半是做好了心理準備，認為若山不會回信給我，但隔天早上確認郵件時，若山已經回信表示同意。他說如果是當天稍晚，他可以想辦法挪出時間給我。

「STAP細胞不存在」

這天晚上，我前往甲府市的山梨大學拜訪若山教授。時間已經很晚了，但研究室裡還有其他成員。

若山教授的表情出乎意料地僵硬。我原本希望他證實我事前掌握到的ＳＴＡＰ幹細胞主要分析結果，並做出希望重啟調查的評論，但實際與他聊過之後，我領悟到這個願望終究不可能實現。

雖然內心失望，但仔細想想也很合理。我從多名知情人士口中聽說，二月之後，若山教授每次發表消息都會承受來自理研等單位的各種壓力，即使只是在報導中稍稍做出評論，也會在事後遭到「追究」。話說回來，光是他願意在如此緊張的時期直接與我見面，我或許就應該心懷感激。

我中途轉換訪問方向，向他保證「除非適當時機到來而且取得您的同意，否則我不會寫成報導」，才開始採訪。若山教授似乎不太情願的樣子，但大概是覺得自己別無選擇，於是他仔細回答了每一個問題。

首先，由於CDB調查所有圖片後得出了難以置信的疑點，因此我問道：「就現階段而言，您認為STAP論文中的數據有哪些是真實的？」

若山教授疲憊的臉龐浮現苦笑：「這個嘛……綜合考慮新發現的各項疑點，包含與我無關的部分，我覺得似乎沒有任何一項數據可以相信。」

那麼STAP細胞呢？若山教授遲疑了一下之後如此回答：「……我認為足以製作出STAP幹細胞的超級STAP細胞終究還是不存在。不過，我想經過酸處理的細胞會產生某種變化這一論點是正確的。」

若山教授表示，若山研究室進行複製實驗時，將淋巴球浸泡在弱酸性溶液中持續培養後，也出現了「在將死之際復活，變成不明物體的細胞」。

「您已經不覺得那或許是具有多能性而展現的變化了吧？」

「不覺得。只有在確認了多能性之後，才能稱之為ＳＴＡＰ細胞。雖然在實驗過程中使細胞產生了某種變化，但無論如何都無法進入到下一階段。我完全無法複製ＳＴＡＰ這種現象，而全世界也應該沒有人成功重現。」

正確來說，若山教授只有一次「成功」製作了ＳＴＡＰ細胞。他在研究室完全搬到山梨大學前的二〇一三年春天，在小保方的直接指導下製作，並使用製作出的ＳＴＡＰ細胞培養ＳＴＡＰ幹細胞。然而在搬到山梨大學之後，就一次也沒成功過。他在二〇一四年三月呼籲撤回論文前都不斷嘗試複製實驗，次數多達數十次。

「不管試幾次都無法成功。希望您可以寄來自己使用的培養基。」二〇一三年六月左右，若山教授這麼寫信請求小保方協助。培養基是培養細胞時放入培養皿的試劑，簡單來說就是細胞的生長環境。若山教授原本使用自己準備的培養基，但在使用活體細胞的實驗中，有可能因為些微的條件差異而影響結果。如果使用小保方的培養基，或許可以成功……若山教授曾如此期待。

若山照彥的後悔

小保方的培養基在大約一個月後寄來，但即便使用這種培養基，實驗依然失敗。不知如何是好的若山教授多次向小保方回報狀況，並詢問她是否能夠再次傳授製作方法，但小保方總是回答「就像我先前所說的一樣」。

「論文投稿之後，隨著受理（accept）的時間愈來愈接近，我也愈來愈著急，覺得必須在這之前成功複製才行。」若山教授回顧他埋首反覆實驗時的心境。

「我有身為共同作者的責任，而且我們研究室尤其重視複製實驗，無法複製實在是一件難為情的事。所以我希望在論文被受理之前成功複製。等到實際受理而且也出版之後，更是必須成功複製才行，因此我一直以來都非常焦慮。」

然而在論文發表之後，實驗依然不斷失敗。「發表時明明說很簡單的」，若山教授的焦慮與不安更加高漲。

若山在一月底的記者會結束後，也對笹井說過「在山梨的研究室做不出來」，笹井則回答「就連小保方也經常失敗，很難複製是有可能的」。雖然笹井並沒有接收到若山的不安，但若山自己也稍微鬆了一口氣，因為「原來就連理應最熟練的小保方也無法複製啊！」

我問若山教授：「您覺得兩篇STAP論文都應該重啟調查嗎？」若山教授點頭回

答「沒錯」，並接著說道：「我以前想知道ＳＴＡＰ細胞與ＳＴＡＰ幹細胞到底是什麼，現在則想知道事情為什麼會變成這樣。」針對理研「不重啟調查」的方針，他也表達了疑惑：「我懷疑真的有人能夠接受這樣的結果嗎？」

另一方面，他也表現出對理研的理解：「經過這次，讓我清楚知道調查是一件非常辛苦的事情，因此也懂那種不想做的心情。我想或許也是因為沒有人想當調查委員吧！」

若山在以前的訪問中曾說「我覺得自己無法在中途識破」，我問他現在是否依然這麼想，他坦承：「現在回想起來，如果當時請小保方提出筆記，或是稍微以懷疑的眼光確認，說不定就能看得出來。」

小保方與若山從二〇一〇年夏天開始共同研究。從二〇一一年四月開始約兩年期間，小保方幾乎都以客座研究員的身分常駐若山研究室，但就如同第四章介紹的，他們的實驗空間並不相同。若山也不曾看過實驗筆記。

「關於這點，您果然也是覺得自己有責任嗎？」

「是的。如果我瞄到筆記，說不定就會心生懷疑。只要稍微看到筆記草率的狀況，或許就會詢問小保方數據的真實性，或是要求她拿原始資料過來。」

他說這句話時，臉上浮現後悔的神情。

若山表示，他沒有看小保方實驗筆記的理由主要有二。第一，就如同第四章所寫的，若山研究室通常所有人都在同一個空間進行實驗，互相以口頭報告原始資料，因此平常沒有特地查看實驗筆記的必要，「連想都沒有想過」（若山教授說）。另一個理由則是，小保方是以「哈佛大學優秀博士後」的身分被介紹進若山研究室，因此她的角色就像是「客人」一樣。

話說回來，如果無法信任對方，根本就不可能共同進行研究。我無法怪罪當時完全不起疑心的若山教授，但ＣＤＢ幹部之所以會相信，是因為作為研究者備受信任又有實績的若山製作出嵌合鼠，完美證明了多能性，這也是事實。

我大膽問道：「好幾位ＣＤＢ的研究員都說，正是因為有若山教授您的實驗結果，才會相信ＳＴＡＰ細胞。關於這點您是怎麼想的？」

「我認為如果自己看過筆記，發現不合理的部分，就能避免其他研究員信以為真的狀況。但在那個當下，我自己也相信了，並且（和小保方）一起說這是個厲害的成果。我對於自己做出嵌合鼠的資料，導致包含笹井先生在內的其他研究員都跟著相信，感到非常抱歉。」

若山教授道歉了。

浪費納稅錢

另一方面，就在論文疑點接二連三被發現的情況下，共同作者當中只有若山教授一人呼籲撤回論文，他還委託外部機構分析細胞，為探究真相積極行動，而小保方、笹井與丹羽則依舊主張STAP細胞存在。對於其他共同作者這種相反的行動，若山是怎麼想的呢？

「能夠製作STAP細胞的只有小保方一人，其他人都沒有親自確認就相信了。如果所有人都有過試圖複製卻失敗的經驗，就會察覺情況確實可疑，應該也都會想要知道真相。但現階段只有我這麼做。我想理研的研究員之所以沒有指出問題，就是因為缺乏這樣的經驗。」

「曾是同事的研究員，並未以科學家的身分配合您一起採取行動，對於這點您是否感到遺憾或失落呢？」

「嗯……我不太會這麼想。畢竟每位研究者都有自己的立場。我是因為一再失敗，所以才會最真心地認為這篇論文真的有問題吧！」

我還有一個必須提出的問題。STAP疑雲大幅撼動了科學的可信度。若山教授自己身為捲入這個問題的科學家，今後將打算如何負起責任呢？

若山教授沉默了一陣子後，語重心長地說出這段話：「我今後將不再插手任何關於

ＳＴＡＰ的事情，而是想專注於正經的、有益於社會的研究，並且做出成果。因為已經變成了像是在浪費納稅錢的事情，所以我今後將以新的、能夠確實帶來助益的成果來補償。」

「意思是ＳＴＡＰ研究只是在浪費納稅錢嗎？」

「如果是單純的失敗，並不構成浪費。我認為弱酸的刺激是否會引發初始化這一問題，本身是一項有趣又非常棒的實驗，即使最後失敗了也一樣。」

「如果中途發生造假行為呢？」

「那接下來就完全都是浪費了。」

我總覺得，以能否「帶來助益」為標準討論基礎研究的意義太沒道理，因為如果想像得到將來該如何使用，就稱不上是真正具有獨創性的劃時代成果了。但唯有在這時候，若山教授這句「想做有益於社會的研究」，深深刺痛了我的心。

做好被理研盯上的覺悟

我終於在午夜時分入住了甲府車站附近的飯店，打電話向永山主編報告採訪狀況時，我心中湧出了一股無力感。我以非同小可的決心投入這場採訪，結果卻不如預期。好不容易獲得的採訪機會，卻不知道什麼時後能夠取得寫成報導的許可，甚至極有可能

「東之高閣」。

不過現在也沒有時間消沉。我提議以現階段能夠查核的確切內容範圍撰寫報導，永山主編也贊成道：「我知道了，就這麼做吧！」

報導以「ＳＴＡＰ疑雲，幹細胞基因異常」為標題，刊登於六月四日的晚報。內容摘要如下：

由第三方機構對「ＳＴＡＰ幹細胞」進行基因分析的結果，發現了許多異常特徵，例如論文記載的所有細胞株，都檢驗出與理應使用於實驗的小鼠不同的基因型。分析結果據稱已經告知理研。這些ＳＴＡＰ幹細胞是由若山培養而成，當時他仍於理研服務，而他培養時使用的細胞，是其研究室客座研究員小保方晴子以小鼠製作的ＳＴＡＰ細胞。原始的小鼠則由若山提供。若山於受訪時表示「目前無可奉告，但近日將召開記者會公布詳細分析結果」。

這篇報導的第一段提到，未被認定有不當行為的短文記載了ＳＴＡＰ幹細胞的詳細分析結果，並寫道「徹查整篇論文的必要性似乎更進一步提高」。雖然沒辦法如預期般做成獨家，但這是第一篇提到第三方機構分析結果的報導。

我後來採訪理研公關室與相關人士才知道，以這篇報導為契機之一，若山在六月五日被叫去埼玉縣和光市的理研總部，在野依良治理事長擔任總部長的改革推進總部會議上，報告了詳細的分析結果。

包含野依理事長與所有理事在內，總共約三十人出席了這場會議，CDB主任竹市雅俊也透過視訊參加。

若山希望「盡快公布結果」，但多數出席者都表示反對，認為「時機過早」。一位相關人士在接受《每日新聞》採訪時透露「其中反對最強烈的就是竹市主任」。竹市主任表示「如果不清楚細胞的出處就沒有意義」，野依理事長則附和「我也這麼認為」（不過，我向竹市主任本人確認時，他說「我不記得自己說過『沒有意義』這麼輕率的發言，我的意見應該是『如果不清楚細胞的出處，就無法得出特定結論』才對」）。理事等其他出席者也有「是否該等論文撤回之後再公布」，或是「何不與（丹羽先生等人正在進行的）驗證實驗初步報告一同發表」等意見。

CDB內部也有人認為，應該徹底調查植入了GFP發光基因的ES細胞與小鼠，找出何者與STAP幹細胞的分析結果一致，但這項調查不一定能有結論，這樣等下去根本不知道什麼時候才能公布。

一名CDB幹部提出折衷方案，建議對CDB保管的STAP細胞進行相同分析，若確認結果與第三方機構的分析一致再對外發表。因為已經知道應該調查染色體的哪個部位，由CDB所做的分析大約一週就會有結論，若山教授聽了此番說明後也就同意了。

我已經在報導中提到若山稱「近日將舉行記者會」，因此很擔心後續發展，六月十三日終於收到山梨大學發出的記者會通知時，我才鬆了一口氣。

我與永山主編一起模擬記者會的狀況，想必也會出現類似先前採訪時問到的內容吧。「你都好不容易採訪到若山教授了，不妨在當天的版面另外寫出記者會上沒有提到的插曲或是心情」，永山主編的這番鼓勵反而讓我更想要在事前撰寫報導。

我再次詢問若山教授的意願，他在隔天早上回信表示同意。「我非常感謝須田小姐您對於日本科學的努力。或許我會被理研緊盯，不過您就寫吧！」

我在採訪時也提出了追究責任的問題。若山教授想必了解，既然寫成報導，就不會只是單方面地擁護他。

於是六月十五日的早報就刊出了若山教授的訪談，裡面提及他沒有看過小保方的實驗筆記、對於沒有識破其草率的歉意，以及因為失敗多達數十次的複製實驗而焦慮不安的經過。

若山照彥公布分析結果

若山在隔天十六日下午兩點開始的記者會上，親自公布了分析結果，主要內容介紹如下。

第三方機構所分析的ＳＴＡＰ幹細胞，是若山使用小保方製作的ＳＴＡＰ細胞，以適合ＥＳ細胞的培養基培養後變化而成的細胞。根據論文記載，ＳＴＡＰ細胞具備分化成各種細胞的多能性，但不具有自我增殖能力，而ＳＴＡＰ幹細胞則兩者兼備。雖然ＥＳ細胞具有非常相似的性質，卻失去了分化成胎盤這項ＳＴＡＰ細胞擁有的能力。

若山教授在二〇一二年一月至二〇一三年三月，於理研ＣＤＢ與小保方進行共同研究，並將這段期間培養的ＳＴＡＰ幹細胞運到山梨大學冷凍保存。

培養出ＳＴＡＰ幹細胞的ＳＴＡＰ細胞，全部都源自兩到三隻出生約一週的小鼠，以從牠們體內採集的脾臟淋巴球細胞製作而成。而用於製作ＳＴＡＰ細胞的小鼠，皆被人工植入能使細胞發光的「ＧＦＰ」基因。由於ＧＦＰ基因是隨機植入染色體的某一部分，所以染色體上的ＧＦＰ基因植入部位會因小鼠製作者而異。實驗使用的小鼠是由若山教授準備，ＧＦＰ被植入十八號染色體當中。

此外，小鼠的所有染色體都和人類一樣各有兩條，因此分成兩條染色體皆植入相同基因的類型（同型合子），與只有其中一條植入的類型（異型合子）。若山教授準備的小鼠，ＧＦＰ染色體為同型，也就是兩條十八號染色體都植入了ＧＦＰ基因。

分析的十四株細胞分成四種類型，製作ＳＴＡＰ細胞使用的小鼠品系與製作時期各不相同。其中對論文最為重要的八株「ＦＬＳ」細胞，雖然小鼠品系與論文所述一致，但這八株中所有GFP基因植入的都是十五號染色體，而非十八號，而且都只植入兩條染色體中的一條。這代表這八株細胞並非來自若山研究室為製作STAP細胞而提供的小鼠（關於基因植入的部位，後來發現分析有誤並進行訂正，但同樣與原始小鼠不符）。

至於名為「AC129」的兩株，雖然兩條十八號染色體都被植入了GFP基因，但品系卻與原始小鼠不同。

而被稱為「FLS-T」的兩株，兩條十八號染色體都植入了GFP基因，是唯一符合原始小鼠的結果。不過，FLS-T是在FLS培養出來約一年後，使用同品系小鼠，並以若山向小保方學習後製成的STAP細胞所培養出來的，因此沒有記載於論文當中。

最後，在「GLS」這一細胞株的檢驗上，則是將十三株中的兩株交由第三方機構分析，結果發現其品系與GFP基因植入部位皆無矛盾，但兩株都是雌性。若山研究室也確認了其他株的性別，得到十三株都是雌性的結果。但與若山研究室同一天公布的CDB分析結果，卻顯示十三株都是雄性，性別完全相反。不過若山研究室也在日後發現分析結果有誤，訂正為十三株皆為雄性，據說原因是顯示雄性的Y染色體有部分缺損，導致無法驗出。

小鼠寶寶的雄性或雌性，其誕生數量幾乎相同。STAP幹細胞理論上是由多隻小鼠寶寶的細胞培養而來，出現性別只偏向其中一種的狀況並不自然。而最後結果顯示，包含ＧＬＳ在內，所有ＳＴＡＰ幹細胞都是雄性。

除此之外，他們也分析了若山研究室在培養出ＦＬＳ之後，利用同品系小鼠受精卵製作而成的ＥＳ細胞。結果顯示兩條十八號染色體都被植入了ＧＦＰ基因，與原始小鼠一致。

將分析結果做個整理，論文記載的所有ＳＴＡＰ幹細胞株（ＦＬＳ、ＡＣ１２９、ＧＬＳ）都發現了異常。唯一稱得上結果沒有矛盾的ＦＬＳ－Ｔ，其培養時間則晚於同一位置帶有ＧＦＰ基因的ＥＳ細胞。至於ＡＣ１２９與ＧＬＳ，據說在培養兩者時若山研究室便存有ＥＳ細胞，而且是源自品系與ＧＦＰ植入部位皆相同的小鼠。

若山研究室的分析結果

	品系	GFP植入位置	性別	
FLS	○	×	皆為雄性（8株）	
AC129	×	○	皆為雄性（2株）	存在同樣的 ES 細胞
FLS-T	○	○	皆為雄性（2株）	存在同樣的 ES 細胞
GLS	○	○	皆為雄性（13株）	存在同樣的 ES 細胞

「我曾經夢想，如果存在這種細胞該有多好」

除了FLS－T之外，STAP細胞都是由小保方製作，但製作時使用的所有小鼠則是由若山教授或若山研究室的成員準備。雖然也有可能是在小鼠寶寶的階段就弄錯了，但在反覆多次的實驗中，要準備多隻植入GFP基因的同品系小鼠，而且還是出生後一週內的小鼠寶寶，並非容易的事。每次都從其他研究室等地方帶來別的小鼠寶寶，是不切實際的想法，再說也沒有理由這麼做。反之，在精通小鼠實驗的若山研究室，更是不可能只有在進行STAP實驗時，每次都錯拿其他籠子的小鼠。

那麼到底發生了什麼事呢？有一種可能是出錯的並非小鼠寶寶，而是在培養細胞的某個階段，混入或是被調換成了不同來源的細胞。

「我完全不知道為什麼會產生這樣的幹細胞。我研究室提供的小鼠，絕對不可能做出這樣的結果。」若山教授在記者會上表現出他的困惑。關於STAP細胞的有無，雖然他沒有明確說出「無法證明絕對不存在」，卻也表示「目前沒有證據顯示STAP細胞存在，存在的前提已經消失了」。有關混入ES細胞的可能性問題，他也沒有正面回答，但當時在若山研究室的學生證實，曾將與GLS來源自相同小鼠的ES細胞交給小保方，並說明「（小保方）在那樣的環境下能夠自由使用ES細胞」。

「這是想像中最壞的結果，我非常震驚。」如此闡述心境的若山教授，表情流露出困惑與疲憊。長達兩個半小時的記者會中，若山教授多次說出對ＳＴＡＰ細胞的感慨：「我曾經夢想，如果存在這種細胞該有多好。」關於三月提出的撤回論文呼籲，他表示「撤回是個痛苦的判斷。我一點也不想這麼做，但是如果不撤回，或許我再也無法以研究員的身分活下去」，透露出這項決斷帶著苦澀。

對於曾彼此分享實驗成功喜悅的小保方，他則呼籲「我已經做了所有能做的努力，希望你能夠為了解決問題而採取行動」。另一方面，他也斬釘截鐵地說：「我沒有參與不當行為。」

小保方與笹井在四月的記者會等場合上，一再發表彷彿要將責任轉嫁給若山的言論，若山回顧此事稱「我覺得害怕，好像要把責任全部推到我身上」，並坦承委託第三方機構分析的動機，有一部分也是想要證明自己的清白。

對於他與小保方、笹井一同擔任責任作者的第二論文「短文」，他則說明：「撰稿的是笹井先生，內容變得相當困難，幾乎連我也難以理解，複製實驗也無法成功，因此我在去年八月時曾告訴笹井先生，希望他不要把我掛名責任作者。」但笹井挽留他，而他自己也「覺得（掛名責任作者）有點吸引人」，最後還是留下掛名。

理研雖然不打算處分現在沒有雇傭關係的若山教授，但他說「我已經決定接受處分」，表示願意在理研懲戒委員會得出結論後，主動向山梨大學申請處分。

《每日新聞》於六月十七日早報頭版報導分析結果的摘要，並在社會版頭條詳細報導記者會的狀況。

小保方也同意撤回論文

讓我們將時鐘的指針再度撥回到六月上旬。當時事態風雲突變，理研的研究員自行分析了公開的基因資料，而NHK在三日晚上報導了其中關於「FI幹細胞」的結果。

隔天四日，《日本經濟新聞》在早報頭版刊登出小保方同意撤回主論文的報導。在這篇報導當中，主論文責任作者之一的美國哈佛大學教授查爾斯・維坎提並未改變他反對撤回的想法，但《每日新聞》四日晚報頭版的最終版本，則在報導小保方同意撤回的消息時，也加入維坎提改變主意同意撤回的獨家內容。根據大阪科學環境部對理研的採訪，小保方寄給丹羽表示同意撤回的簽名文件，已經在三日送達。

據大阪吉田卓矢、畠山哲郎兩名記者的採訪，小保方的代理人三木律師於四日傍晚表示：「當事人的精神狀態並不穩定，無法充分掌握狀況。我想這是她在持續承受各種精神壓力，判斷能力下滑的情況下，被逼到不得不同意的狀況。這並非她的本意。」據說三木律師是透過四日的報導，才首度得知小保方已將文件交給丹羽。他表示在與小保方的電話討論中，對方吐露了「我努力到現在是為了什麼」、「我很難過」等心聲，意志相當消沈。

小保方曾在四月九日的記者會上否定撤回論文，稱「如果撤回論文，等於是向全世界宣告ＳＴＡＰ現象完全是個錯誤」。三木律師說明，小保方的態度之所以會大轉彎，是因為「她似乎認為不撤回將遭到懲戒解雇，無法參與理研調查ＳＴＡＰ細胞存在與否的驗證實驗」，並強調「ＳＴＡＰ細胞的存在是事實，不管論文會不會遭到撤回，ＳＴＡＰ細胞都是存在的」。小保方也表示：「（ＳＴＡＰ細胞存在的）事實不會因為論文撤回而消失。」

關於小保方最近的狀態，三木律師坦言：「她的精神狀態並不穩定，不得不進行稍微複雜的判斷時，經常會有思考停頓的狀況，有時會沉默不語，有時也會說『我已經搞不清楚了』。」

《每日新聞》於六月五日早報三版發表了總結報導，標題為「疑雲重重，草草收場」，內容指理研與文科省對於繼續調查不當行為的態度消極，同時收錄多方意見，例如日本分子生物學會研究倫理委員會會長小原雄治的評論，他認為「就算撤回論文，理研也不應該結束調查。哪份資料有錯誤、錯誤為什麼會發生，如果不釐清問題癥結，改革就無從下手。將事情全部調查清楚，理研責無旁貸」，也引用國立大學教授的意見，直言「同意撤回被視為逃避調查也無可奈何」。

報導也介紹了驗證實驗以及與ＳＴＡＰ細胞製作專利相關的內容。

驗證實驗以共同作者丹羽等人為中心實施，並預定於七月提出初步報告，但即使失敗也不代表假說會完全遭到否定，由於仍有人相信「如果由小保方進行實驗就能成功」，改革委員會會長岸輝雄於是提議讓小保方參與實驗，表示「讓主張『存在』的人（即小保方）在一定期間內進行實驗，如果無法成功就必須認定為『不存在』」。理研也於六月四日，表明實驗可能會讓小保方直接參與。

此外，關於理研與小保方曾隸屬的東京女子醫大、美國哈佛大學附屬醫院等三個機構，於二〇一三年四月提出的STAP細胞製作國際專利申請，報導也提到即使撤回論文，申請也不會因此被取消，而是交由授予專利的各國判斷。

理研表示「希望根據驗證結果進行判斷」，即使論文撤回也將暫時擱置不理，但熟知專利的國立大學教授表達出疑慮，「對於真正從事該研究領域的人而言，這項專利申請恐怕會成為障礙，對於科學發展沒有好處」。

同一天的其他家早報也以大篇幅報導STAP問題。《每日新聞》曾在五月下旬獨家揭露笹井對STAP研究的「壟斷」，針對這類CDB自我檢查驗證報告中的內容，也有報紙於頭版做了追蹤報導。

理研的資訊管制

話題再拉回來，在兩項分析結果中，針對已公開基因資料的分析結果，採訪依然陷入苦戰。

執行這項分析的，是理研綜合生命醫科學研究中心（橫濱市）的高級研究員遠藤高帆等人。雖然我們得以在相對較早的時間點，取得由遠藤親自整理結果的理研內部資料，確認相關人士提供的資訊正確無誤，但最重要的還是邀請遠藤本人接受採訪，然而這時卻遇到阻礙。曾與遠藤打過招呼的記者八田浩輔多次提出採訪請求，卻都被遠藤拒絕，他回覆道：「我正以發表分析結果的論文為目標努力，希望避免接受採訪。」

東京大學研究小組也針對基礎部分進行了同樣的分析，並且得到相同結果。然而考慮到這件事的重要性，尤其遠藤的目標是發表論文，更是無論如何都希望取得他這名首位分析者本人的評論。

當我們根據取得的資料採訪專家相關議題時，也發現了原本不知道的重要事實。從ＳＴＡＰ細胞的基因資料中檢驗出異常，八號染色體有三條（即三倍體）的小鼠在胎兒階段就會死亡，根本不會出生。而專家介紹的文獻也證實，長期培養的ＥＳ細胞容易出現三倍體。這些事實都顯示，至少遺傳訊息公開的「ＳＴＡＰ細胞」實際上可能就是ＥＳ細胞。

儘管事態嚴重，理研仍阻止遠藤公布分析結果的論文。

公關室長加賀屋悟表示，遠藤在五月二十二日，就使用投影片向理研幹部等人報告所有的分析結果。對此，理研在六月三日做出指示，稱：「在論文發表之前，請與科學家會議就內容進行充分討論。」

「科學家會議」是由頂尖研究員組成的理研內部組織，笹井也是其中成員。因此很難想像在討論時會對公布分析結果持正面看法。而且我詢問了幾名認識的成員，想知道他們是否針對遠藤的分析結果進行討論，他們都說沒有這樣的跡象。

「過去曾對一般的論文發表做出這類指示嗎？」我覺得自己的提問語帶諷刺，但加賀屋室長並不介意，他說明：「同領域的學術界，在發表之前都會充分討論。ＳＴＡＰ就是因為沒有這麼做，才會造成如此之大的問題。」

此外，一直以來，理研設立的外部專家改革委員會都在尋求有助釐清不當行為全貌的資訊，但理研即使是面對改革委員會，也只提供已有部分資訊被報導過的ＦＩ幹細胞分析結果。

前面已經提過，理研也反對公布若山教授委託第三方機構所做的分析結果。這是一群以誠實面對科學數據為己任的優秀科學家該有的行動嗎？我忍不住嘆了口氣。

就在拚命摸索該如何寫成報導時，我掌握到一項有用的資訊。預定於六月十二日舉行的改革委員會最終會議上，若山與遠藤兩人將受邀出席，並且會發表各自的分析結果。

此事契機是一名委員得知理研干擾結果公布後，在六月六日發送給其他所有成員的一封電子郵件。

「我想正式邀請這兩人參加我們的委員會，藉此機會聽聽分析的內容，不知道各位覺得如何？分析得到了撼動《自然》論文內容的結果，我認為在委員會上與理研分享這項資訊，並依此提出建議，是相當重要的態度。」

若是在委員會上發表的內容，分析結果就會納入十二日整理出來的建議書中。而委員們最主要的企圖就是藉此「公開」結果。

這也是報導的好機會，我欣喜若狂。儘管改革委員會的會議不公開，但依然屬於官方場合，在會議上發表即可視為公開。這麼一來，終於可以將雙方的分析結果寫成報導了。

但事情總是無法如預期般發展。就在改革委員會最終會議的前一天，NHK在午間新聞報導了遠藤的STAP細胞分析結果。

過去也發生過在我還差臨門一腳時被NHK超前的經驗，然而說老實話，這一次我更是感到前所未有的不甘心。《日經科學雜誌》或許是早有準備，也在網路上刊登出介紹詳細分析結果的「號外」。

除此之外，也發生了意想不到的事件。東京地檢署特搜部在這一天，因降血壓藥

「Valsartan」（商品名稱：得安穩）的臨床試驗造假問題，以涉嫌違反藥事法（廣告不實）逮捕了諾華藥廠的前員工。Valsartan的報導在二〇一三年獲頒日本醫學記者協會獎，是記者八田與河內敏康共同製作的重要專題。八田記者忙著準備藥廠前員工遭到逮補的報導，於是我急忙替他打電話給遠藤先生。

STAP細胞的真面目

儘管遠藤先生表示被報導出來「並非本意」，仍回答我匆忙之中提出的問題，並同意我寫成報導。在此說明遠藤等人的分析結果。

小保方等人使用次世代定序儀分析STAP細胞、製作STAP細胞所用的淋巴球、由STAP細胞培養出的STAP幹細胞與FI幹細胞，以及作為比較對象的ES細胞及TS細胞等，並將得出的基因資料登錄在美國國家生物技術資訊中心（NCBI）。任何人都能查閱該資料庫並下載資料。

附帶一提，原本要求在論文發表時登錄資料，但小保方等人卻在論文出版後約三週才登錄。

生物細胞核中有染色體，染色體則由具有雙股螺旋結構的DNA重複堆疊組成。基因位於DNA上的特定區域，當基因運作產生特定蛋白質，就會形成從DNA上複製必

樹狀圖 1（短文 追加圖 6d）　　**樹狀圖 2（短文 圖 2i）**

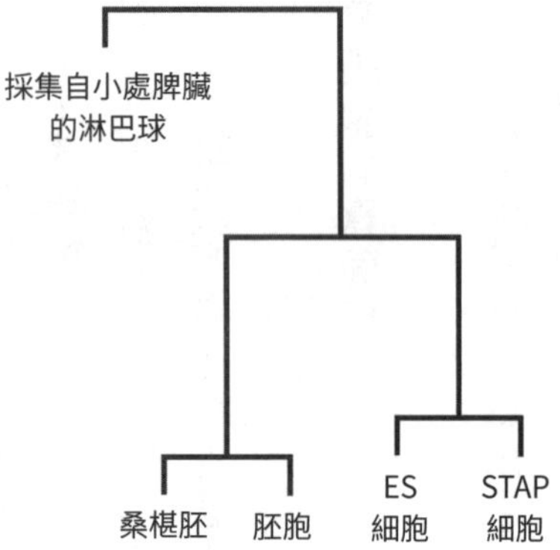

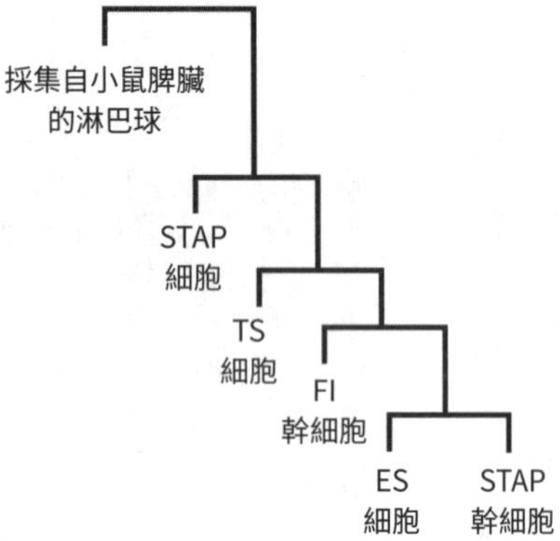

要區域的ＲＮＡ（核糖核酸）。如果ＤＮＡ是生命的設計圖，那ＲＮＡ就是根據設計圖繪製而成的蛋白質藍圖。

遠藤等人分析ＳＴＡＰ細胞的ＲＮＡ時，發現八號染色體並不像一般染色體一樣有兩條，而是有三條的「三倍體」。八號染色體為三倍體的小鼠在妊娠第十二天就會死亡，不會出生。但製作ＳＴＡＰ細胞使用的淋巴球，理應採集自多隻出生一週內的小鼠寶寶，因此ＳＴＡＰ細胞根本不可能得出這種分析結果。

此外，也發現在該細胞中，與分化成各種細胞的多能性相關之基因群處於高度活躍狀態，使其具備如ＥＳ細胞與ｉＰＳ細胞等多能性幹細胞的特性。

然而，在基因運作方式上也發現了與論文的矛盾之處。論文稱ＳＴＡＰ細胞具備ＥＳ細胞所沒有的能力，也就是能分化成胎盤，其證據之一，就是可分化為胎盤的既有幹細胞「ＴＳ細胞」的特有基因，在ＳＴＡＰ細胞中也有運作。但從ＲＮＡ資料中卻看不到該基因的運作。換句話說，單就ＲＮＡ資料來看，就算ＳＴＡＰ細胞的多能性與ＥＳ細胞不相上下，也不具備分化成胎盤的能力。

這些「ＳＴＡＰ細胞」的真面目到底是什麼呢？據專家表示，在長期培養的ＥＳ細胞中最常見的染色體異常，就是八號染色體的三倍體，甚至有報告顯示，約三分之一處於長期培養中的ＥＳ細胞會有此現象。若同時考慮基因運作方式，得出的結論自然就是：「ＳＴＡＰ細胞」很可能就是ＥＳ細胞，或者培養後與之相似的細胞。

事實上，資料庫也登記了另一種分析方法略有不同的ＳＴＡＰ細胞ＲＮＡ資料。遠藤等人也對此進行分析，並且再度得到了令人驚訝的結果。在這些ＳＴＡＰ細胞中，與多能性相關的基因群完全沒有運作。這些「ＳＴＡＰ細胞」的真面目，似乎就是不具備多能性的體細胞。

遠藤在接受電話採訪時指出了耐人尋味的觀點。這兩組完全不同的ＳＴＡＰ細胞ＲＮＡ資料，分別滿足了短文中兩個樹狀圖呈現的ＳＴＡＰ細胞特徵。

的確，使用具三倍體的ＳＴＡＰ細胞資料所畫出來的樹狀圖１顯示，「ＳＴＡＰ細胞比起稍微發育的受精卵（桑葚胚與胚胞），更接近ＥＳ細胞」。另一個根據ＲＮＡ資料畫出的樹狀圖２則顯示，「ＳＴＡＰ細胞比ＴＳ細胞或ＥＳ細胞更接近原始淋巴球」。這兩張樹狀圖出現在論文之中，是為了佐證ＳＴＡＰ細胞是一種與既有細胞不同的新型多能細胞。

這表示用於分析的各ＲＮＡ樣本，並非在無意中被誤當成ＳＴＡＰ細胞，因而錯拿的ＥＳ細胞或未初始化的體細胞樣本，很可能是為了畫出符合論文主張的樹狀圖，所刻意準備的材料。

此外，ＦＩ幹細胞的ＲＮＡ資料分析結果也出現了刻意操作的痕跡。

根據論文，ＦＩ幹細胞和ＳＴＡＰ幹細胞一樣，都是將ＳＴＡＰ細胞置於特殊培養基中培養而成的細胞，不只能形成體內的各種細胞，也保留了ＳＴＡＰ細胞能成為胎盤的特殊多能性，並具備自我增殖能力。

培養出ＦＩ幹細胞的ＳＴＡＰ細胞，是以小鼠淋巴球細胞製成，而該小鼠雙親的品系理論上應是「１２９」與「Ｂ６」。但分析顯示該細胞很可能是兩種細胞的混合物，其中來自Ｂ６小鼠的細胞佔九成，來自「ＣＤ１」這一品系的小鼠細胞則大約佔一成。ＥＳ細胞特有的基因群在ＦＩ幹細胞中非常活躍，但這組基因群幾乎都來自Ｂ６小鼠。另一方面，可能源自於ＣＤ１小鼠的ＴＳ細胞特有基因，也以百分之十左右的程度起作用。ＴＳ細胞具有成為胎盤細胞的性質，ＣＤ１小鼠的ＴＳ細胞在短文中作為對照之用。

這些結果顯示，ＦＩ幹細胞由來的ＳＴＡＰ細胞，並非培養自論文所寫品系的活體幼鼠細胞，而是很有可能混雜了兩種細胞，其中一種細胞與來自不同品系（Ｂ６）小鼠的ＥＳ細胞相似，另一種則與來自另一品系（ＣＤ１）小鼠的ＴＳ細胞相似，兩種細胞以約九比一的比例混合而成。

同時也讓人懷疑，顯示ＦＩ幹細胞也可能成為胎盤的ＲＮＡ資料，是透過混入ＴＳ細胞刻意製作的。

雖然資料庫中只登錄了一種ＦＩ幹細胞的ＲＮＡ資料，但這筆資料也被用於繪製短文中的樹狀圖。在樹狀圖２中，ＦＩ幹細胞被定位為介於ＥＳ細胞與ＴＳ細胞兩者的中間細胞，因此可以假設，與ＳＴＡＰ細胞一樣，樣本可能為了符合論文主張而做過調整。內部資料則顯示，ＥＳ細胞與ＴＳ細胞、或者各自的ＲＮＡ樣本，可能不是在培養時，而是在分析之前被混合的。

已經不需要驗證實驗了

我已經請多名專家看過總結這些結果的理研內部資料，並徵詢了他們的意見。

有位國立大學教授表示：「意思是有某種與ＥＳ細胞極為接近的細胞不知何時混入了其中。這個結果支持了『ＳＴＡＰ細胞＝ＥＳ細胞』的說法。」

「理研應該在確認複製性之前主動進行這種分析，或者同時並行也好。就現階段來說，首先應該驗證這個分析結果的正確性。若是正確，那麼也會有聲音質疑為何還需要現在的驗證實驗呢。如果STAP細胞就是ES細胞，做驗證實驗也沒有意義了。」

教授更進一步批評理研的反應：「理研並未確實說明事件始末。他們為什麼錄取了這個人（小保方）？擔任共同作者的專家們為什麼沒有識破？鼓勵年輕人固然是好事，但結果失敗了不是嗎？理研需要總結失敗的原因。」最後他感嘆地呢喃：「不過，這將成為載入史冊的大醜聞吧……」

另一位國立大學教授對此結果也有相同看法。對於驗證實驗，他也斷言：「如果相信這個分析結果，再加上作者也撤回了論文，就相當於否定了論文所主張的主要發現。現在已經不需要驗證實驗了，剩下的就是相關人員的處分吧！」

然後他納悶道：「我很想知道理研為什麼不公布這項分析結果。畢竟這是最適合用來『斷尾求生』的資料吧？社會上仍有許多人認為『小保方雖然是一名不成熟的研究員，卻不會做出如此惡劣的事情』。他們覺得『明明是理研大張旗鼓地發表，卻把所有責任都推到她身上』，所以同情小保方。但如果我們誠實地看待這項結果，就會發現她其實相當惡劣，因為可以感受到她明確的意圖是『想創造出與ES細胞非常相似，卻又有點不同的東西』。不過話說回來，也不禁讓人懷疑，這真的是她自己一個人想到的嗎？」

我們也針對主要分析結果詢問小保方的看法，但代理人三木秀夫律師在回覆的郵件中表示：「媒體針對個人的人身攻擊式提問，已經造成小保方精神上的創傷，主治醫師指示『考量精神因素，最好停止回應並專心靜養』，因此我們拒絕回答。」

我在六月十二日的早報，針對遠藤的分析撰寫了主文與評論兩篇報導。主文將重點放在「STAP細胞」八號染色體的三倍體，並引用專長為基因醫學的東京大學教授菅野純夫的評論：「如果相信分析結果，那麼很難相信這是以活體小鼠製成的，也存在將ES細胞當成STAP細胞使用的可能。」文中也說明了小保方沒有回應的狀況。

解說報導方面，除了陳述專家將其形容為「致命」之外，也介紹另一種STAP細胞及FI幹細胞的資料分析結果。為了表達其重要程度，我使用了比之前更進一步的表達方式，提到「這可能是有計畫的造假行為」。我在報導中也提及理研以驗證實驗為優先，在媒體披露遠藤的分析結果之前都不承認的態度，並再次要求說明不當行為的全貌。

這兩項分析結果使STAP問題朝著真相大白邁進一大步，但同時，問題的嚴重程度也進一步加劇了。儘管如此，仍未看到理研抬起沉重腳步展開調查的跡象。

CHAPTER 9

論文終於撤回

改革委員會建議「解散」CDB。就在這種局勢中，理研即將在小保方在場的情況下展開複製實驗。但如果論文造假，複製實驗還有意義嗎？批判聲浪逐漸高漲，我們在這時候去見了竹市主任。

「被視為世界三大造假事件之一」

六月十二日，STAP細胞基因分析結果相關報導刊登出來的當天，理化學研究所的「防止不當研究行為再次發生改革委員會」在最終會議上總結了理研的改革建議，並於當天公布。這麼做是出於改革委員會對理研的不信任感：「如果日後才公布，理研恐怕會對內容加以干涉。」

改革委員會成立於四月上旬，是一個只由外部專家組成的第三方組織，目的是對由野依良治理事長擔任總部長的「防止不當研究行為再度發生改革推進總部」總結的行動計畫（action plan）提出建議。這種委員會往往容易流於形式，熟知理研的官僚也曾認為：「結論大概會輕輕放下吧？」

然而，改革委員會成立之後又陸續發現新的論文疑點，委員會再三要求理研對此展開調查。隨著會議次數增加，改革委員會與理研的對立變得更加鮮明，提出的建議也被認為變得不留情面。

改革委員會的記者會於將近晚上七點的稍晚時段在東京都內舉行，擔任會長的新結構材料技術研究會會長岸輝夫、分子生物學研究人員、律師等六名委員全部到齊。《每日新聞》由我與大場愛、千葉紀和兩名記者，以及從大阪趕來的畠山哲郎進行採訪，並由留在總部的特派組長清水健二率領多名記者整理原稿。

岸會長一開場就說：「我收到一名歐洲友人的電子郵件，他說這起不當研究行為，已經逐漸被視為世界三大造假事件之一。」顯示ＳＴＡＰ疑雲已經被公認為嚴重問題，堪與另外兩起發生於二〇〇〇年代，並於科學史上留名的論文造假事件匹敵。

岸會長提到的造假事件，一起是美國貝爾實驗室高溫超導研究中發生的論文大量造假問題，這起事件以造假的年輕研究員命名，稱為「舍恩事件」；另一起則是韓國首爾大學教授（時任）黃禹錫宣布，他成功製造出世界首例來自人類複製胚胎的ＥＳ細胞，但後來發現是造假一事，此事也以最後發展成刑事案件而聞名。

建議書嚴厲指出存在於ＳＴＡＰ問題背後的理研「結構性缺陷」，並要求理研徹底改革，其中包含「解散」作為ＳＴＡＰ研究舞台的發育與再生科學研究中心（ＣＤＢ）。以下將介紹建議書的主要內容，這些內容也根據改革委員會自行收集的資訊彙整而成。

改革委員會根據調查委員會及ＣＤＢ自我檢查驗證委員會的報告書、理研提出的資料，以及改革委員會對相關人士的詢問調查，分析ＳＴＡＰ問題的原因及經過。

小保方晴子雖然被拔擢為相當於國立大學副教授的「研究小組負責人」，但理研不僅沒有詳查其過去論文及申請文件，就連英語簡報等必要手續都完全省略，其錄用充滿了「特殊待遇」。改革委員會推測，ＣＤＢ錄用小保方並非肯定她身為研究員的資質與實績，「極有可能是渴望獲得超越ｉＰＳ細胞研究的劃時代成果，受此強烈動機驅使才錄用了小保方」。ＣＤＢ也沒有詢問小保方在若山研究室的研究活動，改革委員會批評「我們不得不認為，她的錄用幾乎在一開始就決定了」，「（錄用過程）難以置信地馬虎」。

「人事委員會的成員雖然意識到『小保方與同時錄用的其他ＰＩ相比，缺乏身為研究員的訓練』，但考慮到小保方本身的研究主題取得預算的必要性等，仍必須以研究小組負責人的職位予以錄用，而非研究員。」根據竹市雅俊主任接受詢問調查的回答，改革委員會也點出問題：「在劃時代成果的面前，很容易輕易地省略必要手續。這種ＣＤＢ成果主義的缺陷，就成為引發ＳＴＡＰ問題的一大原因。」

關於ＳＴＡＰ論文的製作過程，改革委員會指出，ＣＤＢ副主任笹井芳樹以保密為優先，不僅營造出「隔絕外部批判與評斷的封閉環境」，也完全沒有驗證原始資料，而由於ＣＤＢ幹部在論文發表前容許保密，笹井與共同作者間的溝通也相當消極，因此身為共同作者的山梨大學教授若山照彥，以及計畫主持人丹羽仁史並未深入參與論文製作，導致ＳＴＡＰ論文在未經其他研究員的檢討，也未重新驗證資料的情況下「倉促」完成。此外，「ＳＴＡＰ研究可能被期待成為能夠獲得新的專案預算，而且是鉅額預算的研究」，並推測身為研究組長，擔起「申請預算」工作的笹井，也是根據這樣的期待行動。

對於ＣＤＢ容許小保方以草率的方式記錄及管理研究資料，改革委員會也追究了其責任。

二〇一二年，ＳＴＡＰ論文實驗正在進行時，小保方的直屬主管是山梨大學教授若山照彥，但若山自該年四月起即轉任約聘制的「客座研究員」，與理研沒有雇傭關係。改革委員會指出，ＣＤＢ將監督外部研究員小保方的研究資料管理與記錄責任，推給同為外部研究員的若山。

二〇一三年三月之後，竹市成為小保方的直屬主管，但竹市在詢問調查中表示「我不負責這種行為規範的管理工作」，以及「我對所有新任ＰＩ都是如此」。改革委員會認為，竹市並未就資料記錄與管理方式進行確認或指導，「從言談中可知他甚至沒有意識到那是自己的責任」，並坦言在ＣＤＢ內，「我們必須說，資料的記錄及管理都是交由研究員執行，組織幾乎不採取任何措施」。

小保方草率的招聘過程、ＳＴＡＰ研究的封閉環境、交由研究員執行的草率資料管理。改革委員會分析，以上就是造成這次事件的綜合因素，而ＣＤＢ之所以會容許這些狀況，皆源自其組織體制。他們最後得到的結論是，ＳＴＡＰ問題背後存在著「結構性的組織缺陷，此種缺陷將誘發或者無法遏止不當研究行為」；同時指出其最大的根源在於，ＣＤＢ自二〇〇〇年四月成立以來，幾乎都由同一群人經營，因此衍生了「高層裙帶關係所導致的管理問題」。

「過度貧乏的管理體制」

改革委員會也批評理研本身「缺乏防止不當研究行為的認知」，例如管理階層義務參加的不當研究行為預防講座，出席率只有百分之四十一，但理研卻對這種無法貫徹義務的狀況「漠視不理」，引進實驗筆記管理與經營體系的也僅有部分研究中心，至於理研整體的措施更是流於形式。

然而改革委員會提到，「更嚴重的問題」是理研在STAP問題發生後的糟糕反應：

- 理研並未進行「論文驗證」，也就是確認兩篇論文是否存在原始資料並徹查其內容。
- 不僅在調查委員會的調查結束後，又從並未被認定存在不當行為的第二篇論文「短文」中，發現多張圖片的新疑點，在若山委託的STAP幹細胞基因分析結果、理研高級研究員遠藤高帆所公開的基因資料分析結果，也都發現疑似造假的重大疑點，但理研卻不管「不當研究行為的全貌尚未釐清」，仍以作者預定撤回論文為由表示不打算進行調查。
- 相澤與丹羽的「驗證實驗」也是，由於他們不打算進行論文中所述的畸胎瘤實驗，因此被指出複製實驗不夠完備，但理研卻不打算面對這些問題，而是繼續推動實驗。

對於理研的這些反應，改革委員會批評其高層：「我們不禁懷疑，理研是否不願意詳細探究不當研究行為的背景及原因。」並表示：「對於自己組織無法遏止不當研究行為的問題以及引發社會嚴重質疑的責任，是否缺乏自覺呢，實在令人生疑。」

針對由笹井主導大部分安排的一月二十八日新聞發表，委員會也指出「其內容對一般大眾傳播iPS細胞研究的錯誤認知，並對STAP研究抱持不適當的期待」，同時也「引起了超乎必要的社會矚目」，並分析負有最終責任的理研公關室無法控制CDB，導致這場混亂，顯現出「理研管理上的問題」。儘管理研是擁有三四百名研究員與職員的龐大組織，但包含理事長在內的六名理事中，只有川合真紀一人負責研究，而且缺乏外部專家參與的制度等，這種「過度貧乏的管理體制」也導致問題難以妥善解決。

解散CDB的建議

基於上述原因分析，改革委員會提出以下的改革方案。

■關於ＣＤＢ

●給予小保方、笹井、竹市適當且嚴厲的處分，全面整頓對組織人事，包括更換現任中心主任及副主任。至於責任重大的前副主任西川伸一、相澤慎一兩名特別顧問，也需自新組織的高層職務排除。

●由於「人事異動等一般方法難以解決缺陷」，因此需在確保任期制職員的雇用後，盡快解散ＣＤＢ。若成立新的研究中心，需更換高層人員，並重新建構研究領域及體制。

■關於理研本身

●更換行為規範負責理事與研究負責理事，增加研究負責理事為至少兩名。

●設立新的總部組織（公正研究促進總部），由理事長直接管轄，負責推動公正的研究與防止不當研究行為。

●設立由理事及外部委員組成的經營會議。

●成立只由外部專家組成的「理化學研究所調查與改革監察委員會」，負責監督及評估改革的實施狀況。

■關於ＳＴＡＰ論文

● 由小保方親自進行包含畸胎瘤實驗在內的複製實驗。

● 根據不當研究行為防止規章，迅速調查第二篇論文「短文」，釐清是否存在不當研究行為。

● 由新成立的監察委員會徹底執行「論文驗證」，以確認兩篇論文的每一張圖片是否存在原始資料、詳查其內容、調查各個實驗方法及樣本等，釐清不當研究行為發生的經過。

或許是考慮到遠藤先生吧，建議書的「結語」部分寫著：不使「為了釐清真相與科學真理而鼓起勇氣採取行動的研究員」遭受不公對待，以如此強烈的文字要求理研，岸會長更強調「這點非常重要」。最後他總結：「雖然《自然》的論文預計將會撤回，但無法抹去STAP問題傷及日本科學研究可信度的事實。全世界都在看著。這個問題必須由科學家親自釐清和解決。」

此外，針對「解散CDB」的建議，大阪大學副教授中村征樹說明：「我們的意思不是單單解散這個組織就結束，而是希望它回歸原點，好好思考它應該是個什麼樣的研究機構後，再重新出發。」岸會長也要求理研盡快行動：「如果不在今年執行就太遲了。新的組織也必須在下個年度就起步。」

記者會的提問相當集中，一則針對若山與遠藤在最終會議上分別發表的分析結果，一則質疑「ＳＴＡＰ細胞」的真面目，但改革委員會的成員明顯已經不相信ＳＴＡＰ細胞的存在。信州大學特聘教授市川家國滿是諷刺地說：「理研的研究員們看到這些資料，也差不多會開始覺得複製實驗沒有意義了吧？」而針對「ＳＴＡＰ細胞是否很有可能就是ＥＳ細胞」的問題，東京大學教授鹽見美喜子也語氣明確地回答：「我是如此理解。」

岸會長再次被問到「改革委員會的各位都同意ＳＴＡＰ細胞不存在嗎？」時，他也承認：「除非證明ＳＴＡＰ細胞什麼也不是，否則那些堅持ＳＴＡＰ現象存在的人應該不會死心，所以我們建議就好好做實驗吧！……不過你（記者）的提問，大致符合我們的想法。」

竹市主任的「科學」

接著在晚間八點五十分，另一場記者會開始了，由ＣＤＢ主任竹市、擔任自我檢查驗證委員會會長的鍋島陽一等人召開。鍋島是先端醫療振興基金會先端醫療中心的主任。先端醫療中心是與ＣＤＢ相鄰的設施，顧名思義，乃是再生醫學等尖端醫療的實施據點。該機構與ＣＤＢ關係極為密切，曾在ＣＤＢ計畫主持人高橋政代領導下，共同實施首度使用ｉＰＳ細胞的臨床研究。此外，鍋島本人也曾在二〇〇〇至二〇〇九年擔任

ＣＤＢ的外部評核委員，因此對於鍋島擔任會長，也有人批評「根本不算外部專家」。

自我檢查驗證委員會的報告於當天發表，但內容與我在五月獨家取得的報告書草案幾乎相同。

竹市主任在開場就一臉嚴肅地說：「身為中心主任，驗證結果讓我意識到ＣＤＢ的組織運作方式存在著問題。」對於改革委員會要求「解散ＣＤＢ」的改革提案，他表示「這是非常嚴峻的提議。我們考慮過進行組織改革，卻沒有想過要解散。最主要的原因是組織中仍有優秀的年輕研究員，若失去容身之處將會造成他們的困擾。該如何消化這項提案，我們還是必須稍微思考一下」，當被問及解散後的形式，他坦率道出保留組織的意願：「我們已經在這個領域確立了國際中心的地位，為了不辜負國際的期待，我想目前最好還是持續留在這個領域。」

對於自身的進退，他表示「會先與理研談過後再思考」，而被問到涉及自身責任的建議書具體內容時，他卻說「我雖然收到建議書，卻幾乎還沒讀過」，不願正面回答。

此外，在遠藤與若山的分析結果出爐後，有改革委員會成員聲稱「驗證實驗沒有意義」，竹市則結合自己的信念如此回應此事：

「我知道基因分析資料指出了論文的重大矛盾，論文中許多資料都是錯誤的，但這是否能夠全盤否定論文呢，目前並沒有得到做出這份資料者的直接說明。科學的歷史就是個一再重複的過程，在某個時代被認為是錯誤的事情，到了下一個時代又會被認為是正確的。論文是否通篇全錯，我們必須非常謹慎地看待這點。站在科學家的立場來看，應該調查所有可能，因此我認為驗證實驗也有其意義。」

改革委員會的建議書花了許多篇幅，用以檢討ＳＴＡＰ論文發現問題後的反應，但自我檢查驗證委員會的報告書卻只記載了短短的九行，這點讓我十分在意。至於針對所有圖片的調查，理論上應該已在自我檢查的過程中實施，而且據相關人士所言，調查結果也已向竹市與鍋島報告，但報告書中卻隻字未提。

「在發現問題後的反應這一部分，自我檢查報告書給人的印象是並未深入分析。改革委員會的建議嚴厲指出『對原因的調查不積極』，對於改革委員會針對ＣＤＢ及您自身應對所提出的指責，您是怎麼看的呢？」

面對這個問題，竹市回答：「我們首先接到獲通報，而通報也立刻傳達給理研總部。當獲得新的資訊也會立刻通報。」

「那麼ＣＤＢ整體呢？」

「我們有一個由ＣＤＢ成員組成的自我檢查小組，檢查論文發生了哪些問題，後來也有許多問題在小組調查過程中被發現。我想我們的自主調查已經施行地非常徹底。」

「但報告書中並未列出調查內容。」

「因為這些並非鍋島會長所在委員會的調查對象，小組發現的問題已經回報給理研總部了。」

「您認為沒有必要公布嗎？」

「公布與否已交由理研總部決定。」

自我檢查小組共有五人，包含竹市在內的四名小組主任（排除笹井）以及理研神戶事業所長齋藤茂和，研究小組負責人柴田達夫與團隊負責人今井猛以觀察員身分參加，屬於理研內部的調查團隊。自我檢查由這個小組負責收集、整理、分析資料，並在整理報告書時，與驗證委員會召開了多達三次的共同會議。

五月下旬，我在採訪團隊發現的新疑點時，理研公關室強烈主張「調查所有圖片並非自我檢查驗證委員會的調查內容」，並表示「雖然有人提供資訊，但不清楚消息來源，我們不能將其視為要求調查的通報」。單就我想起來的這些回應，似乎無法期待理研今後會公布所有圖片的調查結果。

「對於遠藤與若山的分析，您是怎麼看的？」

「若山教授準備公布分析結果，我們就先等他公布。在還未正式公布之前就討論，我認為還是有些疑慮，或者說會造成問題。」

據相關人士透露，竹市主任應該是強烈反對公布的，但從他的話語中卻絲毫感受不到這點。

「得出的分析結果似乎強烈表明ＳＴＡＰ細胞就是ＥＳ細胞。」

「只是存在一些模糊之處，我不認為有表明出這點。」

我問的是遠藤的分析，但竹市的回答聽起來卻像是在談論若山的分析結果。

其他記者也問到遠藤的分析，竹市還答說：「光靠這些資料無法判斷是否為造假。我想除非知道那是誰做的，又經過了那些階段，否則無法得出結論。」他對這兩項分析結果的解讀，明顯與改革委員會截然不同。

野依良治理事長在當天發表的評論中，也有這樣一句話：「我們正在針對ＳＴＡＰ研究使用的細胞株等保存樣本進行分析與評估。」所以我在自己的提問最後，詢問竹市主任具體的分析情況。

「雖然若山教授手邊的樣本與ＣＤＢ保留的樣本大多重複，但也存在ＣＤＢ才有的樣本，因此我們正在對其進行分析。」

「我想ＣＤＢ才有的樣本應該是活體嵌合鼠與畸胎瘤的標本，請問已經分析過了嗎？」

「您說的沒錯。」雖然結果還沒出來，但竹市表示「已經做出數據，確認之後將會公布」。分析究竟是從什麼時候開始的呢？我雖然在四月份丹羽先生的記者會上，要求公布殘存樣本的詳細資料與分析計畫，但理研在此之後都沒有發表任何聲明。如果早點公布，改革委員會的印象應該也會大幅改變吧？

問答時間的最後，竹市再次被問到錄用小保方的動機，以及相信ＳＴＡＰ研究果的理由，他如此回答：「一般來說，我是個懷疑論者。意想不到的事情往往相當可疑，但我卻願意相信這項研究，因為整體的數據相當合理，沒有懷疑的餘地。」

「身為研究員，您如何看待現在的狀況？」

「我覺得非常複雜。因為論文明顯有許多錯誤。但科學的世界充滿了不可思議的事情，如果將其全盤否定，那就不科學了。我認為應該尊重不可思議的事情，徹底調查到最後。我想這就是驗證實驗的意義。」

岌岌可危

《每日新聞》在六月十三日的早報，報導了改革委員會的建議內容。記者大場愛在三版的總結報導中寫道：「今後，理研是否能展開伴隨『陣痛』的徹底改革，將成為恢復信賴的關鍵。」「若理研看輕此次建議，將難以找回國民的信賴，距離改制為特定法人的路途也將更加遙遠。」

大阪科學環境部記者齋藤廣子在大阪本社版的報導中，報導了CDB年輕研究員的感想。據報導，十二日晚上，部分研究人員聚集在CDB的一個房間內，聆聽改革委員會記者會的網路轉播。

團隊負責人北島智也表示「既然發生問題，就必須認真看待外部的意見」，但他也透露出不安：「所謂的解散，具體來說是怎麼一回事呢？如果是廢除研究室，那我實在無法接受。就算不到廢除的程度，若是影響到今後的研究也會非常困擾。」某位三十多歲的ＰＩ也語帶不滿：「如果解散只是為了作秀，那我反對。」ＣＤＢ以積極錄用年輕研究員而聞名，也是年輕研究員自海外歸國後的寶貴棲身之地，這名ＰＩ就表示「若改革與ＣＤＢ目前的方針背道而馳，不再錄用年輕人或廢除介紹錄用的制度，那就太可惜了」。

另一方面，野依理事長於十三日相繼拜會文部科學大臣下村博文、科學技術大臣山本一太，他報告了根據改革委員會的建議，制定防止不當研究行為的行動計劃方針。文科省決定在省內成立理研改革作業小組，加強對理研的指導。

根據大塲記者的採訪，野依理事長在與山本科技大臣的會談中表示，「有報導暗示我們想要草率落幕，這絕非事實」，並強調在進行驗證實驗的同時，也會「致力於」分析殘存樣本與公開的基因資料。

山本科技大臣表示：「建議書非常具有說服力。身為大臣，我強烈希望徹底調查論文。」而關於將理研改制為特定國立研究開發法人的法案，山本大臣則表示，若理研無法做到足以獲得國民理解的改革，將難以在今年秋季的臨時國會提出，並語氣強硬地說：「理研已經岌岌可危，希望你們能有危機感。」

隔天，共同通信報導，在建議書中被要求辭職的前副主任，也就是特別顧問西川伸一已「堅定了辭意」。我透過電子郵件詢問西川先生辭職的原因，他回信表示「這並不代表我贊同改革委員會的想法」，他說：「我在辭去（副主任的）職務後，原本是想著上了年紀就不要多嘴，所以堅決拒絕擔任顧問，最後卻耐不住請託而接下了這個職務。不過身為顧問，當然必須站在理研的立場發言。因此為了能夠自由發言，我決定辭去顧問一職。」

「我將認為有危險的部分全部刪除了」

隔週一的六月十六日，若山教授舉行了公布分析結果的記者會等，忙碌的日子依然持續，而我在忙得暈頭轉向當中，抽空採訪了已解散的改革委員會前委員。

某位前委員就若山、遠藤兩人在最終會議上說明分析結果一事，一臉寬慰地表示：「能夠將這兩項分析結果以文字的形式保留在建議書中非常重要。這足以證明我們所說的內容並非空穴來風。」他說會議前兩天才決定了這兩人的出席，並根據事前送交給委員的簡報資料，臨時將主要分析結果納入建議書當中。這份建議書在發布當天十二日凌晨剛過才完成。

其中一名前委員，大阪大學副教授中村征樹，答應具名接受大阪科學環境部組長根本毅記者的採訪，並在採訪時說明提出嚴厲建議的理由：「委員會成立時並沒有考慮到『解散』，但理研在疑點發現後的反應太糟了。」

中村副教授列出了疑點發現後的問題，包括：三月仍在調查論文時，沒有確認STAP細胞是否能夠製作就公布實驗指南；笹井在道歉記者會中說了「我只參加了總結論文的最終階段」等發言，就算被理解為推卸責任也無可奈何；自我檢查驗證委員會的報告發表得太慢……他表示「本應以CDB為中心釐清狀況、解決問題，但他們卻做得不夠」。

我與根本記者一同採訪的另一位前委員，也仔細說明了他們如何改變認知。「我們在四月時，還沒有意識到CDB與理研存在著管理問題，所以並未考慮如何處置CDB這個組織。」

據他所說，最早讓他們心生懷疑的契機還是那場笹井一再辯解的記者會。「我們覺得他沒有仔細思考自己身為副主任的責任，以及身為共同作者的責任。」

而竹市在四月三十日改革委員會會議中的發言，則讓他們的懷疑進一步擴大。當天首次出席會議的竹市，針對自我檢查驗證委員會的報告書草案進行說明。前委員表示，當時CDB尚未進行包含原始資料分析的論文驗證，而且「似乎也不打算這麼做」。這加深了委員們的不信任感，他們認為「這麼一來，就變成在不清楚論文不當行為的全貌下制定改革方案」。

更讓委員們驚訝的是，竹市說出了「即使是相關人士的發言，推測的內容也應該刪掉，所以我在整理之後，將認為有危險的部分全部刪除了」的言論。「這樣會被理解為隱蔽事實吧！」「中心主任不應該干涉報告書的內容吧！」面對諸位委員的指責，竹市的態度依然強硬。

前委員回顧道：「刪除自己無法信任的內容，幾乎等於隱藏對自己或CDB不利的消息。站在第三者的角度來看，這份報告將缺乏可信度。竹市所長似乎沒有意識到自己是被指出問題的一方，反而以為自己才是裁決者。所以我們的認知在四月三十日之後完全改變了。」因此自五月上旬起，改革委員會開始舉行排除理研職員的非正式會議，並對相關人士展開詢問，致力於獨立收集資訊。

前委員在採訪的最後，提到在改革委員會記者會上形容STAP問題是「世界三大造假事件之一」，並指出「舍恩事件對論文進行了嚴謹的驗證，黃禹錫事件也成為刑事案件並探究真相，只有STAP問題準備在真相未明的情況下落幕」。他接著補充：「我們唯一可以期待的是，理研的理事長是諾貝爾獎學者野依博士。如果事件在未究明全貌的情況下了結，將成為對諾貝爾獎的侮辱。我相信在全球矚目之下，理研不會繼續做出讓自己信用掃地的反應。」

根本記者在七月八日的早報，將竹市「刪除」的發言寫成了報導。根據根本記者的採訪，竹市承認說過這段發言，並說明「我雖然有意識到自己不應該刪改報告書，卻根據自己以正確為優先的判斷刪除了內容。有些部分也在日後向自我檢查驗證委員會的外部委員說明，並請他們重新調查」。另一方面，他也承認有部分證詞遭到埋沒。

負面連鎖反應引發的事件

六月下旬，我拜訪了某位ＣＤＢ出身的研究員，想詢問他對改革委員會建議的感想與反應。

「我認為提案非常合理。我想（ＣＤＢ）裡面的人會質疑為什麼，但是在全世界散播了這麼嚴重的假消息，只能負起責任了。」

儘管這名研究員肯定了改革委員會的方案，但他如此自然地使用「假消息」這個字眼，讓我內心有點驚訝。而對於海外的反應，他則表示：「日本生命科學領域的研究所，就只有ＣＤＢ在海外享有盛名。ＣＤＢ是日本研究所中最成功的案例。很多海外研究員都認為，只因為一個人犯錯就解散ＣＤＢ，未免也太誇張、太神經質了。因為國外也有許多造假案例，幹細胞領域也有許多無法複製的成果。話說回來，這次真的太嚴重了。」

關於ＳＴＡＰ問題的背景，他則提出以下觀點：

「儘管預算逐漸刪減，理研的條件依然遠比大學優渥。擔任幹部的教授們或許缺乏絕對的緊張感吧？」他說自己在大學的某位同事也曾冷冷地說：「他們只是欠缺緊張感，因為就算什麼都不做錢也會進來。」

即使如此，以笹井先生為首的共同作者們都相當優秀，為什麼在論文發表之前沒有發現問題呢？我提出了這個揮之不去的疑問。這名研究員對每一位共同作者做出如下分析。

「若山教授的專業領域不同，因此不懂分子生物學的數據，根本不會想到要從分子生物學的觀點來驗證小保方的實驗結果。笹井先生也一樣，這是我過去討論時的感覺，他在用多能性幹細胞製作神經方面是專家，卻對多能性幹細胞本身沒有興趣。也是因為如此，他恐怕沒有發現小保方的數據當中存在著不自然之處吧？再加上他想要與ｉＰＳ細胞競爭，因此有了先入為主的判斷，也缺乏想要驗證的意識。至於丹羽先生，基於與笹井先生的權力關係，只要笹井先生說好，他就無法表達任何意見。畢竟笹井先生相當強硬。」

他的這番分析，與我根據此前對各種相關人士的採訪所想像出的狀況幾乎一致。

那麼，為什麼不只錄用小保方的ＣＤＢ幹部，就連絕大多數的研究員在論文剛發表時，都相信了這是傑出的成果呢？這名研究員對此也闡述了明確的意見。

「畢竟（二〇〇七年問世的）山中（伸彌）教授的ｉＰＳ細胞，以當時的常識來看就令人難以置信，但卻是個輝煌的成果。所有科學家都大吃一驚，覺得竟然會有這種事情。所以這次也一樣，有種氛圍是：雖然匪夷所思，但就算發生了匪夷所思的事情也不奇怪。沒有人懷疑怎麼可能會有這種事。」

確實可能是如此。而且，如果沒有ｉＰＳ細胞研究，ＳＴＡＰ細胞或許也不會受到這麼多的矚目。由日本開發的新型萬能細胞，而且具有超越iPS細胞的可能，正因為有這樣的宣傳標語，媒體也才會大肆報導。我思索著各種負面的連鎖反應，離開了這名研究員的房間。

與竹市雅俊見面

隔天傍晚，我與專業編輯委員青野由利，一起在《每日新聞》東京本社的接待室與竹市主任見面。這次見面的契機始於先前的電子郵件往來。

正如我在前一章所寫的，根據對相關人士的採訪，若山教授在六月五日向理研的改革推進總部，報告委託第三方機構進行的STAP幹細胞分析結果時，竹市主任強烈反對公布。我再次詢問竹市主任反對的理由，以及對遠藤及若山的分析有什麼看法時，他仔細地回信說明。對於若山的分析，他承認「我想STAP幹細胞培養自ES細胞的嫌疑增加了」，但也給出如下的回覆：

「由於分析的細胞至今仍完全不知從何而來，我想除了發現了奇怪的事實之外，無法從這份資料得出任何明確的結論（如您所懷疑的，關於是否來自ES細胞等的結論）。為了導出最終結論，必須持續尋找來源細胞。我覺得為了得知真相，必須經過正確的驗證，了解當時到底是在什麼樣的情況下進行實驗。」

我再次詢問：「若山的分析結果顯示，論文中發表的ＳＴＡＰ幹細胞數據明顯並非來自於記載的小鼠。這個結果本身就已經有意義，等到找出由來再公布就太遲了。首先不是應該盡快公布分析結果嗎？」他淡淡地回答：「我想這是看法的不同。」

在遠藤的分析中，從ＳＴＡＰ細胞基因資料發現了八號染色體的三倍體，由此得知細胞並非來自活體小鼠，也判斷由ＳＴＡＰ細胞培養的「ＦＩ幹細胞」，其實是ＥＳ細胞等兩種細胞的混合物。對此，竹市承認「我想這是合理的說明」，但他的回答依然是「如果不確認資料的原始樣本到底是什麼，就無法做出綜合的結論」，「是否有造假行為，我無法判斷」。

經過這番問答之後，我試探著問「如果可以，我希望能夠當面談談」，而竹市主任也答應以「尊重彼此的見解為前提」與我見面。

在俯瞰皇居綠意的接待室，竹市主任首先反駁了對ＣＤＢ具有「隱蔽文化」的批評。

「如果是非常具有震撼力的研究，誰都不會在發表之前談論。這本身並不是一件需要被批評的事情。就當時的認知，小保方的研究使用非常簡單的技術，任何人都能立刻做到。所以每個人（幹部）心裡都認為平常盡量不要提及。這並不是組織在隱瞞什麼。」

另一方面，關於小保方成為研究小組負責人後，就連在所內的非公開討論會都不曾介紹過ＳＴＡＰ研究這點，竹市主任回顧道：「小保方沒有公開自己的研究主題就成為ＰＩ是一種非常strange（奇怪）的狀況。我雖然也覺得不太好，但因為很難判斷，所以就默許了。」

「您是否覺得當初應該做點什麼呢？」聽到專業編輯委員青野這麼問，竹市主任承認：「是啊，當初如果要求小保方以比平時更confidential（保密）的形式介紹，或許會比較好吧！」但他也補充：「不過，就算說了也不保證能夠發現不當研究行為。」

他說在面試小保方的時候，也沒有人質疑已經存在的ＳＴＡＰ研究主要實驗數據。

「不過，我們當然也討論過讓她一來就當上ＰＩ是否妥當。」

雖然也有人認為讓她當個研究員就可以了，但最後的結論是，如果要將小保方自己發現的ＳＴＡＰ細胞當成研究室的主題，還是讓她擔任ＰＩ比較好，規模小也無所謂。

改革委員會在建議中說明，研究小組負責人「相當於國立大學副教授」，竹市主任也反駁這點。研究小組分成兩種，一種是可在數理科學領域等進行小規模研究的主題，另一種則是甫萌芽的探索類主題，由尚且不夠成熟但前途可期的研究員主持，小保方即為後者的首例。「我們覺得如果單位裡有這樣的人應該會很有趣，因此抱持著承擔風險的覺悟讓她當上ＰＩ，也準備訓練她。我們原本就沒有打算選擇副教授級別的人。」

實際上，ＣＤＢ也分派了丹羽與笹井這兩名導師給小保方。據竹市主任說明，主要指導工作交由丹羽進行，因此小保方的研究室也設在丹羽研究室的隔壁。他原本委託笹井指導小保方撰寫論文，但就如自我檢查驗證委員會的報告書所指出的那樣，笹井對STAP論文的深入參與「超越了指導的範圍」，甚至成為第二篇STAP論文的責任作者。竹市主任也承認「導師與作者角色不清是一大問題」，但也坦言「是在看到論文的校樣稿時才知道」笹井成為了共同作者。

令人驚訝的是，竹市主任原本不知道小保方與若山教授不只投稿《自然》，還曾經投過《細胞》與《科學》。「這是作者們（小保方等人）所做的事情，我想就連笹井先生也不知道吧？我也是在（CDB的自我檢查）調查之後才得知。」

投稿一份期刊被退稿，和連續投稿三份期刊都被退稿，其意義是不同的。

「這麼重要的事情竟然沒有說……」我忍不住說出這句話，竹市主任也點頭道：「您說的沒錯，一般都會這麼想吧？（小保方）沒有明確報告這點，或許就是問題鬧大的其中一個原因。」

專業編輯委員青野問及他對改革委員會建議的看法時，竹市主任表示「我有很多想法，但如果反駁的方式不好，就會變成不知反省」。他也提到關於研究小組負責人定義的「誤解」等，他解釋：「解散是個非常重大的建議，既然說到了這個分上，就不能只是找我問兩次話，而是應該到研究所詢問大家，進行整體的調查不是嗎？我認為只因為STAP問題就解散很不合理。（建議書）裡面充滿了主觀推論，譬如『存在著想要超越ｉＰＳ細胞的動機』之類，也把成果主義寫得好像很糟，但ＣＤＢ想要做出成果是理所當然的吧。」

竹市主任表示，改革委員會在會議中「看了好幾次」自我檢查驗證委員會的報告書草案，也說「讓我最不滿的是，（改革委員會的報告書）引用了許多自我檢查報告書的內容。我覺得啦，如果要給出如此重大的建議，他們應該自己先做過調查」。

他說海外的研究員與研究機構，寄來了一百五十多封反對ＣＤＢ解散的信件。「內容基本上都認為論文造假固然有錯，但因為一起不當研究行為就解散整個研究機構，太不合理。日本有點偏離世界情勢。」

附帶一提，五月中旬曾聽說小保方列席驗證實驗，關於這點，大阪科學環境部根據對理研相關人士的採訪，於六月中旬將小保方出現在實驗現場寫成了報導。據說小保方從五月下旬開始，在承諾不直接經手實驗樣品的條件下，透過ＣＤＢ對實驗提供建議。小保方也展現了直接參與實驗的意願，代理人三木秀夫律師如此轉述小保方的話：「想要盡早尋找失散的孩子（ＳＴＡＰ細胞）。」

竹市主任也承認小保方的列席，「理事會也允許她提供建議，所以小保方在取得主治醫師許可時，會回來ＣＤＢ上班」，並表示「我非常清楚在未公開的階段，像這樣半吊子地讓她參與實驗並非良策，所以我希望盡快成立一個小保方正式參與的驗證團隊」。

由小保方本人操作驗證實驗一事，不僅獲得文部科學大臣下村博文的支持，理研的野依理事長也表示「如果不參加就無法得到結論」。雖然改革委員會也要求這麼做，但其用意是作為「論文驗證」的一環，以確認論文的記述有多少真實成分。

然而，隨著遠藤與若山的分析結果出爐，STAP細胞的可信度愈來愈低，質疑造假的聲浪也逐漸高漲，在這種情況下，竹市主任如何定位小保方參與的驗證實驗呢？

竹市主任表達了與郵件中相同的見解，「儘管疑點增加了，卻沒有致命的證據」，並表示「STAP作為自然現象究竟是否存在，我想再一次從零開始檢視」。

「我認為，在自然科學中即使是少數派的觀點，只要有任何一點可能，就應該不帶偏見地全面調查。所謂的少數派，或許在某個時代會非常辛苦，但也可能在下一個時代獲得盛開的成果。我們不能放棄這種立場。」

「您的意思是，為了驗證論文而進行實驗毫無意義嗎？」

「我在四月開始驗證實驗時，做夢也沒有想過這件事。改革委員會的聽證會上也有人問我為什麼不做（論文中的）畸胎瘤實驗，但我無法理解這個問題，所以完全雞同鴨講。」

「您是說，您在看了改革委員會的建議書後才意識到必要性嗎？」

「即使是現在，我心裡仍然抱持著莫名的排斥感。為什麼要這麼消極，有必要追溯每一個步驟嗎？身為研究人員，我希望能積極地往前看。」

「我原本也很想知道STAP現象是否存在，但現在更想找出真相。」我坦率說出這句話後，竹市主任莞爾一笑。

「之前在記者會上的表現，也非常清楚地展現出了這點。須田小姐您是『查明真相派』吧？」

「但我也不是從一開始就懷疑。我直到中途都認為這是論文上的錯誤，STAP本身是存在的。但是，我原本相信的部分已經瓦解了，如果現在問我最想知道什麼，那就是不當研究行為的全貌。不當行為從哪裡開始、又有哪些人參與其中呢。」

「我也非常想知道。到底是誰的錯呢？有人說這是小保方一個人的過錯，但我甚至懷疑真的是如此嗎？如果罪魁禍首另有其人，難道不是問題嗎？但如果把探究真相的任務全部推給研究員也說不過去……畢竟對於研究員而言，這沒有任何生產力。因為他們原本應該用來研究新事物的精力，現在卻要投入到過去的調查。我知道這很重要，但那也需要耗費龐大的金錢與勞力。」

我隱約可以理解竹市主任想說的話。的確，沒有什麼會比調查不當研究行為更讓研究員感到空虛了。另一方面，竹市主任也說明，除了驗證實驗之外，他們也正與理研共同擬定殘存樣本的分析計畫。當我得知現階段他們似乎也無意忽視「過去的驗證」後，稍微鬆了一口氣。

他拒絕提及小保方，表示「我不能談論對個人的評價」，只有稍微透露：「無論她說了什麼都沒有證據。如果有筆記的話，大可以用筆記來證明，但大家的證據似乎都在腦海裡。小保方到底是一個什麼樣的人，我至今仍完全搞不清楚。」

我的腦海中突然閃過一個想法，竹市主任想要透過驗證實驗確認的，或許不只STAP細胞，還有小保方這個人──

在將近三小時的會面中，竹市主任也簡單說明了如果小保方真的能夠參與驗證實驗，實驗將會如何實施。他們將透過攝影機嚴密監視實驗室，無論是房間門禁還是細胞培養裝置都將透過鑰匙嚴格管理，如果小保方在這些條件下培養出疑似STAP細胞的細胞，在竹市主任等人到場確認實驗內容後，下一階段的目標則是由理研成員與外部研究團隊複製實驗。

我在六月二十六日的早報上報導了這項計畫的摘要。不少研究員發聲，認為「如果STAP細胞顯然屬於捏造，就沒有必要這麼做」，而我自己原本也對五月時，悄悄讓小保方列席驗證實驗的事有些疑慮。報導也納入日本分子生物學會理事──大阪大學教授篠原彰的評論，他表示：「我很驚訝小保方已經列席，未公開的列席將損及公正性。首先應該公布驗證實驗的進度與小保方列席的原因。小保方也不應該在未確實說明論文疑點的情況下，就進到下一步直接參與實驗。」

論文終於撤回

「兩篇STAP論文將在下個月上旬同時撤回」。記者八田浩輔在六月下旬掌握到這則重要消息。不久之後，我也透過採訪對象得到了相同資訊。

我在採訪過程中得知，英國科學雜誌《自然》預計於七月三日號撤回論文。而就在我準備好預備稿，評估該在何時報導時，《日經新聞》在六月三十日早報發表了「本週內將撤回」的消息，《每日新聞》只好也緊急在晚報頭版頭條刊出包含撤回日期的報導。

「撤回論文代表研究成果一筆勾銷。不過，論文並不會從出版社與官方的科學論文資料庫中刪除，而是會附上撤回時間與理由，一起繼續留存。因此研究員都將撤回論文視為有損名譽的做法，想要盡量避免。」我針對撤回進行了上述說明，但某位讀了報導的研究員，透過電子郵件傳來了以下見解：

這次的撤回真的令人羞愧。不過，撤回論文也分成很多種，舉例來說，因為honest error（無心之過）而撤回，反倒屬於坦誠說明真相的狀況，應該獲得相對應的讚賞。我擔心撤回論文彷彿是被剝奪一切的論調，反而會提高撤回不當論文的門檻。（中略）撤回論文是科學中的重要element（要素），有時研究人員就算滿心苦澀卻也不得不為之，但依然屬於必要的過程，我認為必須推廣這樣的認知。

隔天早報列出了ＳＴＡＰ論文最新被指出的主要疑點一覽表，同時也說明了撤回論文的意義，以及理研在撤回之後仍須負起的責任。我在報導中寫道「『ＳＴＡＰ細胞是否曾經存在？』，解決社會的這個疑問是緊要的課題」，「徹底的『論文驗證』對於說明全貌也不可或缺」。

而在我寫撰寫這篇報導的六月三十日傍晚，理研發表了簡短新聞稿，題名為「理研對於ＳＴＡＰ細胞相關問題的回應」。

小保方正式參與驗證實驗

理研發表的內容有兩個項目。其一是小保方將正式參與驗證實驗，期限設定為從隔天七月一日起至十一月三十日止，共五個月的時間；其二是針對調查委員會結束調查後浮現的ＳＴＡＰ論文新疑點，將於六月三十日展開預備調查。隨著調查的展開，評估小保方等人該接受何種處分的懲戒委員會也將暫停審查。不過，此時並未針對為何允許小保方參與實驗、實驗手法是否如改革委員會所要求的，必須遵照論文內容進行等重要問題進行說明。

而小保方透過理研發表如下評論：「我由衷感謝能有機會在嚴格管理下進行實驗，我將會盡自己最大的努力，以所有人都能接受的形式，證明ＳＴＡＰ現象與ＳＴＡＰ細胞的存在。」

這份新聞稿雖然只有一張紙那麼簡短，我卻不斷重新閱讀「調查新疑點」的段落。回想起自己此前一再於報紙上強調重啟調查的必要，不禁萬分感慨。眾多嚴重的疑點並未被置之不理，而是進入到調查階段，暫且算是一件值得高興的事吧。

但另一方面，理研也以開始調查為由暫緩對小保方的處分，如果從帶有惡意的角度，也可理解為這是為了讓小保方參與驗證實驗的緩兵之計。因為小保方在懲戒處分後將如何參與實驗，無論對理研或文科省而言都是個頭痛的問題。事實上，野依理事長也在大約十天前接受媒體採訪時表示，「舉例來說，如果小保方接受了懲戒解雇之類的處分，就無法參與驗證實驗了」。

根據同事的採訪，某位文科省的幹部自吹自擂道：「包含暫停懲戒委員會在內，整體而言這樣的回應相當出色。」針對展開預備調查的理由，該幹部則表示：「這是因為科學界與改革委員會提出了各式各樣的指教。畢竟如果被質疑『ＳＴＡＰ細胞就是ＥＳ細胞吧』，也不能置之不理。（預備調查後）想必會成立調查委員會吧？」

七月二日上午，神戶市的ＣＤＢ前聚集了許多記者。上午十點五十分剛過，準備參與驗證實驗的小保方搭著計程車抵達時，響起了此起彼落的快門聲。這是小保方自四月九日的記者會後首度出現在媒體面前。她以便服的姿態現身，穿著白色帽Ｔ搭配灰色運動褲，綁了個馬尾，單從照片看起來，身形比記者會時更纖細。小保方沒有回答記者的問題，而是加快腳步走進建築物。

理研在這天公布驗證實驗的詳情，由ＣＤＢ的實驗統籌負責人，特別顧問相澤慎一在記者會上進行說明。根據大阪科學環境部記者齋藤廣子的採訪，丹羽等人的實驗室已經開始驗證實驗，因此他們在另一棟建築準備了新的實驗室。小保方將單獨進行實驗，驗證ＳＴＡＰ細胞是否可透過論文的手法重現。

實驗室的進出使用電子卡片管理，入口與內部設置二十四小時運作的監視錄影機，同時設置可上鎖的細胞培養裝置，並由理研外部的第三方人員見證。驗證項目包含證明所培養之細胞具備多能性的畸胎瘤實驗。原本丹羽等人在開始驗證實驗時，已經準備進行證明效力更高的嵌合鼠實驗，所以不需要製作畸胎瘤，此次是應改革委員會的要求實施。雖然期限設在十一月底，但也可根據相澤的判斷提早結束實驗。

相澤如此闡述實驗的意義：「這項計畫的目的是調查ＳＴＡＰ現象是否存在，至於驗證這個現象是否於論文投稿時存在並非我們的任務。」改革委員會雖然要求小保方親自複製實驗，但這是為了釐清「在論文投稿時小保方團隊是成功創造出ＳＴＡＰ現象，還是捏造出研究成果」。相澤的發言顯示，這項驗證計畫的目的並不符合改革委員會的建議。

對於小保方，相澤表示：「她目前實在不是能夠進行實驗的狀態。為了幫助她精神穩定地進入狀況，包含生活環境在內的考量是我們最大的課題。」儘管他承認小保方不時會來CDB提供建議，但也說：「即使得到了她的建議，現階段也沒有太大的幫助。我們並未獲得充分的資訊。」

撤回的理由

另一方面，英國科學雜誌《自然》在同一天宣布，將在七月三日的期刊上撤回兩篇STAP論文。這兩篇因「顛覆生物學常識」而受到全球矚目的論文，最終在發表五個月後歸零。

由多名作者所撰寫的撤回理由，兩篇論文都相同，除了已被認定為不當研究行為的兩個項目外，還列出下列五項「作者等人進一步發現的錯誤」。為了方便理解，我將原文意譯後介紹如下：

①第二篇論文「短文」中，以三種方式拍攝的嵌合鼠胎兒及胎盤照片被註記為來自ES細胞，但實際上應標明為來自STAP細胞。

②「主論文」與「短文」使用了相同的嵌合鼠胎兒照片，但其中一方的實驗條件

與說明不同。

③短文中利用長時間曝光、沒有拍攝到胎盤的那張照片，其實並非長時間曝光，而是經過數位處理。

④短文搞混了STAP細胞與ES細胞的基因分析結果。

⑤主論文的STAP幹細胞分析結果顯示，使細胞發光的基因所植入的位置，與若山教授提供用來製作STAP細胞的小鼠相比，植入位置不同。

該文作者們在撤回理由中除了針對錯誤致歉外，也表示「這許多的錯誤損及整體研究的可信度，導致我們很難懷著自信稱STAP幹細胞現象正確無誤」。令人印象深刻的一點是，說明中使用的並非「STAP現象」，而是「STAP幹細胞現象」。

某位相關人士透露，說明中原本是使用「STAP現象」，但為了促使先前反對撤回的哈佛大學教授查爾斯．維坎提同意，才改為「STAP幹細胞現象」。

此外，《自然》也發表了一篇檢討論文刊登經過的評論文章。文中坦承，無論是編輯還是審稿人都沒有發現論文的致命缺陷，顯示論文刊登手續存在疏漏，並表示將加強相關對策，增加刊登前的確認項目，以檢查論文是否存在造假圖像等問題。但該文並未提及編輯部的責任，強調論文的刊登原則上仍是基於對作者的信賴，並主張「有時也不可能發現圖片重複使用的情形」，強調編輯部的努力也有極限。

短文的責任作者笹井先生與若山教授，都分別針對撤回發表了評論。笹井先生的評論中也有這樣一句話：「現在很難毫無疑慮地討論ＳＴＡＰ現象整體的一致性。」先前笹井先生即使同意撤回論文，也固執地主張「ＳＴＡＰ現象是最有希望的假說」，就連他也終於改變了看法嗎？

《每日新聞》在頭版報導論文撤回的消息，社會版也從這天開始，分五回連載以「ＳＴＡＰ細胞研究回歸白紙」為題的系列文章。這是繼三月中旬的「ＳＴＡＰ細胞研究再陷風暴」（共三回），和四月上旬的「ＳＴＡＰ論文恐將崩毀」（共三回）後的第三次連載，對採訪小組而言，這是自二月以來的採訪集大成之作。第一回是改革委員會提出嚴厲建議的背景，第二回是理研調查委員會的內幕，敘述調查委員會儘管對於增加的疑點感到困惑，仍為了提防將來的訴訟風險而謹慎做出結論，第三回則是那些代表日本的研究員將小保方捧成「英雄」的經過。

ＣＤＢ計畫主持人高橋政代具名提出批判

自六月三十日的理研記者會之後，ＣＤＢ計畫主持人高橋政代在推特上掀起了波瀾。高橋正主持全球首例使用ｉＰＳ細胞治療眼部罕見疾病的臨床研究，如果快的話，全球首例的細胞移植手術將預定在夏天進行。

「我再也受不了理研的倫理觀了」，他在三十日發表這則推文後，又張貼了「對於尚未展開治療的患者，我將考慮停止治療」、「無論對患者還是對現場的工作人員來說，都不是能夠安心的環境」、「臨床風險應該做好萬全的管理，但在這種危險的狀況下，我無法承擔責任」，陸續發表的推文都透露出危機感。

其實我已經與高橋先生約好大約一週後在東京都內見面。這次的見面正是為了訪問他對於ＳＴＡＰ問題的見解，以及該問題對於臨床研究的影響，於是我立刻寫電子郵件給高橋先生，請求他提前接受採訪。「您是否能夠仔細談談推特上一連串發言的真正想法，並讓我寫成報導刊出呢？」到目前為止，ＣＤＢ內部對於理研回應ＳＴＡＰ問題的批判鮮少浮上檯面，如果高橋先生願意公開發言，其意義與影響都十分重大。

高橋的回信相當簡潔。「麻煩您了，我想時機已經成熟。」

其他媒體的約訪也蜂擁而至，在此情況下，我們有幸在七月三日晚上成為第一家採訪的媒體。不巧的是，我在前一天病倒，正在家裡休息。記者八田浩輔緊急替我趕往神戶，而我也透過Skype參加採訪。

「這不是能夠安心進行臨床研究的環境。多年以來，我一直繃緊神經避免引起風波，但現在卻遭受從旁而來的大浪波及。我希望這片海洋能夠恢復平靜。」高橋先生要求理研盡快解決問題。他直言，理研對於ＳＴＡＰ問題的回應「與醫院等機構的危機管理完全不同，速度太慢了。他們從一開始就該意識到這是一項重大問題」。

儘管他表示首例移植不會有任何改變，但也批評「以（理研）目前的狀況來看，萬一發生什麼事情，不可能回應社會」。針對推特上關於臨床研究的推文，他也解釋：「不是中止，而是覺得如果就這樣懷抱著不信任感進入臨床研究，是一件危險的事。」同時也表達出他的疑問：「我也搞不清楚（STAP細胞的）驗證實驗到底是為了什麼，說明不夠充分。」

文章發表於七月四日早報的社會版。社會大眾也高度關心高橋先生的發言，《每日新聞》在網路版刊登出訪談問答，獲得了不少點閱率。

針對新的疑點展開預備調查

附帶一提，論文的撤回理由與若山教授六月公布的STAP幹細胞分析結果，招來了一起風波。

若山公開表示，他委託第三方機構分析STAP幹細胞後發現，使細胞發出綠光的GFP基因，是植入到八株幹細胞的十五號染色體，這不僅與理論上應該用於STAP細胞製作的小鼠細胞不同，而且十五號染色體被植入GFP基因的小鼠，若山研究室也從來沒有飼養過。紙本的《自然》期刊的撤回理由也寫了這一項——「使用了若山研究室不曾飼養過的小鼠」，但網路版的撤回理由卻完全不同，寫的是「GFP基因的植入部位，與若山研究室飼養的小鼠及ＥＳ細胞一致」。

據若山所說，在《自然》雜誌的校樣修正期限過後，理研的高級研究員遠藤高帆指出，ＧＦＰ基因的植入位置很有可能不是十五號染色體。於是若山緊急委託編輯部修正，但這時卻與部分文章內容產生出入。

若山將準備好的小鼠寶寶交給小保方，再從小保方那裡收下由這些小鼠的細胞製成的ＳＴＡＰ細胞，培養出ＳＴＡＰ幹細胞。他說：「記者會的結論是『小保方（當成ＳＴＡＰ細胞）交回給我的細胞，與原本交給她的小鼠細胞不同』，關於這個部分沒有改變。之所以在修正撤回理由時沒有公布，是因為我們判斷，發表不精確的內容反而會引起混淆。詳情將會在釐清事實之後另行報告。」

分析出現錯誤，是因為植入了另一種意料之外的ＧＦＰ基因。原本預設植入的是使全身細胞發光的「ＣＡＧ－ＧＦＰ基因」，但使精子發光的「頂體酶ＧＦＰ基因」，也被植入到同一對染色體的其中一條上。雖然該染色體不是十五號，但頂體酶原本就存在於十五號染色體中，因此產生了誤解。

由於從未飼養在十五號染色體植入ＧＦＰ基因的小鼠，若山研究室當初才會發表言論，稱ＳＴＡＰ幹細胞來自「若山研究室未曾飼養過的小鼠」。但若山研究室其實曾飼養過一種小鼠，是在同一對的兩條染色體並排植入了「ＣＡＧ－ＧＦＰ」與「頂體酶ＧＦＰ」，他們還將這種小鼠與其他小鼠交配，製作出源自兩者所生小鼠的ＥＳ細胞。而這種小鼠的基因植入部位是否與ＳＴＡＰ細胞一致，今後也將會進行驗證。

在ＣＤＢ進行的驗證實驗也產生了同樣的誤解，若山教授與ＣＤＢ分別在七月二十二日發表對分析結果的修正。

向若山教授點出可能有誤的遠藤先生，在日後如此推測誤解的理由：「因為頂體酶存在於小鼠的十五號染色體，在調查ＧＦＰ基因周圍的序列時（如果發現頂體酶的序列），就可能會誤以為十五號染色體被植入了ＧＦＰ」。

也有人以這場混亂為由而懷疑若山教授，但分析本身由第三方機構進行，再加上ＣＤＢ也做出相同結果，若山教授對此深信不疑並將之公布也不無道理。甚至可以說，如果若山教授知道ＳＴＡＰ細胞的真面目，就不可能犯下這樣的錯誤。

若山教授為了製作ＳＴＡＰ細胞而交給小保方的小鼠，並未植入頂體酶ＧＦＰ基因。若山教授提供的小鼠，依然與製作ＳＴＡＰ幹細胞的小鼠不同，這一狀況與先前並無二致，謎團仍舊是謎團。

儘管發生了一些風波，但縱觀全局，對新疑點的預備調查也已展開，原本以為不當研究行為的全貌將會石沉大海，但現在揭露真相的大門終於打開。

另一方面，我們在這段時期除了採訪事態演變之外，也同時在分析某項獨家取得的資料。這是一份特別的資料，將揭露ＳＴＡＰ論文問世的祕密。

CHAPTER 10

過去未受重視的疑點

我們獨家取得過去投稿《科學》、《自然》等一流科學期刊，卻未獲得刊登的STAP論文審查資料。裡面並沒有「愚弄細胞生物學的歷史」的文字，而是指出了受到ES細胞污染的可能性。

取得解開不當行為之謎的資料

二〇一四年五月的某一天，我取得了一份非常渴望入手的資料。STAP論文在同年一月底發表於英國科學雜誌《自然》之前，曾經三度，將幾乎相同的內容投稿到包含《自然》在內的三家一流期刊，卻全都遭到退稿。那是一整份相關的資料文件，有包含已發表那篇在內共四篇的投稿論文，以及審查意見。

論文投稿到科學期刊後，編輯部通常會將審查工作，委託給二到三位在該論文領域已有成績的研究者。編輯部將根據審查者回饋的意見決定是否刊登。審查者的姓名不會公開，即使論文遭到退稿，也會將他們的評論發送給作者。這些評論通常不會被第三者看到。我自己也從未在過去的科學採訪中看過審查意見。

研究小組負責人小保方晴子在一月底發表論文的記者會上，提到她第一次投稿《自然》時的插曲，「其中一名審查委員嚴厲批評『你在愚弄細胞生物學』」。另一方面，我從一位熟知當時論文內容的相關人士口中得知「主要數據在首次投稿之後幾乎沒有改變」。此外，理化學研究所調查委員會的報告提到，過去的投稿論文也使用了被認定為不當的圖片。

《自然》為什麼會刊登曾被退稿的草率論文呢？反之，其他期刊又為什麼能夠逃過一劫呢？而「不當研究行為」又是從哪個階段開始的呢？這份資料中毫無疑問地應該含有解開這些謎團的線索。資料終於到手的那一天，我忍不住感到一種平靜的興奮。

然而，我在寫成報導時，立刻遇到了現實上的困難。那時正好呼籲撤回論文的動作逐漸活躍，對於遠藤與若山分析，以及理研改革委員會的採訪也漸入佳境。在這段期間，我光是追蹤事態令人眼花撩亂的發展就已經耗盡全力，要同時熟讀超過三百頁的專業英文資料，找出能夠寫成新聞報導的重點，實在不是一件容易的事。我向一起採訪分析的記者八田浩輔提議，決定首先分頭將審查資料翻譯成日文，同時也委託多名專家閱讀這份資料。

山中伸彌教授被排除於審查委員之外

在介紹審查內容之前，首先整理關於投稿的基本經過。

小保方等人陸續投稿知名的「三大科學期刊」，他們於二〇一二年四月向《自然》、同年六月向美國的《細胞》、七月向《科學》投稿。據相關人士透露，這三篇論文是由小保方撰寫，哈佛大學教授查爾斯．維坎提修改。三篇論文都由小保方擔任第一作者，共同作者除了維坎提教授、山梨大學教授若山照彥之外，還有東京女子醫大的大和雅之教授、維坎提研究室的小島宏司醫師、維坎提的弟弟馬丁．維坎提醫師。

經過三次退稿之後，笹井先生於二〇一二年十二月加入，與小保方一起致力於全面改寫論文。隔年三月，論文再度投稿《自然》。笹井先生是《自然》這種級別的一流期刊常客，在他的巧手之下這篇論文改頭換面，又加入審查者要求的追加實驗結果等內容，經過兩次修訂後，於十二月二十日被正式受理。

附帶一提，「STAP細胞」是在重新投稿《自然》時首度使用的名稱，最初投稿《科學》時則使用「Stress Altered Cells」（SA細胞）。癒傷組織指的是將胡蘿蔔等植物的細胞切碎，使用特殊培養液培養時，能夠產生變化，長出根、莖、葉等植物整體結構的細胞。後者SA細胞若直譯的話，應稱為「（因）刺激改變細胞」。《自然》用的是「Animal Callus Cells」（動物癒傷組織細胞），而投稿《細胞》與

話說回來，研究者雖然不能自行選擇審稿人，但如果無論如何都不希望由特定人士來審查自己的論文，卻可以事先告訴編輯。相關資料顯示，小保方等人投稿《細胞》時，要求將開發iPS細胞的京都大學教授山中伸彌，以及使用iPS細胞與ES細胞從事再生醫學研究的先驅者——美國麻省理工大學教授魯道夫．耶尼施排除於審查者之外。由此可知，她相當在意iPS細胞研究。

沒有發現「愚弄細胞生物學的歷史」這句評論

我閱讀三篇退稿論文的審查意見後，第一個感想是許多意見都寫得非常仔細。

舉例來說，第一次投稿《自然》時的第一位審查者，首先對論文的主張提出批判，認為「支持結論的數據與說明都充滿推論色彩也不夠完備」，並表示「很遺憾，我不建議就這樣將論文發表」，接下來列出多達二十三項針對個別圖表的問題、疑點與改善建議。奇怪的是，我在兩名審查者的意見中，都找不到小保方所說的「愚弄細胞生物學的歷史」這句話。

「倘若沒有更可信且經過正確驗證的追加實驗結果，我們沒有信心在《細胞》上介紹這篇論文。」《細胞》的第二位審查者得出這番結論，還列出九項「為評論研究是否妥當所必須釐清的觀點」以及十一項詳細疑點，同時在後者中給予了「應該參考最新文獻」的建議，並介紹了幾份文獻。

接下來我發現到，在下一次的投稿當中，幾乎看不到採用這些意見的跡象。換句話說，不管投稿幾次，都會再度獲得類似的建議。我很在意這點，於是詢問一位年輕研究者，想知道通常會如何看待退稿論文的審查意見，而他回答我：「由於是知名研究者指出的問題，所以會誠摯接受，就算被退稿也會全部讀過並增補修正。這是因為不管你重新投稿到哪一份科學期刊，都很有可能遇到同一名審查者。」

此外，「有很多文句語意不清或是錯誤」（來自《自然》審查者）這類批評論文的結構與文筆拙劣、單字錯誤、圖片標示不完善等基礎問題的意見也相當醒目。舉例來說，審查者指出在呈現特定基因發現量的柱狀圖中，沒有標示實驗結果的偏差或誤差範圍等的I字記號（也就是誤差線），需要補充實驗次數與誤差範圍等資訊。

我們最關心的是，有不少意見從根本上懷疑「全新萬能性細胞」是否存在，暗示將其他現象誤認的可能，或是提到當作根據的數據與其分析不夠充分。

《自然》的第一位審查者認為「初始化頂多只是可能性之一」，並對其與細胞因受到刺激而產生癌變之間的關聯表達出興趣。《細胞》的第二位審查者則說「無法排除培養時出現非預期假象（實驗出錯或對其他現象的誤判）的可能」，暗示可能受到了其他細胞污染。他還表示這與近期的一項成果報告一致，該報告稱腦腫瘤幹細胞在經過酸處理後，細胞內與Ｏｃｔ４等多能性相關的多個基因就會開始活化。

《科學》雜誌的第二位審查者表示，「我們不能完全排除極少量存在於生物體中的多能性幹細胞，因受到刺激而選擇性增生的可能」，並推測年輕小鼠脾臟中所含的「造血幹細胞」或許對刺激做出了反應。

展現懷疑態度的則是《科學》的第一位審查者。「我懷疑可能是以下兩個過程所產生的假象」，他推測細胞之所以會發出綠光，是因為細胞在受到刺激或是逐漸死亡時，為了讓細胞發光而嵌入的ＧＦＰ基因具有更容易運作的傾向，所以才發生此一現象，而後存活下來的細胞之所以會形成團塊，則是在實驗室當中受到ＥＳ細胞污染。

在疑點發現後不久，可能遭到ＥＳ細胞污染的傳言便沸沸揚揚，而正如同我們前面已經介紹過的，根據理研高級研究員遠藤高帆所做的公開資料分析，至少在分析基因資料時的「STAP細胞」很有可能就是ES細胞。令我驚訝的是，作者們在二〇一二年的時候就已經收到過相同意見。

同一名審稿人也注意到其他資料的不自然之處。

舉例來說，論文主張脾臟以外的所有小鼠組織細胞，都會在相同濃度的弱酸性溶液中初始化，他批判這樣的主張「太離奇」，並要求詳細列出各細胞的變化與培養條件。而就如同理研調查委員所透露的，發現電泳圖有經過剪貼的狀況，並注意到「一般來說會在不同實驗所獲得的泳道兩旁加入白線」的也是這名審查者。他也指出部分電泳數據「不自然」。

看過審查資料的理研調查委員會前委員，在接受特派組長清水健二採訪時表示：「我想一般人在看到審查者於《科學》中提出的意見，都會感受到科學生涯的危機，並且會驚慌地思考『該如何解開誤會』。我很難理解（第一作者）小保方如何看待這個問題。」

然而，根據調查委員會的說法，當事人小保方對於《科學》的審查評論卻是如此說明：「審稿人並未徹查，故不了解論文的具體內容。」共同作者若山教授也提到，他從未收到小保方投稿《科學》的論文圖表，因此對於審查者針對圖表剪貼的意見也表示「我沒有看到圖，所以不清楚」。

《自然》的編輯在強烈疑點被指出時的變化

那麼，重新投稿《自然》時，又受到怎麼樣的審查呢？

重新投稿的論文分成「主論文」與「短文」兩個部分。主論文的主旨與先前投稿的論文幾乎相同。全新撰寫的短文，則介紹了ＳＴＡＰ細胞也能分化成胎盤的特性，以及由ＳＴＡＰ細胞培養的兩種幹細胞——非常類似ＥＳ細胞的ＳＴＡＰ幹細胞、也能分化成胎盤的ＦＩ幹細胞。刊登版的論文中，也在主論文描述了ＳＴＡＰ幹細胞的培養，但二〇一三年三月投稿的論文中並沒有相關內容，根據ＣＤＢ的自我檢查報告書，這是在「最後階段」才加入的內容。

首先引起我注意的是《自然》編輯的意見變化。

第一次投稿時，編輯以平淡的文字傳達「論文無法刊登」，與之相較，再度投稿時則表現出極大的興趣，大力建議在六個月內進行追加實驗並修訂，同時提到「請務必讓我們拜讀修訂版的原稿」。某位大學教授讀到編輯的反應大感驚訝：「這樣的反應幾乎可說是狂熱，與第一次投稿時截然不同。」

另一方面，儘管審查者讚揚「這是直擊發育生物學與幹細胞生物學轉換的發現」、「值得一提的發現」等，卻也指出許多問題與疑點。

審稿人數多了一位，變成三位，但第一位審稿者很明顯與第一次投稿時是同一人。

因為他對於主論文的第一句意見完全相同，也多次出現同樣的語句。第一次投稿時的回覆找不到任何正面意見，但再度投稿時則出現了「非常耐人尋味，具有劃時代發現的潛力」等語句，至於「支持結論的數據與說明都帶有推論色彩也不夠完備」的意見，也稍微緩和，變成「支持結論的數據與說明稍微帶有推論色彩，部分案例則不夠完備」。

相同的成員或許也審查了短文，第一位審查者在給予短文的意見最後，提出了這樣的觀點——作者主張STAP細胞可望成為次世代再生醫療的材料，但兩篇論文中都沒有任何與ES細胞或iPS細胞進行比較，評估STAP細胞作為材料品質的實驗。如果沒有基因層級的詳細分析，我不建議刊登這篇論文。雖然我並不懷疑目前的資料，但若將實驗過程概括來看，操作方法「就像魔術（magical）一樣」。

三人的評語就和過去的投稿論文一樣，也提出了以下疑問，這些都與論文發表後浮現的疑點相同：

- 以顯微鏡拍攝STAP細胞形成過程的影片（活細胞即時影像）中，發出綠光的細胞「看起來不正常，其中一個看起來像是在崩解」。
- 多張圖表中沒有誤差線。
- 由STAP細胞培養而來，也能分化為胎盤的FI幹細胞，可能已被ES細胞污染。

●在培養細胞時，將細胞置於弱酸性狀態並不罕見，在生物體內也會在泌尿道等環境中暴露於相同程度的弱酸（為什麼初始化只發生在ＳＴＡＰ現象）。

這是繼《科學》的審查後，第二次被指出培養過程中混入ＥＳ細胞的可能性。此外，刊登出來的論文圖表雖然附上了誤差線，但多張圖表的誤差線卻被指出並不自然。

為什麼ＳＴＡＰ細胞是「團塊」？

第二與第三位審查者提出了一個共同要求。那就是應該以單一細胞，而非以「團塊」的形態，來確認ＳＴＡＰ細胞的性質並展現其萬能性。

在論文中，總是以團塊形態的ＳＴＡＰ細胞來調查細胞性質，在製作嵌合鼠等證明多能性的實驗中，也因為使用分開的細胞無法順利進行，而直接將團塊狀細胞注入受精卵內。審查者指出「這麼一來，我們就無從得知單一ＳＴＡＰ細胞是否具備同時分化成胎兒與胎盤的能力」，也「無法充分證明是否真的具有多能性」。因為團塊中說不定混合了只能形成胎兒的細胞與只能形成胎盤的細胞。

由於在ＳＴＡＰ細胞中，也發現了淋巴球Ｔ細胞特有的基因標記（ＴＣＲ重組），因此顯示成熟體細胞受刺激而變化的電泳實驗結果，也被指出「可能有混入原始Ｔ細胞」等問題。

過去的三次投稿也被多次指摘，由於ＳＴＡＰ細胞總是以團塊形態進行實驗，而非單一細胞的形態，因此無法釐清原始細胞是什麼，也不足以作為萬能性的證明。

小保方等人在收到審查意見後展開追加實驗，但主要是ＳＴＡＰ細胞與ＳＴＡＰ幹細胞的基因分析，沒有以單一細胞重新進行證明萬能性實驗的跡象。正如第八章所述，基因資料在論文發表後公開，而遠藤透過分析發現了許多問題。

此外，基因分析總共使用三種方法進行，分別是ＤＮＡ分析與兩種類型的ＲＮＡ分析。據專家表示，理論上只有其中一種ＲＮＡ分析可就單一細胞層級進行分析。從ＳＴＡＰ細胞的資料中檢測出ＥＳ細胞特有的染色體異常，正是這種ＲＮＡ分析的結果。

閱讀了這些資料以後，東京大學表觀遺傳疾病研究中心教授白髭克彥表示：「審查者的要求方式相當強烈，作者本身想必也知道，為了證明ＳＴＡＰ細胞真的是多能性細胞，就必須以單一細胞的形態進行實驗。如果他們認為這是世紀大發現，更是需要嚴謹地釐清事實。論文在中心命題未被解決的情況下通過，讓我相當驚訝。」

七月五日，我們在早報頭版刊登了根據審查資料撰寫的獨家新聞，並在該報導的第一段，提到《科學》在審查時曾指出受到ＥＳ細胞污染可能一事。

該報導的解說則談到，三份期刊的審查意見幾乎網羅了論文發表後專家們討論的科學疑點，也介紹了單一細胞問題。同時還列出了白髭教授的見解：「發表此論文的《自然》的審查者也提出了懷疑的看法，給我的印象是編輯（想要刊登）的判斷相當強烈地運作。」

遭到刪除的不利數據

距離我們收到這份資料已經超過一個月了。雖然資料得以寫成報導讓我暫時鬆了一口氣，但我認為從這份資料中應該還能找出其他教訓。

我反覆查看翻譯成日文的四次審查意見，注意到一件事。第一次投稿《自然》，以及投稿《細胞》和《科學》時，幾乎所有審查者都指出的一個問題，只有在第二次投稿《自然》時，不知為何都看不到。那就是被點出的柱狀圖問題，該圖展示了將小鼠細胞浸入弱酸性溶液刺激後，Ｏｃｔ４等多組多能性指標基因在細胞內活躍的狀況。若將酸處理的日子設定為第零天，各基因活性的柱狀圖都在第三天、第七天成長，到第七天時可以發現，其活性與作為比較對象的ＥＳ細胞幾乎不相上下。然而到了第十天和第十四天，基因群的活性就會逐漸下降。

「為什麼活性在第七天達到頂峰，而後逐漸下降呢？」「這是因為獲得多能性只是暫時的現象嗎？」第一次投稿《自然》時，兩位審查者都提出了這個疑問。《細胞》的三位審查者也都提及這點。其中一人批評「這項研究的最大缺點，就是絕大多數的數據

2014年7月5日《每日新聞》早報頭版（東京本社最終版）

分析都不夠充分，也缺乏說明」，而他首先舉出的具體例子就是這張圖表。「第十天和第十四天的基因發現量明顯減少，可能代表動物癒傷組織細胞（即STAP細胞）在長期培養後失去其性質，或是轉變為其他細胞，但作者群卻沒有注意到這點。」《科學》雜誌的一名審查者也同樣注意到這一點。

為什麼只有在第二次投稿《自然》時，沒有相同的意見呢？我比對圖表之後終於找到原因了。再投稿版的論文中，刪除了同一張圖表中第十天以後的數據，也就是基因活性衰退的部分。論文和報紙一樣版面有限。從實驗資料中取捨應該列出的數據時，刪除不必要的資料這一行為本身與竄改不同，不能說是不當行為。但這張圖的修改，不就存在著在第二次投稿《自然》時，刻意刪除「不利資料」的可能嗎。

某位生命科學領域的研究人員認同道「我想就是這樣」，並對刪除表達理解：「畢竟實驗資料不會全部都對自己『有利』，或多或少也會做出一些不利的結果。」

另一方面，熟悉ES細胞等萬能細胞的京都大學教授中辻憲夫，則提出了以下見解：「如果多能性基因的活性減弱，也可以解釋為這樣的初始化是暫時且不完全的。這個數據的有無，將可能改變對於論文結論的判斷或印象。換句話說，刪除這份數據恐怕會誤導科學的理解與考察，身為科學家，我認為這個數據處理並不妥當。」事實上，中辻教授表示，他在第一次閱讀發表的論文時，以為多能性基因的發現在第十天之後當然仍保持在高水準。

另一位專家則注意到，在圖表中顯示增減的基因之一Oct4，也掌管自我複製能力。ES細胞等其他「多能性幹細胞」，同時具備了變化成各種細胞的多能性，以及幾乎能夠無限增加的自我複製能力。然而，STAP細胞雖然具備多能性，卻沒有自我複製能力。「多能性與自我複製能力雖然定義不同，實際上卻無法成為完全獨立的現象。STAP細胞只表現出其中一種性質，審查者絕對會感到奇怪。考慮到多能性基因的活性在第七天後下降，而且STAP細胞是無法增加的細胞，我認為初始化不完全是相當準確的推論。」

「是不是想太多了呢？」

笹井先生與小保方一起製作了第二次投稿時的論文，因此我寄了一封郵件給他，詢問他更改圖表的經過及理由。

「我只聽說她在投稿《自然》之後，也把論文投稿到《細胞》與《科學》，但論文遭到退稿，完全沒有受到矚目，而無論是這三篇論文還是審稿人的意見，我都沒有讀過。至於第十天、第十四天的發現云云，我也是第一次聽說。」我首先收到這樣的回覆。

確實，CDB自我檢查驗證委員會的報告顯示，小保方在《科學》退回論文後著手修訂，而笹井是參考她修訂後的草稿（二〇一二年十二月十一日版本）來撰寫STAP論文。但他沒有讀過任何審稿意見的說法，很不自然。

於是我再度詢問如下：

換句話說，這是否意味著笹井先生您從未看過先前退稿時的審稿意見，而小保方也沒有將如此重要的資訊提供給您呢？

您不覺得至少會想看看第一次投稿《自然》時的意見嗎？

另外，若您完全不知情，這就表示刪除圖中第十天之後的數據是小保方自己的判斷。前三次投稿時，幾乎所有審查者都給予小保方相同的意見，但她三次都毫無防備地持續以相同圖表投稿，考慮到這點，刪除數據顯得有些不自然。

這是否意味著她直到第四次投稿，才終於發現第十天後的數據有問題呢？

我立刻就收到笹井先生相當仔細的回覆。他首先表示「一般來說，閱讀滿是批判的審稿意見也不會有太大收穫」，接著坦承從當時任職副主任的西川伸一的話來看，他認為「論文的writing品質低落，很有可能論證邏輯前後並未一致」，所以就沒有去讀審稿意見。他接著繼續寫道：

我沒有讀過，所以不予置評，但也不覺得您所指出的圖表變更有這麼重大的意義。ＳＴＡＰ細胞與ＳＴＡＰ幹細胞不同，幾乎不會增殖，因此儘管在第七天時狀態良好，但超過此時間後，持續過長時間的培養依舊有其極限。因此，第十天到第十四天左右的基因發現屬於「細胞開始減少的時期」，多能性標記（作為指標的基因）逐漸減少也就不足為奇了。分析該階段的細胞狀態意義不大，所以才在大量發現的第七天進行了其他分析，或許只有這個意義吧？

反過來說，論文中的其他ＳＴＡＰ細胞分析，也幾乎都使用第七天的樣本，就是因為這個時間點的基因分析最有用，我不覺得論文有必要特別列出第十～十四天的基因發現。尤其所謂的「特意刪除」一說，是不是想太多了呢？

第二次，也就是本次投稿《自然》的論文，追加了遠比第一次更多的資料。反過來說，圖表的版面空間有限，如果不「刪除」並非不可或缺的資料，版面就會容納不下。資料若非必要，刪除時也就沒有什麼想法，如果覺得其中存在著特殊理由，似乎太過疑神疑鬼了。

我也透過代理律師詢問小保方類似的問題，卻沒有收到回應。

我們根據笹井先生的回答與專家的意見進行多次討論，決定寫成報導。雖然不能說是不當行為，但從一連串的審查意見來看，我們依然認為這是關乎ＳＴＡＰ現象本質的重要科學問題，同時也是作者群如何看待審查意見的象徵性案例。

關於TCR重組的恣意操作

話說回來，關於論文的寫作過程，我還有另一個在意的問題。那是我在五月拿到CDB自我檢查驗證委員會的報告書草案時，比起小保方不尋常的聘雇過程或笹井的壟斷研究，第一個注意到的部分，內容是關於T細胞這種淋巴球細胞特有的基因標記（TCR重組）。

TCR重組是STAP細胞源自於成熟體細胞（T細胞）的證據，也就是基因上的標記。如同第二章所介紹的，三月發表整理STAP細胞製作方法的指南時，內容不經意地提到，由STAP細胞培養的STAP幹細胞並沒有這項標記，使得專家陸續提出疑問。

報告書草案平淡地交代了以下經過，但未作任何解釋：

小保方雖然於二〇一二年中左右，在若山研究室報告說STAP細胞團塊、以及部分STAP幹細胞帶有標記（TCR重組），但日後再度調查經過反覆繼代培養的八株STAP幹細胞時，就沒有看到標記了。

丹羽在二〇一三年一月加入論文寫作時，首先詢問了標記的有無。他得知STAP幹細胞中沒有發現標記後，向已經知道這項事實的笹井表示，他對於論文中是否應包含TCR重組的資料抱持著「謹慎的意見」。

但笹井卻將其解釋成：有標記的細胞在長期培養中消失了。主論文收錄了STAP細胞團塊存在標記的實驗結果，沒有記載關於STAP幹細胞的結果。

二〇一四年三月報告的指南，則「應笹井先生的要求」，記載了STAP幹細胞沒有發現TCR重組的結果。

換句話說，笹井在主論文中不顧丹羽的忠告，寫下了關於STAP細胞TCR重組的內容，卻在製作指南時，要求丹羽收錄絕對會招來疑問的資訊。有鑑於丹羽是指南的責任作者，笹井的行為多少顯得有些不合理。

由外部專家組成的理研改革委員會並沒有忽視此一事實。改革委員會在報告中指出：「笹井先生時常在《自然》等頂尖期刊發表論文，但對他來說理應抱持懷疑的問題，卻在STAP研究中發生了。」

大阪大學的醫學倫理領域教授加藤和人曾研究發育生物學，也是CDB自我檢查驗證委員會外部委員，他表示：「只要是具備極普通的生物學知識的研究者，都必然會知道這是最重要的關鍵。STAP幹細胞明明沒有發現TCR重組，為什麼還能做出如此大張旗鼓的主張呢？真是不可思議。」

東京大學的白髭教授也這麼評論：「（重新投稿《自然》的論文中）沒有列出作為多能性指標的基因圖表中可能不利的部分，也沒有記載ＳＴＡＰ幹細胞並未發現ＴＣＲ重組，如果將這些事實如實寫出，論文還能獲得刊登嗎？故意隱瞞可能顛覆論文結論的資料，是違反研究倫理的行為。」

「不管說什麼都沒有意義了」

我再次詢問笹井先生以下兩點：

- 您是否確認了部分ＳＴＡＰ幹細胞在長期培養前確實具有標記呢？
- 《自然》論文中刊登了一張電泳圖，顯示含有ＳＴＡＰ細胞的細胞團塊擁有標記，但這可能是ＳＴＡＰ細胞以外的細胞重組，或許稱不上是T細胞初始化的證據。我還是認為，有必要確認由單一細胞培養的ＳＴＡＰ幹細胞是否具有標記，您現在對此有何看法？

笹井先生在詳細的答覆中承認討論不夠充分，同時也表達了反省。

關於ＳＴＡＰ幹細胞的ＴＣＲ重組在長期培養中逐漸消失的解釋，我只有與丹羽及小保方在口頭上稍微討論過，討論本身的內容也只是依稀記得。因此很遺憾，無論是重組消失的資料還是留下來的資料，我都沒有看到。

我當時或許覺得，標記存在過一段時期才是重點，對此我很後悔，現在回想起來，應該事先確認這些資料的。另一方面，ＳＴＡＰ細胞轉換為ＳＴＡＰ幹細胞時，ＴＣＲ經過重組的「分化程度較高的細胞」也很有可能出現負面偏差（如未分化轉換或增殖等）。但我認為討論應該更加謹慎一點。

笹井先生進一步說明：

「即使在混合了各種來源細胞的ＳＴＡＰ細胞中發現標記，也不能百分百否定受到其他細胞污染的可能，這樣的說法嚴格來說確實成立。這項實驗結果在論文中原本就只是一個旁證，必須結合ＳＴＡＰ細胞生成時的影像，以及ＳＴＡＰ細胞不會增殖的特性等其他證據，才能說多能性細胞是全新生成的細胞，而不是從原本就存在於生物體內的未分化細胞中被『挑選出來』的。」

我從寫在信件最後的一句話中，感受到某種對笹井先生而言不尋常的無奈。

「不過，這些討論終究需要參考原始論文的其他資料，既然論文都已經撤回，我想不管說什麼都沒有意義了。」

現在回想起來，三月上旬指南發表時，丹羽對採訪的回應也令人費解。自我檢查驗證委員會的報告顯示，丹羽相當重視STAP幹細胞中沒有標記這點，但他卻在指南發表後的採訪中，解釋說這不是個重要的問題。

我採納丹羽的說明，建議主編不需在當天的報導中提到專家的質疑。雖然最後還是在四月上旬的報導中寫出，但或許我應該更早報導的。雖然事到如今才感到後悔，但我也同時深刻感受到自己身為科學記者的不成熟。

「就像是碰巧走過朽木架成的橋」

我們在七月二十一日早報頭版左上方的次要位置，報導了作為多能性指標的基因增減圖的問題，並在刊登於當天報紙三版的第一篇總結報導中，以「輕視審查意見」為標題，探討這篇粗糙到可在科學史上記下一筆的論文獲得刊登的背景。

第二篇總結報導主要根據記者八田的採訪，介紹論文審查的現況。

審查者原則上是沒有酬勞的志願者。由於全世界的投稿數量急遽增加，在這種情況下維持審查品質逐漸成為課題。舉例來說，在化學領域赫赫有名的《應用化學》（*Angewandte Chemie*），每年委託五千多人審查兩萬八千八百次，約有二百三十人每月需審查一篇以上的論文。該期刊的主編在二〇一三年的社論中指出，審查者的負擔加重將導致「拒絕審查或個別審查品質低落」。某位隸屬於美國研究機構的日籍研究者也在採訪中哀號：「每個月大約有十篇的審查委託，實在忙不過來。」

《自然》在發表撤回論文當期的社論中解釋：「無論是編輯還是審查者，都很難看穿論文中存在致命問題。審查者只能基於對論文內容的信任，提出嚴格意見。」

然而我心中逐漸深信，即使所有資料都正確，這篇論文的內容原本也不足以登上像《自然》這樣的一流期刊，更不值得理研大肆發表。因為細胞只能以團塊形態評估，STAP細胞的由來與性質都模糊不清，而且問題直到最後都無法澄清，審查者最大的質疑依然存在。這篇論文主張「成熟的體細胞因刺激而初始化，形成新的萬能細胞」，但即便從其他的意見來看，我也不再相信有令人信服的充分證據能夠為此背書。

某位受託徹查審查資料的專家言詞辛辣地道：「由於習慣投稿一流雜誌，在幹細胞領域也具備公信力的笹井先生及丹羽先生加入作者，STAP論文才首次具備科學論文的形式，編輯也無法做出明智的判斷了吧。這就像是大家走過由朽木架成的橋，只不過是碰巧橋沒有斷掉罷了。」

CHAPTER 11

笹井之死與CDB「解散」

八月五日，笹井自殺的消息傳來。現在回想起來，我對STAP細胞的採訪就始於笹井先生的一句話。在那之後，我從笹井先生那裡收到了約四十封郵件。最後一封是回答關於審查資料的問題，收到的時間大約是在他去世的三週前。

早大調查委員會「不符合撤銷博士學位的條件」

那時我們正在準備基於審查資料，撰寫第二篇報導。

二〇一四年七月十七日，早稻田大學發表了研究小組負責人小保方晴子的博士論文調查結果。STAP論文中有四張圖片來自小保方的博士論文，使得這篇論文因此而受到矚目，而這篇論文也浮現出多處疑點，例如約有二十頁，相當於全體五分之一的篇幅，直接謄寫（也就是「複製貼上」）了美國國家衛生研究院網站上的文章等。早大因此在三月底成立了調查委員會。

小保方於二〇一一年三月取得早大授予的博士學位，同年四月加入理研CDB擔任客座研究員。她的博士論文題目是〈探索源自於三胚層組織的共通萬能性成體幹細胞〉。論文介紹，從小鼠體內採集直徑六微米以下的「小細胞」後，由此種「小細胞」形成的球狀細胞塊「球體」具有萬能性。第一章是整理研究背景的序章，第二到四章所彙整的研究成果，則幾乎與小保方和美國哈佛大學教授維坎提等人合著，並刊登於美國科學期刊《組織工程學A》的論文幾乎相同。第五章是與若山照彥教授的共同研究，內容是製作源自於球體的嵌合鼠。

附帶一提，小保方表達了她自己獨特的觀點，即她認為球體細胞「也是STAP細胞」。然而球體只是從生物體內採集的細胞，STAP細胞卻是在生物體外對細胞施加刺激而新生出的細胞。單憑論文內容來看，兩者並不相同。

記者會並未發下調查報告書的全文，會長小林英明律師僅就短短五頁的摘要進行說明，主要內容如下：

調查委員會認定

● 多達約四千五百字的序章是從ＮＩＨ網站「複製貼上」。

● 記錄引用文獻的第二至第五章參考文獻，是從其他文獻「複製貼上」。

● 其中一張圖（Figure.10），包含至少從兩家企業網站轉載的圖片。

……以上等十一項，為侵犯版權以及混淆來源的行為（也就是所謂的抄襲）。至於被判斷為「雖不適切但非不當行為」的部分，則包括了意義不明的陳述（二處）、論旨不明確的陳述（五處）、與《組織工程學Ａ》論文不一致的部分（五處）、論文格式上的缺陷（三處）——總共多達二十六處問題。

但調查委員會也認定，作為博士論文依據的實驗確實進行過。

另一方面，小保方主張，成為調查對象的裝訂版博士論文是「撰文初期階段的草稿」，並提出另一份博士論文，表示「這才是當時準備作為完成版繳交的版本」。調查委員會雖然不認為這份論文與真正要提交的最終版博士論文相同，卻也接受了小保方搞錯版本的主張。至於真正的博士論文，在參考文獻方面沒有問題，也未出現有問題的圖片（Figure.10），因此判斷這幾處是「過失」而非不當研究行為，從十一項侵權行為中排除以上幾點之後，餘下六項仍被判斷為不當行為。

但調查委員會認為，這些不當行為「並未對博士學位的授予產生重大影響」。他們判斷，這不符合「發現以不當方法取得博士學位的事實」這項撤銷博士學位的條件。

另一方面，對於論文的指導與審查體制，調查委員會也表示「論文內容的可信度與妥當程度顯著低落，若非審查體制有重大缺失，小保方根本不可能獲得博士學位」，嚴厲批判校方，並指出擔任其指導教授及主考官的早大教授常田聰等人「責任重大」。

小林會長在最後直言：「還想請各位注意，之所以判斷不符合撤銷博士學位條件，是因為早大的規定如此，絕非問題不嚴重。」並且宣讀結論：「學位一旦授予，想要撤銷就不容易。學位授予就是如此重大的一件事情。在早稻田大學參與學位審查的人，必須充分意識到這份重責大任。」

提出前更新的論文檔案

六項不當行為（即抄襲）中的一項是篇幅佔全體五分之一的文章。調查委員會做出「不符合撤銷博士學位條件」的判斷，我想驚訝的不是只有我而已。

美國媒體《華爾街日報》在二〇一四年三月中旬報導，有關二〇一一年二月由小保方提交，後收藏於國會圖書館的裝訂本博士論文，小保方本人在回覆採訪的郵件中解釋：「那並非通過審查的版本，而是不小心將草稿階段的論文裝訂保留下來了。」當時我簡直不敢相信，甚至連記者八田浩輔也懷疑「這真的是小保方寫的電子郵件嗎？」沒想到當時認為「怎麼可能」的事情，現在竟然被認定為事實……

所幸我得以在記者會的問答時間第一個發問。

「既然委員會接受小保方『弄錯』的說明，那麼她提出的真正的博士論文，是在什麼時候，以什麼形式提出的呢？」

小林會長回答：「在五月二十七日以郵寄方式提出。」

「是列印成紙本的形式嗎？」

「是的。」

「我想若以電腦文件檔案的形式提出，就能知道最後一次修改的時間，委員會並未如此要求嗎？」

「我們一開始就要求她以檔案的方式提出，但小保方遲遲不答應，直到五月二十七日才終於寄來紙本論文。」

「這代表可以合理懷疑以檔案形式提出有什麼不利之處吧？既然接受小保方的主張，我認為這部分也應該確認過才對。」

「我們一直都要求小保方提交檔案，在開聽證會前也再次要求過。而最後我們在六月二十二日開了聽證會，當時也詢問她『是否能夠直接給我們檔案』，但她還是沒有寄來。接著到了六月二十四日，她透過律師以電子郵件的形式寄來了一份Word文件。我們立刻分析檔案，發現在寄來前才剛修改過。在聽證會上，我們曾詢問她某些沒有記載的部分，她似乎在寄來之前針對這些問題進行修改，所以最後一次更新歷史紀錄是在當天的大約一小時前。因此我們再度詢問她，是否在其他地方保留了未經更新的檔案，但小保方說『檔案總是在更新，因此沒有留下』。所以檔案不能作為證據，我們也感到很遺憾。」

「更早之前的更新歷史紀錄呢？」

「呈現無法分析的狀態。」

小保方在獲得博士學位三年多後，將持續更新到寄出前的檔案作為「原本打算繳交的博士論文」提出給調查委員會，她的大膽自不用說，但調查委員會在無法確認「真正的博士論文」是否真實存在的情況下，接受小保方「弄錯」的主張，這樣的判斷也令人感到驚訝與疑惑。

「忙於照顧生病的母親」

接著我也問到如何確定實驗真實存在，結果發現，小保方一方提出了包含哈佛時代在內的部分筆記，而委員會看過後「基於心證認為她的供述是真實的」，卻未確認各個實驗的相關描述。

小林會長表示，六月提出的「博士論文」中，序章的文字與插圖依然幾乎是複製美國國家衛生研究院的網站。

「小保方如何解釋這件事？」

「嗯，她的話語中透露出，她原本以為這樣的事情是被允許的。」

透過隨後的問答也發現，身為副審查員與第二到第四章研究的實質指導者，美國哈佛大學教授查爾斯．維坎提卻沒有接受問話，由此可知調查可能不夠充分。在疑點發現後，維坎提教授接受英國科學期刊採訪表示「沒有讀過論文」，顯現學位審查機制的鬆散。

接著召開記者會的早稻田大學校長鎌田薰表明，校內將開始檢討該如何處理小保方的博士論文與博士學位，並稱：「論文被指出這麼多的問題，除了（依照大學校規）有根據地撤銷博士學位，也會考慮重新審查、撤回論文等措施。因為擁有最終決定權的是校長，我希望能根據報告討論出最佳解決方案。」

《每日新聞》在隔天早報社會版報導了調查委員會的結論。記者八田在評論中指出「調查委員會認定的事實仍留有疑問」。依調查委員會判斷，第一章的「複製貼上」不足以對博士學位的授予產生重大影響，他對此寫道：「如果早大在承認如此大規模『抄襲』的情況下依然保留其博士學位，那麼早大在國內外的信用與權威將會掃地吧！」

他也提到，與小保方同樣在早大先進理工學研究科獲得學位的博士論文，亦在網路上被接連指出可能有抄襲等嫌疑，並認為「早大校長鎌田薰雖然在記者會中否認，但無可避免地，這些狀況被懷疑可能影響了此次調查的結論」。

根據大阪科學環境部記者畠山哲郎的採訪，小保方在隔天十八日，透過代理人三木秀夫律師發表了「我將嚴肅地接受這些嚴厲指責，並進行反省」的回應。據三木律師所說，他與小保方通電話時，她似乎因為博士學位不至於被撤銷而鬆了一口氣。

早大於十九日，在網路上公開了記者會當天隱藏的調查報告書全文。其中並未揭露小林會長以外的調查委員姓名，內容也有一部分被塗黑。

記者大場愛將新發現的內容寫成報導，例如常田教授在小保方提出草稿前，約有兩個月都未對她進行個別指導的情狀。報告書嚴厲點名常田教授等人的責任，稱「如果給予適當指導，就有機會寫出值得博士學位的論文」。同時也發現論文中共有四十二處錯字、漏字、英文拼寫錯誤等問題，還有過去未曾聽說過的事實——小保方在撰寫博士論文時正忙於「照顧罹患重病的母親」，這件事也為小保方弄錯版本的主張背書。

「作為概念圖使用」的解釋似曾相識

我繼續閱讀報告書，注意到了小保方對於圖10（Figure.10）的說明。圖10出現在裝訂好的博士論文中，但六月提出的那一版論文中卻沒有此圖。

這張圖顯示，來自小鼠骨髓細胞的球體在試管內分化成各種細胞（可歸類為外胚層、中胚層、內胚層這三種胚層[9]），並作為小保方的實驗結果刊登於論文中。但顯示分化結果的三張圖像中，有兩張是未經許可從不同生技公司的網站上轉載而來，另一張也被強烈懷疑是從某處轉載的。這張圖不只有抄襲問題，甚至讓人不禁懷疑起實驗的真實與否。

根據報告書，小保方解釋她使用這張圖是「作為概念圖的範例」，以展示「細胞培養的結果，分化成具有屬於三胚層的各組織特徵的細胞」，並表示「我無意作為實驗資料使用」。這段似曾相識的敘述讓我相當驚訝。

小保方在互相報告最新研究成果的若山研究室進度報告中，將理應無關的博士論文圖片當成簡報資料使用，後來該圖片也被轉載到ＳＴＡＰ論文裡，並且被認定為「造

9 編註：為構成動物早期胚胎的細胞層，在正常發育中，各胚層會分化為不同的組織和器官。

假」。四月的記者會上，當我詢問小保方為什麼會在報告資料中使用博士論文圖片，小保方說那並非特定的實驗結果，而是作為概念圖使用。這次的解釋與當時雷同，真的只是巧合嗎？

調查委員會的報告引發了相關人士的質疑與憤怒。記者會當天，我收到了彷彿能夠聽見嘆息聲的郵件，有位年輕研究者說「我非常生氣，簡直令人傻眼」，理研改革委員會的前委員也表示：「這種時候到底該拿他們怎麼辦才好呢？」

早大先進理工學研究科的有志者也在七月二十五日發表意見，認為報告書讓令人感到「強烈的不合理與困惑」。他們針對報告書沒有提及《組織工程學A》論文的數據竄改嫌疑，以及接受小保方「弄錯」應裝訂論文的說法等，共六項問題提出質疑。

史無前例的「緩撤銷」

接下來，我也想介紹早稻田大學總部在收到調查委員會報告後，所得出的結論。早大在二〇一四年十月七日，發表撤銷小保方博士學位的決定。但基於審查存在缺陷，校方責任重大，若是論文能夠在今後一年左右進行修正，即可保留學位。這是史無前例的「緩撤銷」裁定。

常田教授被停職一個月，而副審查員中，早大教授武岡真司遭到申誡處分，鎌田校長則負起管理責任，自願返還五個月份的兩成主管加給津貼。

這就是早大所做的判斷。校方雖然基於調查委員會的報告，接受小保方將未完成的「草稿」誤當成博士論文繳交的主張，但由於小保方明顯輕忽身為研究者應該清楚的基本注意義務，因此被認定符合早大校規中，「透過不當方式獲取學位的事實」的撤銷博士學位要件。

另一方面，校方認為小保方隸屬的先進理工學研究科，在指導及審查過程有重大疏漏與缺陷，因此要求他們在緩撤銷期間，必須對小保方進行博士論文的指導及研究倫理的重新教育，讓她修正論文，學位只有在她無法修正論文的情況下才會撤銷。

研究員之間也一直有個聲音認為，若不是早稻田大學沒有對小保方貫徹實驗筆記撰寫方法等基礎教育，也沒有仔細審查博士論文就授予她博士學位，就不會發生ＳＴＡＰ問題了。在記者會的問答時間，也有記者詢問「早大在一連串ＳＴＡＰ問題中的責任」，但鎌田校長明確表示「我們不認為這篇學位論文對ＳＴＡＰ問題本身帶來多少直接影響」。

被問及「讓小保方以配得上博士學位的身分畢業，對此的責任（您怎麼想）呢？」他也閃爍其詞：「我認為這是評價實際研究狀況的問題。如果前提是研究結果完全不存在，全部都是虛構的，現在校方就不會採取這樣的處置。若您的問題包含這個含義，我們並不這麼想。」

根據大阪科學環境部記者吉田卓矢的採訪，對早大的回應，小保方當天透過三木律師表示「為校方相關人員帶來困擾，非常抱歉。我會遵循校長的判斷」。她也表達意願，將在STAP細胞複製實驗告一段落後，於一年的緩撤銷期間完成論文並再度繳交。

小保方的博士學位實質上暫時獲得了保留，但早大距離恢復信譽則還有很長的路要走。專長為科學技術社會論的東京工業大學副教授調麻佐志表示：「雖然考慮到指導存在瑕疵本身沒有錯，但這並不構成不撤銷博士學位的理由。沒有讓她學到配得上博士學位的能力，卻依然保留她的學位，即使是對小保方來說也不是善盡責任的表現。我覺得早大的理論有點勉強，看起來甚至像是在尋找妥協點。」

理研慢半拍的對應

接著，距離二〇一四年七月的早大調查委員會記者會大約一週後，理研理事川合真紀（研究負責人）接受了各媒體的個別採訪。各家媒體在理研調查委員會發表最終報告後提出了採訪要求，理研直到這時才終於給出回應。我與大場記者一起前往位於埼玉縣和光市的理研總部。

我曾多次在記者會上見到川合理事，但這是第一次直接訪問她。我想藉著這個難得的機會，問清楚理研至今為止的處理為何如此難以理解。「政代先生指出了許多問題，讓我深刻感受到說明方式不佳。請容我稍作整理後再發表。」

川合理事做出了這樣的開場白。ＣＤＢ計畫負責人高橋政代在七月初針對理研的方針發表批判，她藉此機會詢問了高橋先生的意見。

川合理事所強調的是，理研正在進行包含ＳＴＡＰ研究殘存樣本分析在內的「科學驗證」。「自三月中旬以來，小保方研究室所保管的樣本、實驗空間，全部依照（ＣＤＢ中心主任）竹市教授的命令妥善保存起來。」然而，調查委員會在二月中旬成立，小保方研究室卻在三月十四日才關閉。據說小保方等人直到前一天都還能自由進出，可以說反應實在太慢了。

六月三十日之所以會針對新的疑點展開初步調查，也是因為遠藤及若山的分析結果，川合理事解釋：「我們認為自五月中旬以後，幾項涉入不當且應視為調查對象的科學疑點逐漸浮現出來，於是立即評估是否該發起（第二次的）調查委員會。」川合理事也表示，他們也已要求「第三方」驗證遠藤的分析結果。而當時的採訪也已經掌握到，某位研究者在川合理事的委託下進行了與遠藤相同的分析。

川合理事的這番說明彷彿在說「我們把該做的事都做好了」，但我對這樣的說明並不滿意。畢竟儘管改革委員會再三要求重新調查論文，理研不都以「論文有撤回的準備」為由不斷拒絕嗎？

其實我已經取得存放在小保方研究室冷凍庫的樣本清單與照片了。根據這份資料，除了容器上標著「ＦＬＳ」（ＳＴＡＰ幹細胞）與「ＳＴＡＰ」等字樣，明顯屬於ＳＴＡＰ研究殘存樣本的樣本之外，冷凍庫裡還有許多ＥＳ細胞及凍結的小鼠。

「理研在記者會的提問時間，一直未針對殘存樣本的分析給予明確答覆，甚至連保留多少樣本都沒有列出清單，對於以何者為對象、進行什麼樣的分析也沒有公布。」

「由於樣本可能會被提交到下一次的不當行為調查，目前無法明確回答是否能夠公布其全貌。實際上，樣本清單直到最近才整理齊全。因為有些樣本只有小保方才知道是什麼。現在正請專家研擬架構，釐清該調查什麼以及如何調查。」

在採訪中也得知，ＣＤＢ早在遠藤與若山的分析之前，就已經在調查所有圖片時發現嚴重問題，例如短文的嵌合鼠圖片疑點等。

「我認為那些也是非常重要的疑點，但理研並未將其視為重啟調查的契機嗎？」

「我已經說明過，論文的疑點在第一次的調查委員會就大致徹查過，因此我們認為這個範圍首先屬於第一階段。至於短文的圖片，則在若山教授的調查之下逐漸發現疑點，最後導致論文撤回，而他那份報告書已經先提交給調查委員會過目了，我想目前正在評估當中。」

正如第七章所介紹，關於ＣＤＢ調查所有圖片的內部報告書共有兩份，我兩份都已經取得，並在五月下旬寫成報導。川合理事在五月的記者會上甚至不承認理研調查了所有圖片，但這時卻乾脆地承認「透過竹市主任取得了（報告書）」。她說調查委員會兩份都看過，這倒是我們第一次聽說。川合理事儘管聲明調查委員會的討論「或許不正確」，依然表示「我想他們做出了不列入這次調查對象的判斷，因此就這樣被擱置了」。

至於為什麼調查委員會的調查對象只有六件，特派組長清水健二採訪了前調查委員，並於論文撤回後的「遭到撤回的ＳＴＡＰ論文」系列報導做出總結。主要理由包括：有些委員在調查中發現了新的疑點，但無法確保能夠得到小保方的積極配合，委員感受到社會大眾要求盡早得出結論的沉重負擔，意識到「不能花太多時間」；此外，調查委員的結論直接關係到相關人士的懲戒處分，甚至可能走上法庭，因此對於不當行為的認定不得不謹慎。

根據清水組長的採訪，調查委員會雖然在五月七日駁回小保方的申訴並結束調查，但向理研理事會報告時，其中一名委員針對新的疑點也提出「應自行調查」的要求。川合理事也承認：「我們收到務必進一步調查的請求，將會認真看待。」

為什麼從收到請求到開始新的初步調查，需要花費將近兩個月的時間呢？儘管對此還沒有令人滿意的解釋，但川合理事表示，理研今後的方針將是進行殘存樣本的科學驗證，鎖定在初步調查階段幾乎可確定是不當行為的項目，最後啟動正式調查。但她也表示，倘若進入正式調查，「理研內部完全沒有」可成為調查委員的人選，即使正從外部延攬人選，她依然透露出苦惱的樣子。

「為什麼沒有看出問題呢？」

我提出了長久以來的疑問。

「理研總部在剛開始調查時曾表示『不影響論文根基的部分』，這句話讓我印象深刻。當時為什麼會這麼說呢？」

「當然是因為相信了那些人的眼光啊。畢竟是CDB的主任與研究組長。他們是了不起的研究者，至今應該見識過各種研究，也經歷過多次失敗。我原本以為沒有什麼能夠逃過他們的眼睛。為什麼沒有看出問題呢？我至今仍感到不可思議。」

川合理事如此說明，然後加上一句：「這也是因為大家都太過自信了。」

對於STAP問題的解決，她表示「我想在本年度內做出結論」，而由於改革委員會提出的「交棒」要求，她也針對自己的下一步表示：「大家都認為自己主動退下是美談，但老實說這是逃避責任。我希望做到最後並接受判斷，如果還是不行，我也甘於接受結果。」對於同樣被改革委員會要求「適當且嚴厲的處分」的竹市主任與CDB副主任笹井芳樹，她則是這麼說的：

「我聽到有人在問笹井先生為什麼不辭職。我們並沒有要求他辭職，甚至請他為了接受懲戒結果而不要辭職。竹市主任也曾透露，發生這樣的事情之後他實在無法繼續做下去，想要請辭，但我請他千萬別這麼想。這是應該確實接受懲戒的事，我們不能允許擅自逃跑。……因此，或許這會讓笹井先生和竹市主任有點難受，但這就是我們的方針。」

就在我結束訪問，準備離開房間時，川合理事問我：「您是怎麼看待第一場記者會的？」

「我很興奮，覺得太厲害了。結果完全被騙了。」我忍不住說出了真心話，川合理事答道：「是啊，我們在大約一週前得知這項研究結果時，也是這麼想的。」接下來這段話就很耐人尋味了。

「我有一件事情很後悔，那就是我曾說過，背景說明交給笹井先生應該會比較好。我對這句話非常後悔。畢竟背景說明之類的對她（小保方）來說太勉強了。我聽到笹井先生的說明時，就覺得啊，真是淺顯易懂呢……」

根據同事的採訪，就在一月份論文發表前，野依理事長在理研總部見到了小保方，並對周圍下達「保護她」的指示。這場大型記者會在笹井先生主導之下準備，當天也在笹井先生主持之下進行，給我的感覺是，這果然在相當大的程度上反映了理研總部的想法。

「這不禁讓人懷疑整個研究或許都是虛構的吧？」日本學術會議的會長大西隆在七

月二十五日發表聲明，要求理研無論驗證實驗的結果為何，都必須基於對保存樣本的調查揭露不當行為的全貌，並根據結果對相關人士進行處分。「虛構」一詞已經不再讓我覺得奇怪了，但一想到日本科學家的代表機構竟然走到了要使用這個詞彙的地步，就不禁感慨萬千。

笹井芳樹自殺

八月五日上午十點多，我一上班就發現氣氛與平日不同，凝重異常。我看向坐在晚報值班主編辦公桌前的西川拓主編，與他眼神相對。

「笹井先生去世了。」

「誒……？」

剎那間，我的腦袋一片空白。

笹井先生在上午八點四十分左右被人發現，地點是ＣＤＢ附近的先端醫療中心內，被發現時呈現上吊的狀態。特派組長清水向我簡短說明，但聽起來非常不真實。

「有誰可以詢問詳細狀況嗎？」被這麼詢問之後，我列出了能夠想到的名字。我茫然地坐到辦公桌前，還來不及多想就展開電話採訪。

我第一個打電話的對象是前副主任西川伸一。

「我現在在歐洲，時間是凌晨三點，我也剛被叫起來。」

他說自己才剛接到理研的聯絡。

「既然您接到了通知……那個……」

我已經很久沒有這種連問題都無法好好說出口的經驗了。

「我無可奉告。」

西川先生打斷了我的問題，不斷重複同樣的話。

「那個……您是否察覺到什麼徵兆呢？」我好不容易擠出了一個問題，他回答：「畢竟我已經很久沒有看到他了。我們最後一次見面是在三月。」

電話不到兩分鐘就掛斷了。我不知道電話那頭近乎冷淡的無情回應，是不是為了壓抑心慌。

接著，我打電話給京都大學教授齋藤通紀，他曾在CDB工作，是笹井先生的前同事。

「目前正在急救吧？」

他急忙問我，當我告訴他已經接獲死亡的消息，他幾乎說不出話來：「這樣嗎……我不敢相信。」

他說自己曾在二月中旬發送郵件給笹井先生，表達對於STAP論文影像疑點的擔憂，當時笹井先生還在回信中表示：「不是什麼大問題，等事情平息下來再慢慢討論吧！」

「笹井先生的研究能力出類拔萃，這已經是大家公認的。所以大家都對這次的問題十分驚訝。總之該說是遺憾嗎，我忍不住覺得，早知道會是這樣的結果，是否有辦法做些什麼來預防。」

齋藤教授擠出了這句話。

就在我準備繼續電話採訪時，接到通知，理研公關室長加賀屋悟將在下午於文科省召開記者會。我急忙將齋藤教授的評論寫成稿子，與八田記者及攝影記者一同匆匆趕往文科省。正當我們準備離開時，長尾真輔部長叫住我：「我想你應該很難過，但還是要聽仔細。」

我懷著一種不真實的心情抵達會場，等待記者會開始的空檔，我在電腦上回顧了這半年來與笹井先生的郵件往來。

回想起來，我對ＳＴＡＰ的採訪，就始於笹井先生那封寫著「須田女士『絕對』不能錯過」，邀請我參加一月份記者會的電子郵件。在那之後我大約收到了四十封郵件。最後一封的日期是七月十四日。他在回覆有關審查資料的問題時，於結尾寫下：「既然（論文）都已經撤回，我想不管說什麼都沒有意義了。」

雖然他再三拒絕當面採訪的要求，也從來不接電話，但透過電子郵件的詢問幾乎是有問必答。有時候也有彷彿透露心聲的文字。三月二十九日郵件中，他補充說明寫道：

「您說的應該沒錯，這次的事件確實對我的研究生涯造成嚴重打擊。（中略）這個打擊或許嚴重到日後也無法挽回。」我當時雖然為笹井先生感到擔憂與痛心，但怎麼也想像不到等待他的竟然是這樣一場悲劇。我反覆讀著這句話，淚水模糊了視線。

《每日新聞》在八月五日晚報頭條報導了笹井先生自殺的消息。兵庫縣警方表示，笹井死於先端醫療中心研究大樓四樓和五樓之間的樓梯間，研究大樓透過連通道與CDB相連。他在被人發現後，被送到神戶市立醫療中心中央市民醫院，並在上午十一點零三分由該院確認死亡。根據理研的說法，上午九點前他被發現時，趕往現場的先端醫療中心醫師就表示「他已經死亡」。享年五十二歲。他身穿短袖襯衫與西裝褲，樓梯間擺著皮鞋與包包。據調查相關人員表示，包包裡放著寫給理研幹部與小保方等人的三封遺書。

笹井先生在一九六二年出生於兵庫縣。一九八六年從京都大學醫學院畢業，年僅三十六歲就當上京都大學教授。他在二〇〇〇年理研CDB成立之際就加入，並於二〇一三年就任副主任。在使用ES細胞製作視網膜與神經細胞的研究領域，他有著領先世界的地位，並有多篇論文發表於一流期刊上。

他還做出許多與再生醫療應用相關的重要成果。例如全球首例運用iPS細胞治療眼部惡疾的臨床研究，以及可望成為「下一個」治療對象的神經系統頑疾帕金森氏症，在治療這兩種疾病時需要移植的細胞，也都與笹井先生所開發的，透過iPS細胞等萬能細胞誘導的方法有關。

我從二〇〇六年春天被分配到科學環境部以來，曾多次採訪笹井先生。他操著一口輕快的關西腔，談話內容流暢又幽默風趣，樂在其中地接受採訪，我們聊到超過時間是常有的事。即使談論的是最先進的研究話題，他也不會使用太多艱澀的專業術語，讓人感受到毫不做作的體貼。對我來說，他是一位充滿魅力的研究學者，讓我感受到科學的精髓與深奧。

最令我印象深刻的是二〇一二年秋天，京都大學山中伸彌教授獲得諾貝爾生理醫學獎的採訪。笹井說，他是與山中教授共同獲獎的英國劍橋大學榮譽教授約翰．戈登的「徒孫」，他一邊在白板上畫圖，一邊仔細解說戈登的研究實績，以及戈登研究室所培養出的傑出研究陣容。他生動解說的表情，充滿了對戈登博士的敬愛之情。對一名科學記者來說，那是一段奢侈的無上時光。

選擇CDB作為最終歸宿

加賀屋公關室長的記者會從下午一點五十分開始。

加賀屋室長表示，笹井先生最近身心俱疲，雖然健康管理人員與人事負責人一直都在注意他的狀況，但包含電子郵件的回覆狀況在內，「他的表現都與平常不同」。他表示，來自各方的採訪邀約也都是在笹井的要求下予以回絕，而笹井在三月左右住院了大約一個月。但是，公關室「並未掌握」笹井最近的回診狀況、辭職意向以及遺書內容，至於預定在近期發表初步報告的驗證實驗，加賀屋室長也答說「我想笹井先生應該不知道進度如何」。

關於被撤回的STAP論文，除了調查委員會最初認定為不當研究行為的兩個項目之外，也已經展開其他疑點的預備調查。既然熟知論文撰寫詳情及經過的笹井先生已經死亡，恐將難以揭開不當研究行為的全貌，針對預備調查中斷或推遲的可能性，加賀屋室長表示：「我認為會產生影響，但我們將根據有關專家的意見做出決定。」

「您是否認為這種狀況是延後處分所造成的？」面對八田記者的問題，他答道「我想這也是一個可能原因」，並表示今後將調查自殺與職務的因果關係。當被問及接獲死訊的感受，他一臉沉痛地說：「我感到非常震驚，相當遺憾且悲傷。」

現場記者也紛紛詢問了小保方的狀況。加賀屋表明，小保方當天也到了CDB上班：「所內有兩名值得信賴的工作人員從旁支持她。因為她的精神受到了極大打擊，如果有必要，我們也考慮由臨床心理師等專業人員提供照顧。」

記者會結束後，我回到辦公室繼續電話採訪。

「理研的處理還是太過粗糙了吧。我一直很擔心，害怕他會不會哪一天就上吊了……我很後悔，當初我是不是可以再多做點什麼呢。」笹井先生的一位友人表達了這樣的遺憾。

據這名友人表示，他覺得笹井在四月的記者會前情緒最為低落，「那是我最擔心他的時候」。笹井在當時向他透露「我想召開記者會，但理研遲遲不同意」。笹井先生也在寄給我的郵件中寫道：「理研的訊息傳播太過謹慎，因此速度太慢，導致了不必要的臆測蔓延。為什麼會陷入這樣的負面循環呢？我不禁感到悲傷……」（寫於三月十一日），以及「在調查委員會結束之前什麼都不能說的鬱悶，在這一個月來一直壓在心上」（寫於三月十五日）。記者會結束之後，笹井看起來似乎平靜了一些，但那之後他也「有時樂觀有時悲觀」，情緒搖擺不定。

這名友人接著說：「但他最近終於下定決心，開始處理善後事宜。」他告訴笹井研究室的成員自己準備關閉研究室，請他們尋找新的工作，至於由他自己擔任負責人的多項國家級再生醫療相關計畫，他也開始著手負責人交接的準備。

「他淡淡地處理這些事情，但現在回想起來，他或許覺得這些還是自己的責任，應該確實完成，才努力善後的吧。理研最後也沒有要求他辭職，只是拖拖拉拉地繼續這種模稜兩可的狀態。這樣也很可憐。就算他想要換單位，也動不了不是嗎？」友人嘆了一口氣。

為什麼笹井先生會選擇他工作的先端醫療中心作為最後的歸宿呢？這名友人似乎也和我一樣在意這一點。

「他會選擇那裡而不是自己家，或許是某種訊息吧。原因之一是他對ＣＤＢ還是有感情的。他之所以會這麼拚命，不單單只是為了自己，我想很大一部分也是為了ＣＤＢ，所以他或許想把那裡當成自己的最後歸宿。」

「很不甘心，真的很不甘心」

《每日新聞》在隔天八月六日的早報報導了笹井先生的遺書內容，以及對他的驟逝大感震驚的相關人士發言。

五日下午於神戶市的ＣＤＢ接受媒體採訪時，竹市雅俊主任如此哀悼：「我非常震驚。沒有他就沒有ＣＤＢ。他以這種方式離開，我感到萬分悲痛。」「從二〇〇〇年開始，我們一起建立了ＣＤＢ。他擁有出色的企劃力，ＣＤＢ現在執行的許多想法都是笹井先生所創造的。」

竹市還透露，笹井曾在三月向他請辭副主任一職，以及他在大約十天前，從研究室相關人員口中得知笹井的健康狀況正在惡化。他說：「我們當時剛與他的家人取得聯絡，討論休養與治療事宜。」

竹市推測「這對他而言是非常痛苦的狀況。懲戒處分也沒有下來，我想他走投無路了」，也表示如果問題的全貌與笹井的處境能夠更明確的話，「不就可以看清楚該怎麼做了嗎？」接著又說：「真希望他可以再稍微撐一下。」

某位精通研究倫理的私立大學教授分析：「沒有任何相關人員願意正面處理問題，所以遲遲無法做出結論。主要作者並未全面承認錯誤。如果理研能夠掌握更多主導權，責任的所在也會更加明確。」擔任改革委員會會長的東京大學榮譽教授岸輝雄則相當憤慨：「如果理研聽從改革委員會的建議，迅速撤換笹井副主任，讓他專心從事研究，或許就不會出現這種不幸的結果了。正因為他是一名優秀的領導者，理研才不願意放手吧，但回應建議的速度太慢正是問題。」

關於笹井友人口中的「善後事宜」，透過大阪記者齋藤廣子的採訪也可得知詳情。笹井從大約兩個月前就開始幫研究室的成員尋找新工作，同時，為了讓他們更容易轉換研究室，還要求他們將研究整理成論文，準備在研討會上發表。

遺書的概要也已經清楚了。根據《每日新聞》對相關人士的採訪，包包裡的三封遺書分別寫給小保方、CDB高層以及研究室成員。三封遺書都是使用電腦製作，並裝在信封裡。

寫給小保方的遺書只有一張。他在遺書中先表明「壓力已經超過我的極限，精神上疲憊不堪」，並以道歉開場稱「請原諒我拋下一切」，接著也提到與小保方一起做STAP研究的時光，說「事態演變至此真的很遺憾，但這不是你的錯」，留下為小保方辯解的話語。遺書結尾則寫著「請絕對要將STAP細胞複製出來」，顯現了他對驗證實驗的期待，並以「請讓實驗成功，步上新的人生」的激勵話語做結。

此外，根據大阪科學環境部採訪小保方的研究員友人得知，他在五日上午打電話給小保方時，小保方痛哭到說不出話來。她說自己已經接到笹井自殺的消息，知道了這件事情。這名友人表示「她似乎覺得自己責任重大」。

我在這天的報紙上發表了一篇報導，摘錄了笹井先生郵件中的一些話。在此之前，除了對科學部分的回答之外，我一直避免將郵件的內容寫成報導。但既然現在笹井先生已經過世，我覺得自己身為記者，有責任傳達他的一些想法。

報導內容主要是笹井在三月時對STAP細胞存在表達的信心，以及他始終為小保方辯護的態度。永山悅子主編一邊修改原稿一邊嘀咕：「很不甘心，真的很不甘心。」

笹井之死是否無可避免

受到重大衝擊的不只小保方。相關人士指出，若山在五日得知笹井的死訊後非常震驚，渾身止不住顫抖，連話都說不清楚。這名相關人士表示「若山教授似乎相當內疚，他認為如果自己沒有（為了證明STAP細胞的萬能性）製作嵌合鼠，就不會把笹井先生捲進來」。

理研在七日發表聲明，對於無法阻止笹井自殺感到「極為遺憾」。

十二日，笹井家屬的代理律師在大阪召開記者會，發表他寫給家屬的遺書概要。根據大阪記者畠山哲郎的採訪，遺書是寫給他的妻子與哥哥，都是「感謝至今為止的照顧」、「抱歉我先走一步」等內容。關於自殺的理由，他則寫道「由於受到媒體等的不當抨擊，以及對理研與研究室的責任，我已經精疲力盡了」。

家屬告訴律師：「（笹井先生）大概從今年三月開始就感到心力交瘁。六月份得到解散中心的建議時，他受到相當大的打擊，把他的精神逼到極限，最後導致這次的事件。」

笹井之死難道就無法避免嗎？尤其是聽到從去世十天前開始他的健康狀況明顯惡化時，我實在忍不住這麼想。連某位對笹井抱持批判態度的相關人士也寄來一封隱含憤怒的電子郵件：「笹井先生這次的行動顯然可以預見，疏於應對的CDB責任重大。」很明顯地，理研在二月之後持續慢半拍的被動應對，導致了懲戒處分等問題遲遲無法解決，因此我認為理研總部也有相當大的責任。

當然，想必沒有任何一位相關人士會希望笹井先生死亡。但那些為了保護笹井先生而採取的方針，在某些方面或許也適得其反了。我愈想愈是無奈。

而他寫給小保方的遺書中，那句「請絕對要將STAP細胞複製出來」也留下了謎團。如果這句話是真的，就意味著笹井先生直到最後都堅信STAP細胞存在。

笹井確實在四月份的記者會上主張STAP現象是「最有力的假說」。但是六月份時，堪稱致命的遠藤與若山分析結果陸續揭曉，七月上旬論文被撤回時笹井也留下評論，表示「現在很難毫無疑慮地討論ＳＴＡＰ現象整體的一致性」。

我推測，爆出如此之多的矛盾，讓人難以繼續相信小保方與ＳＴＡＰ現象，或許才是折磨笹井的最大主因。然而這麼一來，他的遺言就無法解釋了。

另一方面，對笹井寫給小保方的遺言，某位研究者在電子郵件中如此評論：

「我只能把這句話看成一輩子的枷鎖。就像是穿上了就必須一直繼續跳舞的『紅舞鞋』啊。」

以獲取預算為目標的再生醫療

笹井去世後，傳出了指責ＣＤＢ與日本科學技術部門存在結構性「扭曲」的聲音。

某位研究人員哀悼笹井的死亡，並表示「他是一位非常優秀的研究者，在全世界也很活躍，我們也一直都對他的將來寄予厚望，因此這次事件令人非常遺憾」，接著他補充道：「笹井先生在遊說政府以順利啟動計畫，獲得預算時，偶爾會做出一些大膽舉動。小保方的研究或許就是其一。不知道他是不是藉由觀察（前副主任）西川伸一的做法，而學到了這種方式。」

笹井作為ＣＤＢ的幹部，負責「申請預算」。根據永山悅子主編的採訪，笹井在一月下旬論文發表之前，曾陪同身穿亮粉色大衣的小保方拜訪內閣官員，說明研究概要。笹井的身影也在另一天出現於文科省。雖然沒有直接討論預算，但相關人士都對他生動描述成果的樣子印象深刻。

前述研究人員首先指出，ＣＤＢ的日文名稱是「發育與再生科學綜合研究中心」，英文名稱則是「Center for Developmental Biology」（發育生物學研究所），名稱當中並未包含「再生科學」。發育生物學這門學問，所探討的是從受精卵到個體形成的過程，以及心臟和大腦等複雜器官的形成機制。

「面對海外的英文名稱反映出此一現實。發育生物學可作為再生醫療的基礎。ＣＤＢ如其英文名稱所示，履行了作為研究所的職責。然而在ＣＤＢ成立了十多年後，發育生物學的熱潮已然過去，那麼為什麼ＣＤＢ仍然能夠獲得高額預算呢？這是因為它打著推動再生醫療的旗號，這在某種意義上近乎是謊言。」

正如這名研究者所說，ＣＤＢ中唯一進行接近臨床研究的，只有計畫主持人高橋政代的研究室。

「創造出這種名不符實的狀態，就這點來看，笹井先生的責任僅次於西川先生，而竹市先生也參與其中。從某種意義來說，整個日本的科學技術部門都負有責任……而ＳＴＡＰ細胞就是誕生在這樣的基礎上。」

笹井在一月論文發表時的記者會上說，ＳＴＡＰ細胞在製造效率和安全方面有可能超越iPS細胞，並暗示其有機會應用於包含再生醫療在內的「新型態醫療」。這位研究者繼續回憶：「小保方就算了，但像笹井先生這種程度的人，竟然把最最基礎的小鼠實驗成果，說得好像可以讓罹患罕見疾病的患者產生期待一樣，真是令人失望。」

他接著說：「有一個教訓是，在這個時代，優秀的研究者在擔任領導角色時，確實必須以長遠的眼光考慮整個社會，並擁有在各方面取得平衡的見識。為了爭取預算而巧妙周旋，進行誇大廣告式的宣傳，即使能夠暫時為個人或組織帶來好處，但對學術界、社會、國民與經濟來說卻有反效果。這次不就顯示出日本科學界根本上不合理之處的冰山一角了嗎？」

「不過，」這位研究人員最後補充：「笹井先生不一定是這幅整體構圖中的核心人物。如果僅限於這篇論文，我想他很有可能扮演核心角色，但我不認為在日本的科學技術部門，尤其是生命科學領域的預算與政策制定這幅龐大構圖中，造成問題的是笹井先生。我希望能夠在一定程度上，釐清這幅整體構圖有誰參與、如何參與，並在不讓這場悲劇白費的前提下找到改進的方法。」

其他研究者也說：「這在某方面來說也是制度上無可奈何的問題，畢竟如果不打著再生醫療的旗號，就無法獲得資金。」儘管表示理解，卻也點出CDB「掛羊頭賣狗肉」的情形：「拿著透過『再生（醫療）』得到的錢做青蛙實驗（意指基礎研究），CDB正是這種情況的象徵。」

笹井在一月的記者會上說過：「若是各位把報導寫成『iPS的時代結束，接下來是STAP的時代』，那是我們絕對不希望看到的事。日本既有iPS，也有STAP。」對此，該研究人員斷言：「他這樣的說法也可被理解為iPS已經結束了，但那只是為了爭取預算而做的宣傳。」據說這名研究者在論文發表後立刻聯絡笹井，向他表示祝賀，當時笹井回應道「不不不，這只是在newborn（小鼠寶寶）身上取得成功，就連adult（成年小鼠）身上都還沒有成果，更不用說人類了」。他嘆道：「（笹井先生）他自己也冷靜地意識到這一點。」

熱愛基礎研究的笹井芳樹

我回想起在STAP論文發表之前對笹井先生的採訪。笹井先生在二〇一二年的一次採訪，談起了基礎研究的重要性，「日本的優勢就在於我們能夠從基礎研究扎實做起」，「基礎研究有趣之處在於，你不會知道它的最終出路與方向。這（與應用研究）在本質上是不同的世界」，「（像發育生物學這樣的）基礎學科能夠使創新萌芽」。隨後，他也提到在發育生物學領域享譽全球的CDB，卻有預算正逐漸減少的問題，並感嘆：「基礎研究的經費越來越少。明明不管怎麼看都是很有發展潛力的領域，卻還是減少預算。」

在ＳＴＡＰ論文發表不久後的那次聯訪，他熱情地講述了ＣＤＢ如何發掘並培養年輕有為的研究者，並在之後寄給我的郵件中寫了下列這段話。

理研也（中略）決定不再由我們這邊為募款而奔走。雖然大臣發表的言論相當樂觀，但我們希望的不是短時間獲得一次性的龐大預算（例如建造大樓等），就算經費不多也無所謂，我們希望的是長期且穩定的支援，而且不以應用為導向，而是支持年輕研究者擁有自由度的研究。

笹井先生熱愛基礎研究，為了保護年輕研究者自由的研究環境，他透過與接近臨床應用的ｉＰＳ細胞進行比較，來宣傳ＳＴＡＰ研究的意義。這麼一想，不禁覺得笹井本人正體現了ＣＤＢ所面臨的矛盾。

理研並未撤換幹部

三個多星期後的八月二十七日，理研發表了一項由四大方針構成的改革行動計畫，這四大方針分別是：①ＣＤＢ「解散後重新出發」、②強化治理（組織管理）、③強化不當研究行為的防治措施、④監督計畫的實施。

根據行動計畫，ＣＤＢ準備將原本約有四十個的研究室數量減半，並在十一月之前重組為「多細胞系統形成研究中心」（暫定名稱）。並將在五種研究計畫中，廢除以資深研究者為對象的「核心計畫」，以及小保方研究小組所屬的「中心主任戰略計畫」。餘下研究室則有部分將轉移至理研的其他中心，並維持約四百五十名所屬研究者的雇用資格。

自二〇〇〇年ＣＤＢ成立以來即擔任主任的竹市雅俊將被撤換，由包含外籍研究者的外部專家委員會選出新的中心主任。至於由被稱為小組主任的資深研究者組成的經營會議，則將廢止。

在理研的整體改革方面，將新成立一個「經營戰略會議」，半數以上委員由來自產業界等領域的專家出任，但並未納入改革委員會所要求的撤換理事與增加人數。

野依良治理事長在下午召開記者會，他一開始就提到笹井自殺一事，並以沉痛的表情說道：「我身為理事長，又同是科學家，為什麼無法在他生前分擔並減輕他的痛苦，避免這場悲劇呢？我對此悔恨至極。衷心祈禱他能夠安息。」

此外，他也說「雖然不當研究行為應由（論文的）作者個人負起全責，但站在組織的立場，我們也對不當研究行為預防措施的不足深表反省」，接著表明自己與五位理事目前都不會辭職，將在現行體制下推動改革方針。他解釋：「我的任務是在（行動計畫）執行時擔任現場指揮，也已經接到文部科學大臣下村博文的指示。」並稱：「五位理事都非常有能力，對於計畫的確實執行是不可或缺的人才。」

據記者八田採訪，在上午時分聽取野依理事長的報告後，文部大臣下村提到「除非所有問題都解決，否則站在政府的立場，也無法提出（認可各種優待措施的）特定國立研究開發法人的法案」，接著又道「希望理研能夠在野依理事長的強力領導下，脫胎換骨成為世界頂尖的研究機構」。

《每日新聞》在八月二十七日晚報頭版與二十八日早報三版，報導了行動計畫的內容及改革的前景。

三版除了報導ＣＤＢ研究者與前員工的看法之外，也指出新成立的第三方組織「經營改革監督委員會」的遴選標準尚未確定，就連該如何監督、能夠推動何種程度的改革等問題，都無法從改革方案中看出。律師鄉原信郎曾任檢察官，深諳企業社會責任與道德議題，對此他表示：「改革方案給人的印象，像是網羅了所有形式上可能的對策。但重要的並不是形式，而是撤換領頭的負責人。我很懷疑在不撤換理事長及其他高層人員的情況下，理研是否真的能夠改頭換面。這次的問題，很大程度上是肇因於一連串極為混亂的危機管理對策。如果高層不為此承擔責任，我們也對其不抱期待。」

驗證實驗就連第一階段都無法過關

理研在同一天發表了驗證實驗的初步報告。

我在笹井先生剛去世不久時取得了有關驗證實驗的消息，這則消息真假不明，令人在意。消息內容是丹羽先生所做的實驗「得出了正面的結果」。

然而，這一天公布的卻是「負面的結果」。即使如論文所述，將從小鼠脾臟採集的淋巴球浸泡在弱酸性溶液中培養，也無法形成ＳＴＡＰ細胞。

實驗使用的是經過基改的小鼠細胞，在Ｏｃｔ４運作的狀況下會發出綠色螢光。在二十二次實驗中，觀察到細胞團塊的次數低於半數。團塊雖然發出綠光，但同時也發出紅光，丹羽先生表示：「我判斷這是（在死亡細胞中可觀察到的）所謂的自體螢光。」而且獲得多能性的細胞特有的基因或蛋白質也沒有增加。

原計畫是在六月製作出散發綠色螢光的細胞，並將其移植到小鼠體內，檢驗是否具備多能性。但實際上，實驗都已經開始將近五個月了，卻連第一階段都無法過關。丹羽被問及對結果的感想時，他坦言「這非常棘手」。

令人略感意外的是，丹羽說即使依照論文所示的分量稀釋鹽酸，也無法製作出與論文相同濃度的弱酸性溶液。那麼，小保方到底是如何製作弱酸性溶液的呢？

據說由小保方操作的實驗，將在第三方準備好監督工作後立即開始。實驗總負責人

ＣＤＢ特別顧問相澤慎一表示，「（ＳＴＡＰ細胞是否存在的）最終結果仍掌握在小保方手上」。

記者提問時間也出現了令人在意的交流。這次報告的內容，只是依照論文所述方法，針對單一種類細胞施予刺激所得到的結果，而根據原定計畫，實驗將持續至二〇一五年三月底，並且還會以有別於論文的方法，來進行驗證成熟體細胞遭初始化的實驗，以及嘗試使用多種刺激方式的實驗。然而被問及使用其他方法的實驗結果時，相澤卻避而不答，只表示「無法說明正在討論的內容」。至於小保方在未接受第三方監督下進行的「預備實驗」，他也含蓄地回答「比賽前的試跑不能算成紀錄」，「這就像是在奧運比賽前，即使在自己的場地上跑出了九秒四的成績，也無法當成任何紀錄一樣」。

即使如此，狀況也與四月份展開驗證實驗時大不相同。最主要的原因是，論文原本是ＳＴＡＰ細胞存在的科學根據，但現在論文遭到撤回，研究完全歸零。繼續進行實驗，甚至擴及論文以外的方法，真的還有意義嗎？

理研的行動計畫指出，「驗證包含了釐清論文各個項目中，哪項能夠重現，哪項不能重現」，這裡展現的立場看起來有助於解開論文不當研究行為的全貌。然而在記者會上被問及這麼做的意義時，卻一如既往得到了「我們判斷這是釐清ＳＴＡＰ現象是否存在的一種手段，有其必要」的回答（坪井裕理事所言）。實際參與實驗的相澤等人，是否意識到他們正在驗證論文的不當呢？我開始擔心起這個問題。

自證清白的遠藤論文

自此之後，STAP問題又有了一些進展。

美國哈佛大學教授查爾斯．維坎提在九月三日時，發表了有別於理研的STAP細胞實驗指南「修訂版」。

此次追加的主要步驟是在弱酸性溶液中，添加「ATP（三磷酸腺苷）」此種在生物體內發揮重要作用的物質，並主張「若使用含有ATP的弱酸性溶液，可顯著提高STAP細胞的製作效率」。然而就和最初版本一樣，內容並未出示具體數據，而在發表修訂版的理由中還有下列這段話：

「當初誇張地說『（製作STAP細胞）很簡單』，是一個很大的錯誤。雖然當時相信了這個說法，但後來已經知道那並不正確。」

理研在隔天決定正式調查論文的新疑點，並宣布成立新的調查委員會。理研內部從六月三十日起展開預備調查，並由野依理事長判斷應實施正式調查。新的調查委員會將全部由外部專家組成，不過成員仍在協調中，公關室稱「在調查結束前不會公布名單」。

九月二十日，對首屆調查委員會會長石井俊輔過去論文的爭議，理研公布了初步調查結果，結果顯示「不存在不當行為」。雖然委員會認定有三處圖片使用了錯誤資料，但判斷並非故意，因此結論是「不構成不當研究行為」。由於理研並未公布參與此次初步調查的委員名單，引起專家呼籲「理研應實施引進外部專家的正式調查」。

不過也有令人高興的消息。證明ＳＴＡＰ細胞可能是ＥＳ細胞的理研資深研究員遠藤高帆，在九月下旬將分析結果寫成論文發表。

遠藤在十月一日接受媒體採訪時表示，他在二月下旬基因資料公開後立即進行了簡單的分析，結果發現多處與ＳＴＡＰ論文不符。他回憶，在那個時候，「我以（我所屬的）理研為榮，但我認為，那篇論文的品質並不足以作為理研的研究論文大肆發表」。

遠藤表示，他當時就與理研內部的研究員討論分析結果，也將討論內容提供給理研總部的監察與行為規範室，並傳達給論文作者群。雖然作者也傳來了反駁的意見，但他「無法信服」。後來他進行詳細分析時，在ＳＴＡＰ細胞的資料中，發現了ＥＳ細胞常見的染色體異常（八號染色體的三倍體），這種異常不可能出現在論文中所描述的活體小鼠細胞。遠藤表示：「至少在取得基因資料的那個當下，我認為ＳＴＡＰ細胞並不存在。」

對於自己將此寫成論文的原因，遠藤說：「我認為呈現出理研內部自證清白的自律，清楚表明究竟存在什麼樣的問題，才是誠懇的應對方式。」他的這一番話令人印象深刻。

CHAPTER 12

STAP細胞不存在

包含小保方本人在內，誰也無法複製STAP現象。驗證實驗於十二月時喊停。另一方面，根據殘存樣本的分析結果，調查委員會發表「STAP細胞就是ES細胞」的結論。又認定了兩個造假問題。

傳遍科學家社群的謠言

大約在二〇一四年十月底，我接到消息稱驗證實驗的結果可能會在年底發表。理研在八月下旬的初步報告時，依然堅持實驗將依照原定計畫，持續至二〇一五年三月底，這是否代表理研也終於放棄「複製」ＳＴＡＰ細胞了呢？

另一方面，依然有來源不明的零星消息傳來，說「好像做出了類似ＳＴＡＰ細胞的東西」，我甚至還聽到「連嵌合鼠都做出來了」的謠言。某位大學教授一邊碎唸著「雖然不知道有多少加油添醋的部分……」，一邊分享小道消息；據他所言，現在有流言繪聲繪影地說，主要負責驗證實驗的丹羽仁史先生，將肝臟細胞浸泡在含有ＡＴＰ的培養液中予以刺激，並利用透過這種方式產生的細胞，成功做出了嵌合鼠。肝臟細胞是四月發表驗證實驗計畫時，丹羽預計測試的細胞。而使用ＡＴＰ的刺激方法，則在維坎提教授九月發表的修訂版實驗指南裡，以及由理研與維坎提所屬的哈佛大學布萊根婦女醫院、東京女子醫大，三方共同申請的國際專利明細書中也有記載。

這個說法與論文所述的ＳＴＡＰ細胞相較，不僅細胞來歷不同，刺激的方法也不一樣。在遭到撤回的論文中主要介紹，ＳＴＡＰ細胞是採集脾臟的淋巴球後，將之浸泡在鹽酸稀釋的弱酸性溶液中生成的細胞。但這些差異就某方面而言，或許反而為傳聞增添了某些可信度。

儘管如此，受訪的研究員幾乎都對這些傳聞保持冷靜態度，而我在不久之後就透過多個消息來源得知，丹羽本人表示「並未製造出嵌合體」，使得傳聞不攻自破。

相傳某位知名研究者在夏天時，曾直接從CDB相關人士口中聽說「結果是正向的」，他罕見地發來了一封長篇郵件。「驗證實驗所驗證的是，能否以論文描述的方法複製論文所寫內容，變換各種方法進行調查已經屬於新的研究。而且，論文內容是否存在造假，以及論文所報告之現象是否可能發生，必須分開來看」，郵件如此開場，接著做出如下說明：

> 如果對細胞施以各種刺激，確實可能獲得一些萬能細胞特殊基因Oct4呈陽性的細胞。當我讀到這篇被撤回的論文，覺得佩服的部分如下：
>
> ▽Oct4陽性的細胞出現頻率很高
>
> ▽可由（屬於淋巴球一部分的）T細胞製成
>
> ▽在生物體外不會增殖，但移植到小鼠體內卻能產生畸胎瘤
>
> ▽可以製成嵌合鼠，甚至可以從來自STAP細胞的生殖細胞誕生出下一代的小鼠，還能製造出全身細胞皆來自STAP細胞的「四倍體嵌合鼠」
>
> ▽能夠製成也兼具增殖能力的幹細胞
>
> 如果理研只因為製造出Oct4陽性的細胞，就說這是「部分成功」，那真的是一

件很遺憾的事情。

事實上，論文發表之後，全球許多研究小組都進行了複製實驗，但包含共同作者若山教授在內，沒有任何一個人成功，這個事實相當嚴重。另一位大學教授也指出：「論文寫說成功率高達三到四成。要是實驗有訣竅，就算（因為沒有掌握訣竅）成功率略低於三成好了，如果製作效率變成十分之一，合理來說也要有百分之三的成功率。那假設開始時有一百萬個細胞，應該也能成功製造出一百個左右。絕對能夠證明『現象本身』的存在。只因為一點小訣竅的差別，就導致結果不是零就是一百，這很奇怪。」

在論文發表當時，ＳＴＡＰ細胞的「製作效率高」這一特色，曾被當成超越ｉＰＳ細胞的一項優點。如果這個優點反而使得複製實驗失敗的意義變得更加重大，那還真是諷刺。

為什麼隱瞞「真正的製作方法」？

雖然我認為已經不需要再認真看待「實驗成功」的傳聞，但給予細胞刺激時使用的不是鹽酸而是ＡＴＰ這點，讓我莫名地在意。根據某位相關人士表示，ＳＴＡＰ研究的最後階段「一直」都是使用ATP，若山教授在小保方直接指導下「成功」製作出STAP細胞時，使用的也是ATP。而小保方與丹羽先生在最近的驗證實驗中，主要使用的似乎也是ATP。

包含第二次投稿《自然》的論文在內，重新檢視二〇一二年至一三年投稿的那四篇論文草稿，內容都只寫著「使用弱酸刺激」，並沒有寫到鹽酸。這代表「鹽酸」的敘述被添加上去的時間，是在二〇一三年三月第二次投稿《自然》到獲准刊登之間。

如果ATP比鹽酸更合適，為什麼《自然》的論文中完全沒有提到ATP呢？而且，由丹羽擔任責任作者，在二〇一四年三月上旬發表的實驗指南（製作STAP細胞的詳細方法），也沒有關於ATP的敘述。這對於當初試圖根據《自然》論文與丹羽先生的指南，來進行複製實驗的全球研究者而言，未免太不誠實。而且實驗指南發表時，不當研究行為的疑慮已經逐漸加深，想必研究團隊本身也迫切希望出現第三方發表的「成功複製」報告。在這種情況下，就常理而言不可能刻意隱瞞「真正的製作方法」才對。

十一月，我再次向若山教授提出當面採訪的要求。雖然若山教授透過郵件拒絕說「在驗證實驗結果發表之前，不接受任何記者的採訪」，但我在回信中坦率地提出了對ATP的疑問後，他也願意回答，表示「不只是我，研究室所有成員學到的都是使用ATP的方法。複製實驗也都使用ATP進行」。但他記得，小保方原本告訴他「用鹽酸也可以」，而小保方在研究室內部會議中也是如此報告。在此之前，我從來沒有機會從若山口中聽到有關ATP的資訊，我在提問時一直都是以使用鹽酸為前提，因此很驚訝若山如此乾脆地就承認這點。小保方、丹羽與笹井芳樹在四月的記者會上也沒有提到ATP，但他們在最初的論文與實驗指南中，都沒有說明製作STAP細胞的最佳「刺激方法」，這對他們來說難道不是一個重要的問題嗎？

我再次詢問若山教授，在發表論文時是否知道《自然》的論文中寫著鹽酸，他的回覆是「我不知道。雖然身為共同作者對此感到羞愧，但我是在（論文發表後）有人指出這點時才知道的」。二〇一三年第二次投稿《自然》時，若山已經調往山梨大學，草稿及投稿後的修訂都是由小保方及笹井先生主導。如果是在修訂階段才增添了相關文字，若山不知道或許也不足為奇。事實上，也有相關人士表示，在修改時加上鹽酸的敘述是笹井先生的主意，但現在笹井先生已經去世，再也無法向本人確認。謎團愈來愈深了。

我也有包含ATP在內的許多問題想問小保方，但她從未具體回答我透過代理人三木秀夫律師提出的問題。我半放棄地再次透過三木律師提出當面採訪的請求，但同樣沒有得到答覆。

二〇一四年十一月中旬，理研正式宣布，將成為STAP事件舞台的神戶市發育與再生科學綜合研究中心，重新改組為「多細胞系統形成研究中心」。至於英文名稱

「Center for Developmental Biology」則維持不變，因此縮寫仍和過去一樣是CDB。根據八月公布的行動計畫，包含小保方研究小組在內的二十個研究室，將撤除或轉移到理研內部的其他研究中心，小保方則成為驗證實驗團隊的「研究員」。她原本的頭銜是「研究小組負責人」，因此實質上就是降職。竹市雅俊也辭去了中心主任的職務，轉而擔任特別顧問，負責提供研究開發的建議。

驗證實驗的最終報告

驗證實驗的結果於二〇一四年十二月十九日發表。記者會於東京都內召開，四名出席者為統籌負責人暨理研特聘顧問相澤慎一、研究實施負責人暨CDB團隊負責人丹羽仁史、理研總部理事坪井裕，以及理研生命科學技術基礎研究中心研究小組負責人清成寬，他也參與了實驗。小保方並未現身。

「我們無法複製STAP現象。雖然驗證實驗原本預定實施至明年三月，但根據此一結果，我們決定即刻終止實驗。」

記者會開場，相澤先生就陳述了「結論」。

驗證實驗從該年四月起在丹羽主導之下進行，小保方也自七月一日起加入，她的實驗與丹羽分開進行，實驗室特別安裝了攝影機，並且安排見證人監督。

相澤首先對後者進行說明。

對從出生一週的小鼠身上採集來的脾臟淋巴球細胞，小保方嘗試用兩種刺激方法製作STAP細胞，分別是論文所寫的使用鹽酸稀釋而成的弱酸性溶液，以及專利說明書所記載的ATP溶液。使用的小鼠與論文相同，只要跟多能性有關的Oct4基因運作就會發出綠色螢光，能夠用以確認產生多少綠色螢光細胞。

她使用了兩種品系的小鼠，並以鹽酸進行二十一次實驗，以ATP進行了二十七次實驗，但發出綠色螢光的細胞大約在每一百萬個當中只有十個，並未達到論文所寫的「數百個」。

不過，儘管產生了微量發出綠色螢光的細胞塊，但Oct4基因只是關係到多能性的眾多基因之一，發出綠色螢光並不代表細胞就獲得了多能性。如果細胞具有多能性，那麼不僅Oct4，其他多能性相關基因也應該均衡運作才對。此外，先前就有人認為所謂的綠色螢光，只是死去細胞自己發出螢光的「自體螢光現象」罷了。自體螢光的波長範圍很廣，因此不只綠光，也同時能夠看見紅光。

針對這幾點做了分析後發現，發出綠光的細胞塊大多也會發出紅色螢光，看不出與自體螢光的差別。雖然有極少數細胞塊發出的螢光是紅弱綠強，但綠色螢光較強，並且同時有複數多能性關連基因運作的細胞塊，卻無法穩定複製。

到目前這個階段，雖然已經很難說製造出了STAP細胞，但實驗團隊依然嘗試製作嵌合鼠，這是多能性最有力的證明。

這部分在《自然》的論文中是由若山教授負責，而驗證實驗則由「具備製作嵌合體的高超技術」（相澤先生所言）的清成先生進行。

嵌合鼠是將注入萬能細胞等的受精卵，植入代孕小鼠子宮後培育出的小鼠。如果在出生的小鼠體內或子宮裡發育到一定程度的胚胎中，均勻地分布著源自注入細胞的細胞，就能證明該細胞具有轉變成各種器官和組織細胞的能力，即成為多能性的證明。

如同第四章所介紹，使用ＥＳ細胞等製作嵌合鼠時，通常會將細胞塊打散，逐個注入受精卵（胚胎）中，但ＳＴＡＰ細胞無法使用這種方法，因此需要將細胞塊切成多塊後再注入。驗證實驗也仿效此種手法，使用玻璃針、雷射和顯微手術刀等將細胞塊切碎，而後注入受精卵中。總共移植了一千六百一十五個細胞塊，在八百四十五個胚胎內發育，但卻沒有任何一個成為嵌合體。

論文還提到將細胞塊移植到小鼠皮下製作畸胎瘤。畸胎瘤是一種良性腫瘤，由不同組織和器官的細胞混合而成，也是證明多能性的常見實驗。原本驗證實驗也預定製作畸胎瘤，但如同前述，由於製作出的細胞塊數量太少，每一百萬個當中才只有十個左右，因此在相澤的判斷下，並未進行正式實驗。

丹羽約三百次的實驗也全部失敗

接下來，丹羽先生親自公布了他的實驗結果。丹羽先生不僅使用脾臟細胞，還用了心臟和肝臟的細胞，並同樣以鹽酸和ＡＴＰ兩種方法給予刺激。這兩種方法中，他都將酸鹼值調整為與論文相同的五點七。他總共進行了二百九十七次實驗（鹽酸處理九十三次，ＡＴＰ處理二百零四次），其中脾臟細胞一百零一次、肝臟細胞一百一十六次，心臟細胞八十次。

和小保方一樣，丹羽的實驗雖然形成了微量細胞塊，卻無法與自體螢光做出區別，來自脾臟的細胞仍保留了ＣＤ４５，這代表淋巴球並未轉變為其他細胞。

他表示細胞塊形成狀況最佳的，是使用ＡＴＰ給予肝臟細胞刺激的實驗。雖然只是少數，其中也有多能性相關基因Ｏｃｔ４運作的細胞塊。

於是，清成先生使用源自肝臟並經過ＡＴＰ處理所形成的細胞塊，嘗試了二百四十四次的嵌合鼠製作，但其中成功發育的一百一十七個胚胎，都沒有成為嵌合鼠。

根據論文，ＳＴＡＰ細胞本身雖然無法增殖，但在特殊條件下培養，就能轉變為如ＥＳ細胞般幾乎能夠無限增殖的幹細胞。而論文中報告，他們製造出了兩種幹細胞，分別是性質與ＥＳ細胞極為相似的ＳＴＡＰ幹細胞，以及能夠同時分化為胎兒與胎盤的Ｆ

I幹細胞。丹羽先生也嘗試了這種「幹細胞化」的實驗，儘管製造出了少量形態類似幹細胞的細胞，但大約一週後，細胞就全部死亡了。

「以上就是我們自初步報告以來所得到的驗證實驗結果報告。」丹羽先生極其平淡地結束說明。

野依理事長的「餞別祝福」

丹羽先生花費超過半年時間，還用上論文不曾提及的手法，重複了約三百次實驗，但即使他運用各種方法反覆分析細胞塊，實驗最後仍以失敗告終。我注視著丹羽先生，試圖揣摩出他的心情，卻無法從他的表情讀出什麼特別的情緒。「再進一步的實驗將超出驗證實驗的範圍」，相澤重申驗證實驗終止之際，同席的坪井理事說著「抱歉，我有相關事項需要報告」，轉達了一件意想不到的事。

小保方在十二月十五日提出「希望自十二月二十一日起請辭」的要求，而且已獲得批准。理研將小保方本人，以及理研理事長野依良治對小保方請辭的聲明，同時分發給在場的記者。我將理研職員分發資料以及記者伸出手的樣子，一起用相機記錄下來，並在略顯嘈雜的會場，閱讀了小保方的聲明。

我希望在任何情況下都能取得令人滿意的結果，就這樣拚命努力了三個月。在遠超出預期的限制當中進行作業，無法考慮細節條件等狀況讓我感到遺憾，但我還是在限定的環境中進行實驗，將精神逼到極限，現在只感到精疲力盡，留下這樣的結果讓我非常困惑。

因為我的不成熟，在論文發表及撤回時，對包含理化學研究所在內的許多人帶來了困擾，我深感責任重大，亦無法以言辭表達我的歉意。因此在驗證實驗結束後，遞交了辭呈。最後，我衷心地感謝驗證團隊的成員，以及所有在這次實驗中支持和幫助我的人。

小保方在四月的記者會上曾信誓旦旦地表示「ＳＴＡＰ細胞是存在的」、「已經成功了兩百次以上」，如今回想起來真的是恍如隔世。她聲明前半部分的文字，看起來也像是將失敗的原因歸咎於實驗環境。

野依理事長的聲明則如下：

我想ＳＴＡＰ論文發表後的這十個多月之間，小保方晴子女士必定承受了不少心理壓力。這次她提出了辭呈，我擔心再這樣下去將加重她的精神負擔，因此決定尊重當事人的意願。

她是個前途光明的年輕人，我期待她能夠積極地邁向新的人生。

第二次調查委員會的調查仍持續進行，不當研究行為的全貌尚未釐清。當然，對於相關人員的懲戒處分也是今後才會決定。小保方確實承受了不少心理壓力，但在這個階段批准她的請辭，並由理事長親自送上「餞別祝福」，實在是……我讀著這些文字，心頭湧現一股強烈的不適。順帶一提，這次記者會召開之時，野依理事長正在參加文科省的會議。據說他在文科省職員的簇擁之下，試圖在媒體記者的包圍當中離開會場，引發了一陣騷動。

小保方所謂的「訣竅」依然成謎

相澤在回答記者提問時，解釋了小保方聲稱的「成功了兩百次以上」。他舉例，在進行驗證實驗時，大約每四十五次實驗，會有四十次以上出現微量發出綠色螢光的細胞塊，並表示「如果製造出發出綠色螢光的細胞塊就代表成功，那麼『成功複製兩百次以上』這個說法或許能夠成立」，卻也說：「但這些細胞塊真的是經過重新編程（初始化）的細胞嗎？這就另當別論了。」實際情況如報告所述，產生的細胞塊數量少了一個數量級，而且幾乎所有的綠色螢光都與自體螢光難以區分，也無法證實多能性。小保方所謂的「訣竅」，其細節最終仍不得而知。

丹羽在四月的記者會上曾說自己「親眼看到了形成的過程」，那麼他所看到的現象到底是什麼呢？丹羽說明如下：

「在撰寫那篇論文的時候，發出綠色螢光（並非自體螢光）代表發現了Ｏｃｔ４，而且也確實製造出嵌合鼠，所以將那個最初的螢光解釋為重新編程的現象。但這次實際嘗試驗證實驗時，雖然發出了綠色螢光，我們卻無法將其連結到下一階段。既然如此，就算看到的現象相同，解釋也會變得不同。」

換句話說，丹羽當時看到的「現象」是指「發出綠光」的部分，而且基本上是在假設論文數據正確的前提下所發表的言論。然而四月時，第一次調查委員會已經認定了兩起圖片造假與竄改事件，進一步的疑點也接連浮現，大幅撼動了論文其他資料的可信度，這樣回顧起來，丹羽的假設實在令人費解。當被問及自身的責任，丹羽卻稱「我想根據調查委員會及懲戒委員會的結果來判斷」，不予正面回應。在其他問答中，他也表示這次驗證實驗出現的細胞塊形態，與他過去「看到」小保方製造的「ＳＴＡＰ細胞」極為相似。

記者會尾聲，有人詢問「該採取何種措施才能防止類似事件再度發生」，丹羽在回答時提出了「科學是以性善說為基礎進行的學問」這一見解。他提到在ＳＴＡＰ研究中，自己是在主要資料都已經收集完畢的最終階段才加入，並表示：「我仍相信小保方、以及小保方與若山教授合作得出的資料。當然，這或許有問題。但這難道就代表今後要發表論文，都必須自己從頭驗證共同研究者提供的資料嗎，我實在難以判斷這是否為科學的理想狀況。所以即使是現在，我也無法肯定自己能夠完全防止這種情況的發生。」

留下謎團的ATP問題

一輪提問之後，終於輪到我了。我的問題是，為什麼這次會使用論文沒有提到的ATP刺激法。相澤回答：「因為（小保方）本人說，她以前在若山研究室做那篇論文的研究時，除了鹽酸之外，主要就是使用ATP給予刺激。」雖然小保方表示，ATP的「（製作）效率遠高於鹽酸」，但在她的實驗中，兩者的結果實際上並無顯著差異。

「為什麼論文記載的是鹽酸而不是ATP呢？」我拋出這個長久以來的疑惑後，相澤避而不答：「這不是我們能夠回答的問題。」

「那麼我改問丹羽先生。您說過在二月的時候，曾三度確認小保方的製作過程，當時使用的也是ATP嗎？」

「數次的實驗中，確實有使用ATP進行的實驗，但基本上我所看到的是使用鹽酸做的實驗。」

「我認為ATP並不是一般製作『弱酸性溶液』的方法，您對此有什麼看法？」面對我的再次追問，丹羽回應：「當我問她為什麼會想到要使用ATP，她說她是使用ATP來修復通過玻璃管而受損的細胞，同時發現這也屬於一種弱酸性處理。」

讓細胞通過玻璃管，是小保方在哈佛大學維坎提教授指導下從事的實驗。這項實驗藉由通過極細的管子給予細胞物理上的刺激。根據丹羽的說明，實驗原本就使用了透過顏色變化來測量酸鹼的試劑，如果把ATP加入溶液，顏色就會產生變化，因此誰都能輕易發現它具備使溶液酸化的效果。他也是因為這樣，才接受了小保方對發現ATP能夠給予細胞弱酸性刺激的說明。如果這個說明沒錯，那代表早從STAP研究開始之初，就一直在使用ATP了。

由於論文發表後整理的那份實驗指南並未提到ATP，當被問及其中理由，丹羽坦承：「因為論文中描述的方法是鹽酸。而我認為，如果指南的方法與論文不一致將造成問題。」

針對ATP處理，《每日新聞》的專業編輯委員青野由利也提問道：「在與論文不同的條件下進行驗證實驗有何意義？」

相澤回答：「我們進行驗證實驗不是為了探討論文的不當行為，而是為了驗證STAP現象是否可複製。基本上是驗證論文所寫的內容，但未寫進論文的周邊內容，我們也會一併驗證是否能夠重現。因此難以回答一般所謂的意義。」坪井理事也補充：「雖然調查委員會也命令我們進行複製實驗，作為不當行為調查的一環，但這次的驗證實驗是由理研站在所方立場發起的，定位與之不同。雖然有您所指出的計畫，但這次並不是以那種形式進行。」

這些見解顯然與理研的行動計畫互相矛盾，行動計畫指出，驗證實驗的目的是「包含釐清論文的各個項目中，哪項能夠重現，哪項不能重現」，換句話說就是驗證論文。

丹羽先生也答道：「在一種條件下失敗時，就會出現要不要放棄的問題。失敗是不是因為技術問題呢，我想也有像這樣難以判斷的部分。考慮到這些問題，在這種情況下採取論文沒有記載的ＡＴＰ刺激法，具有一定程度的科學合理性。」接著他露出苦笑：「我曾邊做實驗時邊想，如果最後只有ＡＴＰ成功（製造出ＳＴＡＰ細胞）該怎麼辦，但最後是這樣的結果，之前的擔心不過是杞人憂天。」

受理請辭的判斷

ＳＴＡＰ細胞是否存在？換句話說，ＳＴＡＰ現象是否存在？既然失去了驗證論文的目的，那麼回答這兩個問題，就成為理研及驗證實驗團隊唯一且最大的目的了，但不可思議的是，對相澤而言「現象是否發生」與「現象是否能夠複製」，似乎是完全不同的命題。即使他多次被問及ＳＴＡＰ細胞是否存在，卻始終拒絕回答，稱「身為科學家，無法回答這個問題」，還說「實驗無法複製。至於是要找出（存在的）可能性，還是認為完全不可能存在，則取決於每位研究者的判斷」。另一方面，當丹羽被問及今後是否打算以個人身分繼續驗證實驗，他立即回答「現階段沒有這樣的想法」。

關於缺席的小保方，記者也提出了許多問題。當被問及小保方能否接受終止實驗的決定，相澤表示「這個問題很難回答」，並推測「雖然她不得不接受這個結果，卻也對於為什麼會停留在這樣的結果感到困惑，並未完全接受這個決定」。相澤表示他在直接向小保方確認實驗結果的同時，告知她終止實驗的決斷，但「沒有聽到她提出異議」。

根據坪井理事等人的說法，小保方請辭的十二月十五日，正是實驗資料整理完畢的日子。小保方將辭呈直接遞交給理研的神戶事業所長。理研總部向調查委員會會長確認此事是否會影響調查，得到「沒有影響」的回答，於是就批准了她的請辭。

理研准許今後勢必將面臨懲戒處分的研究員請辭，此一決定引來記者嚴厲質疑：「就常識而言，企業或大學在這種情況下不會受理辭呈。理研為什麼會做出批准辭呈這種不合常理的舉動呢？」但坪井理事只是辯稱「我們必須考慮到不受理所帶來的負擔，因此尊重當事人的意願」，回答與野依理事長的聲明如出一轍。懲戒處分的內容必須等到調查委員會得出結論後才能評估，也會發表「相應的處分內容」，但若懲戒對象已經離職，處分當然就不具實際效力了。

至於已經提出國際申請的ＳＴＡＰ細胞專利，坪井理事則表示「會將放棄該專利也納入考量」。大約兩個月前，理研針對與美國哈佛大學附屬醫院、東京女子醫大一起提出國際申請的專利，向多國的專利局辦理後續審查所需的「國內移轉」手續。申請文件也被指出有許多疑似不當的部分，例如已在STAP論文中被認定竄改的圖片，以及酷似小保方博士論文附圖的畸胎瘤圖片等問題，但在辦理手續當時的採訪中，理研表示「這些問題將交由各國專利局自行判斷」。在專利申請及移轉手續部分，理研至今已負擔高達數百萬圓的相關費用。而東京女子醫大則由於「判斷可得利益甚少」，並未參與移轉手續。

「不好意思，請容我發表一點意見」

長達兩個多小時的記者會結束後，出席的四人一起離開，但就在下一秒鐘，相澤卻又獨自回到會場。「不好意思，請容我發表一點意見。」他的胸前抱著資料與裝著飲用水的寶特瓶，直接再次拿起麥克風開始說話。

「像這樣安裝監視器並安排見證人監視小保方的驗證實驗，並不是科學的做法。科學的事必須以科學的方式來處理，所以身為負責人，我對於以這種方式進行驗證實驗感到責任重大。我認為，今後不能再像這樣每當有事件發生，就以如同對待罪犯的方式進行科學行為的驗證。對此，身為負責人我深感抱歉。」

相澤一口氣說完這些話並鞠了一個躬，不等記者反應過來就立即離開會場。

在嚴密監視下進行驗證實驗確實非比尋常。然而，小保方的兩起不當研究行為已經獲得證實，甚至還被懷疑在研究過程中混入了ES細胞。小保方也事先同意了在監視下進行實驗。即使在沒有監視的情況下成功複製出STAP細胞，也很難確保結果的可信度吧？再說，對於在疑雲重重當中繼續驗證實驗並允許小保方本人參加，科學界本來就有強烈的批評聲浪。

雖然文部科學大臣下村博文等政界人士認為「應該由本人親自確認」，而且此種態度也起了作用，但在批評聲浪中毅然執行的仍舊是理研。準備安裝監視器的實驗室花費約五百五十萬日圓，驗證實驗整體經費也大幅超過當初預估的一千三百萬日圓，大約達到一千七百三十萬日圓。

相澤的這番話，是不是為了花費高額稅金與勞力卻留下不良示範，向社會及科學界道歉呢？但我在會場聽到這段話，反倒覺得這更像是給小保方本人的訊息，她或許正在某處看著記者會的轉播吧。然而這是記者會結束後的發言，因此無從詢問他的真正意圖。某位國立大學教授對這段話的解讀與我相同，他透過電子郵件傳來了辛辣的感想：

「相澤先生最後的那段話毀了一切。」

在隔天的《每日新聞》早報，精通研究倫理議題的東京大學榮譽教授御園生誠發表了這段評論：

「問題的根本不在於ＳＴＡＰ細胞是否存在，而是在於為什麼會發生這個事件。接下來將會追究理研幹部與共同研究者的責任，這次的結果不是落幕，只不過才剛跨出第一步而已。」

調查委員會的結論是「混入了ＥＳ細胞」

接下來的採訪焦點是調查委員會的報告將於何時發表，以及內容將會是什麼，然而就在記者會結束三天後，我們就接到消息稱「（十二月）二十六日很可能會有結果」。事件的進展快過預期。採訪小組一邊努力掌握內容，一邊在永山悅子主編的主導之下，討論當天的版面安排。

不久之後，我掌握到消息，調查委員會又新認定小保方在兩張圖表上有不當研究行為，並在二十五日晚報的頭版報導，但ＮＨＫ隨後就更進一步報導了調查委員會報告書的內容：「ＳＴＡＰ論文的主要結論遭到否定，證據顯示，ＳＴＡＰ細胞中可能混入了ＥＳ細胞。而論文中所稱的綠色螢光小鼠等，皆可透過細胞混入來解釋，並有科學證據予以證明。」

調查委員會在隔天二十六日上午，於東京都內召開記者會。調查委員會成員共有七人，包含兩名律師。調查對象為原本發表在《自然》，後來遭到撤回的兩篇ＳＴＡＰ論文，以及後來發表的實驗指南，而調查的對象人員則是小保方、若山、丹羽三人。已故的笹井則被排除在外。

以下首先介紹報告書的概要：

▽根據殘存樣本的科學檢驗結果，利用ＳＴＡＰ細胞培養的**ＳＴＡＰ幹細胞與ＦＩ幹細胞全部是既有的ＥＳ細胞**。作為ＳＴＡＰ細胞多能性證據的**畸胎瘤和嵌合鼠也極有可能是ＥＳ細胞，因此論文的主要主張遭到否定**。

▽雖然無法排除有人故意混入ＥＳ細胞的嫌疑，但**無法確定混入是故意還是過失，也無法確定由誰進行**。

▽**公開的細胞基因資料顯示，細胞的種類及小鼠的品系與登錄內容不符**。責任雖在小保方身上，但無法確定是故意還是過失。

▽**新認定的兩張圖表造假則是由小保方所為**。除此之外的圖表，也幾乎缺少作為根據的原始資料以及實驗紀錄，錯誤也非常多。

▽若山和丹羽雖未有被認定的不當研究行為，但身為指導者，未能發現研究者缺乏實驗紀錄及圖表的可疑之處，可說是疏於確認。尤其**小保方進行主要實驗時所在的研究室負責人若山，以及負責統整最終論文的笹井，更是責任重大**。

樣本與小保方研究室冷凍庫裡的ES細胞一致

擔任會長的國立遺傳學研究所長桂勳，首先說明理研實施的詳細基因分析，以及調查委員會針對分析的審查結果。調查的樣本對象，是保存在山梨大學若山研究室及理研CDB小保方研究室裡，四種共二十五株的STAP幹細胞與一種共四株的FI幹細胞、多株的ES細胞，以及使用STAP細胞培養的小鼠，還有嵌合鼠與畸胎瘤。

如第八章所介紹，透過分析若山研究室留存的STAP幹細胞，已經知道其來源並非使用STAP細胞培養的小鼠寶寶，但這些幹細胞理應來自於此。這次使用次世代定序儀解讀STAP／FI幹細胞的基因組，結果發現使細胞發出綠光的基因插入位置，以及小鼠的品系、性別、核酸序列中的缺失部位，皆與特定的ES細胞一致。

整理結果如下：

- STAP幹細胞「FLS」與FI幹細胞「CTS」，以及小保方研究室所保存來源不明的細胞「129／GFP ES」，全部都是若山研究室的前成員為其他研究製作的ES細胞「FES1」。
- STAP幹細胞「GLS」，是若山研究室成員為其他研究製作的ES細胞

「ＧＯＦ－ＥＳ」。在製作「ＧＬＳ」之前，小保方曾請研究室成員將ＥＳ細胞連同培養皿一併提供給她，以便在ＳＴＡＰ細胞的研究中進行比較。

● ＳＴＡＰ幹細胞「ＡＣ１２９」，以及若山在小保方指導下唯一成功製作的ＳＴＡＰ幹細胞「ＦＬＳ－Ｔ」，都是ＥＳ細胞「１２９Ｂ６Ｆ１ＥＳ１」。這種ＥＳ細胞是為了與ＳＴＡＰ幹細胞「ＦＬＳ」進行比較，由若山製作的。
● 由ＳＴＡＰ細胞製作的嵌合鼠和普通小鼠交配產生的子代ＤＮＡ，以及由ＳＴＡＰ幹細胞「ＦＬＳ」製作的嵌合鼠ＤＮＡ，都極有可能來自ＥＳ細胞「ＦＥＳ１」。
● 由ＳＴＡＰ細胞製作的畸胎瘤切片也極有可能來自ＥＳ細胞「ＦＥＳ１」。

這所有的ＥＳ細胞都是在若山研究室製造出來的，而且時間早於完全一致的ＳＴＡＰ相關樣本。其中，與ＳＴＡＰ／ＦＩ幹細胞、嵌合體、畸胎瘤等多項樣本一致的ＥＳ細胞「ＦＥＳ１」，製作於最早的二〇〇五年。

事實上，我們已經訪問過製作「ＦＥＳ１」的研究者。他在二〇一〇年三月，若山研究室開始進行ＳＴＡＰ相關研究之前，就已經到其他研究機構任職，當時應該將所有的「ＦＥＳ１」細胞株都帶走了。他不記得在ＣＤＢ若山研究室時曾將「ＦＥＳ１」交給其他成員，也從未見過小保方。調查委員會也詢問了ＳＴＡＰ研究時期的若山研究室

理化學研究所的殘存樣本分析結果

樣本類型	細胞名稱（株數）	製作時期	樣本的真面目（皆為ES細胞）	各ES細胞的製作日期	是否與論文及實驗紀錄中的品系一致
STAP幹細胞	FLS（8株）	2012年1月31日～2月2日	FES1	2005年12月7日	○
FI幹細胞	CTS（4株）	2012年5月25日～7月9日	FES1	2005年12月7日	○
STAP幹細胞	GLS（2株）	2012年1月31日	GOF-ES	2011年5月26日～10月31日	○
STAP幹細胞	AC129（2株）	2012年8月13日	129B6F1ES1	2012年5月25日	×
STAP幹細胞	FLS-T（2株）	2013年2月22日	129B6F1ES1	2012年5月25日	○
保存於小保方研究室，來源不明的細胞	129/ GFP ES	不明	FES1	2005年12月7日	／
源自STAP細胞的嵌合鼠子代DNA		2012年1～2月	FES1	2005年12月7日	○
源自STAP幹細胞的嵌合鼠DNA		2012年2月	FES1	2005年12月7日	○
源自STAP細胞的畸胎瘤		2012年1月（採集自小鼠）	FES1	2005年12月7日	×

成員，並檢查了他們的實驗筆記，但除了那位已經離開的研究者，沒有人在自己的研究中使用過「ＦＥＳ１」。

奇怪的是，「ＦＥＳ１」的遺傳訊息，不僅與論文記載的ＳＴＡＰ相關樣本一致，也與小保方研究室冷凍庫中來源不明的細胞一致。細胞的名稱「１２９／ＧＦＰ ＥＳ」是以手寫方式寫在裝有細胞的試管標籤上，但缺乏製作方法等更詳細的記載。小保方、若山和若山研究室的其他成員，都表示他們對這種細胞的來源「完全不知情」（附帶一提，根據採訪過程取得的殘存樣本清單，像這種因為標籤記載不夠充分、導致來源不明的細胞，除此之外還有許多）。

此外，理論上ＳＴＡＰ論文實驗使用的小鼠，不是多能性基因Ｏｃｔ４起了作用的細胞會發出綠光，就是全身的任何細胞都會發光。後者被用於製作畸胎瘤及嵌合鼠，這麼一來，從ＳＴＡＰ細胞分化出的細胞就全部都會發出綠光，易於辨識。「ＦＥＳ１」中也插入了會發出綠光的基因，但特別的是其中不僅有全身發光的基因，還包含了精子發光的基因。製作的研究者表示，試管標籤上雖然標明了小鼠的品系、插入發出綠色螢光的ＧＦＰ基因、性別、冷凍日等資訊，卻沒有提到其中插入了兩種ＧＦＰ基因。如果這個試管被忘在若山研究室，那麼不了解情況的人在看到標籤時，或許不會意識到這些ＥＳ細胞不僅全身會發光，就連精子也會發光。

混入或掉包的可能人選

為什麼會發生ＦＥＳ１等三種ＥＳ細胞反覆混入（或掉包）的狀況呢？依常理來看，不太可能所有的混入都是偶然。而且所有混入的ＥＳ細胞，都與ＳＴＡＰ細胞一樣插入了能使細胞發出綠光的基因，除了ＳＴＡＰ幹細胞「ＡＣ１２９」之外，其他幹細胞也都與論文所述和小鼠品系相符。這使得多數情況下，混入的細胞乍看之下都相當合理。

假設這是故意的混入或掉包，做出這個行為的人到底是誰呢？在ＣＤＢ若山研究室從事與ＳＴＡＰ論文相關實驗的，基本上只有小保方和若山兩人。小保方製作ＳＴＡＰ細胞時，使用的是若山與若山研究室成員提供的小鼠寶寶細胞；若山製作ＳＴＡＰ／ＦＩ幹細胞與嵌合鼠時，則是使用小保方提供的ＳＴＡＰ細胞。不過在畸胎瘤實驗的部分，包含ＳＴＡＰ細胞的製作在內，只有小保方一人操作。

然而，能夠混入的也不只限於這兩人。「問題在於，製作ＳＴＡＰ細胞時必須放進培養箱（incubator）七天。」桂會長一邊說著，一邊用投影片秀出研究ＳＴＡＰ時的若山研究室平面圖。

培養箱所在的房間位於研究室後方，房間裡還有螢光顯微鏡等設備，但大部分時間很少有人使用。再者，研究室即使上鎖，鑰匙也放在房間外，ＣＤＢ的所有人不分日夜都能進入。在對小鼠寶寶細胞施加刺激後，將之放入培養箱，接著就是等待轉化成萬能細胞的七天。這段期間能夠打開培養箱並故意混入ＥＳ細胞的人，卻是不特定的多數。沒有人目擊到混入的當下。當調查委員會「直截了當地」（桂會長所言）詢問所有相關人員「是否曾將細胞混入」，所有人都否認了。連目擊者都沒有。參與所有實驗的只有小保方一人，但根據桂會長的說法，小保方從最初就表態「認為不是混入」。可是，當調查委員會最後告訴她「有混入的充分證據」，她則在被詢問前就主動否認「我絕對沒有混入ＥＳ細胞」。

「即使真的有人混入，也很難確定是誰。根據律師的說法，是故意還是疏忽，這個問題只有在知道混入的人是誰之後才能決定。我們必須根據證據做出判斷，而不是憑感覺，現在只能說沒有（混入的）證據。因此混入的人是誰，是故意還是疏忽，仍然無從判斷。」桂會長如此說明調查委員會的見解。只要無法確定混入的人是誰，「就沒有斷定造假的足夠證據」。這就是調查委員會的結論。

是否根據論文的論述操作樣本？

ＥＳ細胞的「混入」問題，不僅限於冷凍庫中的殘存樣本，還擴及已公開的細胞遺傳資料。

研究小組使用了幾種不同的方法分析STAP細胞、作為其來源的淋巴球、從STAP細胞培養的STAP／FI幹細胞，以及作為比較對象的ES與TS細胞，以釐清各個細胞裡分別是什麼樣的基因在發揮作用，並將得到的資料登錄在美國國家生物技術中心（NCBI）公共資料庫。如同第八章所介紹，理研綜合生命醫科學研究中心的高級研究員遠藤高帆等人，針對已登錄的資料再次分析後，發現了許多疑點。

在理研的調查中，將登錄資料與殘存樣本的分析結果進行了對照分析。結果發現了以下問題，這些問題也與遠藤的分析相符。

首先，登錄的細胞資料與論文記述相比，無論是小鼠的品系或細胞的種類都不一致。而且FI幹細胞的RNA資料中，小鼠品系一項與論文不符，至於DNA資料雖然品系相同，卻使用了與ES細胞「FES1」具有相似特徵的細胞——這代表照理來說應該使用相同的細胞進行分析，卻在不同分析當中使用了不同的細胞。DNA是承載遺傳訊息的物質，位於細胞核內，RNA則是在細胞內製造各種蛋白質時，透過複製DNA中必要區塊而臨時產生的物質。

應小保方委託進行分析的CDB研究支援機構，保留了小保方帶來的STAP細胞樣本。經過重新分析，發現這些樣本就是ES細胞「129B6F1ES1」。

此外，FI幹細胞樣本的RNA資料分析結果顯示，其中含有兩種不同類型的細胞，這點也和遠藤的結論一致。兩種類型中，主要細胞的特徵與ES細胞「GOF－E

S」雷同，而推測佔比約百分之十的另一種細胞，其遺傳特徵則酷似既存的幹細胞TS細胞。不論是能變成胎兒細胞的ES細胞，或是能分化為胎盤細胞的TS細胞，如同第八章的詳細說明，論文所描述的FI幹細胞就正好同時擁有這兩者的特性。

耐人尋味的是，針對FI幹細胞的RNA資料，在二〇一二年八月第一次分析後不久，就「因分析結果與預期不同」（調查委員會報告書記載），又在二〇一三年一月及六月，委託進行了第二次及第三次的樣本分析。其中一次重新分析的結果被寫入論文，但只有該樣本是TS細胞等兩種細胞的混合物，其他兩次的樣本都只有一種細胞。從遺傳特徵判斷，該樣本的真面目很可能就是ES細胞「FES1」。

論文中包含使用FI幹細胞RNA資料製成的圖片，該圖圖說顯示，FI幹細胞具有介於ES細胞與TS細胞之間的性質，但調查委員會認為，如果使用那兩次未被採用的樣本資料，相同主張的圖片就不會成立。

若山教授的研究室於二〇一三年三月底完全搬到山梨大學，最後一次分析時他並不在場。總共三次的分析結果中，該選擇哪次寫進論文，由小保方與笹井決定。小保方說明她之所以會使用重新分析的資料，是因為「想要呈現樣本當中的中間性質」。

所有分析的樣本都由小保方準備並帶到分析機構。報告書批評，小保方每次委託分析都「收集來自不同背景的細胞」，其中深意「不言而喻」，而且此次分析中辨認出的各樣本真身，都與論文及公共資料庫所登錄的內容不同，「自然會引來造假的嫌疑」。

尤其是混合了兩種細胞的FI幹細胞資料，考慮到分析的經過以及與其他兩次樣本分析的差異，有可能是為了符合論文的論述，而故意將ES細胞和TS細胞混合在一起。報告書也就此點指出「顯示了不當行為的可能性」。

雖然報告的措辭如此露骨，後續結論部分的論調卻完全相反，內容甚至令人費解。調查委員會表示，根據詢問調查的結果，「小保方極有可能不知道研究者的基本原則是『統一條件』」，而關於FI幹細胞的問題，也因為「包含如何準備樣本在內，只有她本人的記憶」，依據以上種種原因，對於意圖造假分別做出了「無法認定」、「得不到確切證據」的結論。

畸胎瘤切片分析完成

關於殘存樣本與基因資料的科學分析說明就到此結束。

我在十一月上旬就從相關人士口中聽說「論文提出的所有實驗資料都來自ES細胞」，因此對於這件事情並不驚訝。然而，在得出此一單純的科學結論之前所進行的龐大分析，卻讓我相當震撼。尤其看到其中一張投影片時，更是湧現萬分感慨。

那是一張關於畸胎瘤分析的投影片，根據桂會長的介紹，這是整個過程中「最辛苦的部分」。

調查委員會在ＣＤＢ小保方實驗室留下的樣本中，發現了可能是用來拍攝論文中三張照片的載玻片，並找出了夾著的切片組織原本所屬的福馬林浸泡樣本。雖然ＤＮＡ因福馬林的作用而受損，但經過仔細的抽取和分析，得到的結論是樣本極有可能來自ＥＳ細胞「ＦＥＳ１」。此外，三張照片中最右邊的一張被指出「作為畸胎瘤過於成熟」，後來也發現這張照片果然不是畸胎瘤，而是植入了ＳＴＡＰ細胞的小鼠本身的器官照片。

論文中與這三張照片一起介紹的另外三張照片，與小保方博士論文中的照片非常相似，並且已經確定屬於造假。換句話說，六張畸胎瘤圖片都不是真的。能夠從ＳＴＡＰ細胞培養出畸胎瘤的證據，原本就不存在。如果連畸胎瘤都培養不出來，當然也就不可能培養出嵌合鼠，因為嵌合鼠是更高度的多能性證明。

我回想起二〇一四年四月七日，理研驗證實驗計畫發表記者會的其中一幕。當統籌負責人相澤慎一被問及「是否有可能透過分析畸胎瘤的切片，來驗證ＳＴＡＰ細胞到底是什麼東西」，他斷言：「就驗證ＳＴＡＰ細胞是否存在的觀點來看，這麼做沒有任何意義。」然而畸胎瘤樣本的分析，確實成為了ＳＴＡＰ細胞並不存在的證明。透過這張投影片，我感受到研究者挑戰困難分析、完成任務的使命感與執著精神，不禁心潮澎湃。

新認定的兩件小保方造假行為

桂會長的說明接著進入到兩件新認定的小保方不當研究行為。

第一件是在兩篇《自然》論文中，主論文所提出的細胞增殖率圖表。圖表的橫軸是天數，縱軸是細胞數量，論文透過這張圖表顯示STAP細胞在生成後不會增殖，而STAP幹細胞的增殖方式則與ES細胞類似。實驗需要相當枯燥的作業：當培養皿長滿細胞後，就將細胞打散並計算數量，接著將其中幾分之一的細胞移植到下一個培養皿，進行繼代培養。同樣的操作每隔幾天就要重複一次，並持續一百二十天。

調查委員會表示，實驗筆記中沒有關於該實驗的描述或資料，在小保方的記憶中，她開始培養ES細胞的時間是二〇一一年的春天到夏天，而STAP幹細胞則是二〇一二年一月下旬至二月，每三天就會進行一次繼代培養。然而，根據小保方的出勤與海外出差紀錄，她在那段期間並無法以此種步調進行實驗。小保方說明，她從實驗中途開始就不再計算細胞數量，更換培養皿時，就以一千萬個計數，等同於ES細胞長滿培養皿時的數量。她也表示，當自己因出差等原因無法進行繼代培養時，會改變繼代培養的數量，以調整細胞長滿培養皿所需的時間。

調查委員會認為，小保方自己承認並未正確計算細胞數量，加上無法確認原始資料，因此認定屬於不當研究行為中的造假。

第二件不當研究行為也是圖表，該圖顯示了針對ES細胞與STAP細胞調查DNA「甲基化」狀態的結果。甲基化是指在部分核酸序列上添加標記，使基因暫停發揮作用。身體普通細胞的許多基因都有甲基化現象，但ES細胞等具有多能性的細胞則反而幾乎都沒有甲基化。出問題的那張圖是關於兩個多能性基因的運作方式，該圖在有關的DNA部位，將甲基化的部分以黑圈表示，沒有甲基化的部分以白圈表示，並對幾種不同的細胞進行比較。作為STAP細胞基礎的脾臟細胞與培養它的細胞，黑圈佔了大多數，至於ES細胞與STAP細胞則幾乎都是白圈，顯示出相反的結果。

然而，由於在實際做過分析的CDB研究支援機構裡留有原始資料，調查委員會檢驗該資料後發現，根據這份資料製成圖表時，不會都是黑圈或者都是白圈，因此不可能製作出與論文相同的圖表。小保方在詢問調查中承認她刻意挑選了資料，並表示「這些並非值得驕傲的資料，因此我覺得有責任」。

調查委員會發現小保方基於假說刻意挑選極少部分的資料，甚至還人工創造出新的虛構資料，因此認定這份圖表也屬於造假。

關於這兩起造假，調查委員會也指出即使若山沒有參與任何不當行為，但他疏於監督指導才導致造假事件發生，因此責任重大。

「有可能強行斷定為胎盤」

調查委員會還審查了另外十六件關於論文圖表與論述的疑點。而根據採訪，包含被認定為造假的兩件在內，多數疑點都已經在CDB調查所有圖片時浮現，並且提報給理研總部。調查委員會明確判斷，十六件中的六件「沒有不當行為」。其餘十件的結論雖然是「未發現不當行為」，但含有多項推翻論文中重要主張的內容。

其中一項主張是STAP細胞不僅能分化成胎兒，還能分化成胎盤。關於第二篇短文中的嵌合鼠「胎盤」的圖片，調查委員會引述了專家意見，表示「這很可能是卵黃囊（包覆著卵黃的膜狀囊袋）」。短文中的另外兩張圖片，將分別來自STAP細胞與ES細胞的嵌合鼠胎兒與胎盤並排比較，兩張都被標註為「來自STAP細胞」並且經過長時間曝光，但事實並非如此。調查委員會指出，「這有可能是為了提高研究價值而強行判定為胎盤」。

ES細胞與iPS細胞不會分化成胎盤。而STAP細胞在當初之所以會被稱為「新的萬能細胞」，就是因為具備也能分化成胎盤的特徵。此外，笹井與丹羽在疑點曝光後的記者會上，也以相同理由否定混入ES細胞的可能，並強力主張「STAP現象是最值得驗證的有力假說」。然而，支持這個主張的確切證據從一開始就不存在。

未能察覺資料異常之處的資深研究者

調查委員會也檢討了論文撰寫過程中的問題，雖然這些疑點都未被認定為不當行為，但卻發現資深研究者在面對理應注意到異常的資料時，都未能深究其矛盾與疑點，反而還做出了自圓其說的解釋。

若山在發現ＳＴＡＰ幹細胞嵌合鼠的後代毛色不自然時，並沒有深究原因。他解釋：「當時我認為ＳＴＡＰ現象絕對是真的，所以判斷這是自己在小鼠配種過程中出了差錯。」至於在ＳＴＡＰ幹細胞中，沒有發現證明ＳＴＡＰ細胞是由成熟體細胞培養而成的基因標記（ＴＣＲ重組）一事，儘管丹羽建議在將這點寫進論文時必須謹慎，笹井卻解釋成「這是因為長期培養導致帶有痕跡的細胞消失」。

報告書在「總結」的部分也指出，若山將ＳＴＡＰ細胞以非常規的團塊形式注入受精卵，成功製造出嵌合鼠時，如果再次使用傳統方法，將團塊分散後注入受精卵作為對照實驗，就有可能會察覺到混入了ＥＳ細胞。桂會長也批評當時若山研究室的管理和運作方式：「生命科學的研究室都會在某個階段檢查原始資料，但若山研究室卻沒有檢查。這是最大的問題。」

調查委員會也探討了我先前就一直很關心的ＡＴＰ問題。根據對小保方與若山的詢問調查得知，實際製造ＳＴＡＰ細胞時，主要使用的果然是ＡＴＰ法。小保方在調查中說明，「用鹽酸也可以，論文記載的部分實驗就是用鹽酸進行」。另一方面，若山表示「鹽酸和ＡＴＰ的實驗結果差異不大」，丹羽則聲稱「我是聽小保方說她論文裡的所有實驗都是使用鹽酸，才在實驗指南註明鹽酸」。論文中到底是部分實驗使用鹽酸，還是全部都使用鹽酸？儘管三人的證詞有所出入，但由於小保方並未提交原始資料，調查就在真相不明的情況下結束。如同前述，論文最初的草稿並沒有鹽酸的記述，鹽酸是在第二次投稿《自然》時突然出現在論文修訂版中。桂會長說：「鹽酸在二〇一三年九月的修訂稿中突然出現。至於為什麼會出現，因為笹井先生已經去世，所以就不得而知了。」

小保方拒絕提交原始數據

整體來說，這次的調查委員會與上一次不同，第一次調查委員會以「釐清科學疑點不是我們的任務」為由，迴避對論文主張本身的驗證，這次的調查委員會則透過大量分析，成功證明了論文的主張毫無根據，並對科學疑點做出了結論。但遺憾的是，調查委員會未能揭露不當研究行為的全貌。

最大的疑點自然就是混入ＥＳ細胞的問題，這不只影響現有的樣本，也影響了公開的基因資料。若山研究室第一隻「來自ＳＴＡＰ細胞」的嵌合鼠誕生，是二〇一一年十一月的事，但就科學驗證所能釐清的範圍，最早的混入是隨後的畸胎瘤實驗。根據二〇一四年四月上旬，小保方提交給第一次調查委員會的異議申訴書，她為了製作畸胎瘤而將「ＳＴＡＰ細胞」植入活體小鼠皮下，是在二〇一一年十二月。畸胎瘤於次月從小鼠體內取出，並拍攝了照片。另外，根據報告書，混入ＥＳ細胞的「ＦＩ幹細胞」樣本，也在二〇一三年六月被帶進ＣＤＢ的研究支援機構。

換句話說，ＥＳ細胞的混入在至少長達一年半的期間，持續在不同的實驗與分析中發生。因此會認為這是刻意混入或掉包也是很自然的事吧。

當被問及「謎團是否已經解開」，桂會長自己也承認：「經過科學驗證，幾乎可以確定ＳＴＡＰ細胞不存在。然而，ＥＳ細胞如何混入其中依然成謎。」

報告書中還有值得注意的描述，那就是小保方多次被要求提供原始資料，但是她都沒有交出，因此無法確認數據是否造假。例如，在五張圖片中，顯示實驗結果偏差與誤差範圍的「誤差線」並不自然。小保方承認不自然，但她也解釋是「因為試算表軟體的問題，這種情況經常發生」，並未提供原始數據。儘管調查委員會質疑其說法，認為「難以想像是因試算表軟體問題引起的情況」，但由於無法確認原始數據，因此並未判定為不當行為。

即使是被認定造假的那兩張圖片，小保方也都沒有提供原始數據，只能透過她的出勤紀錄、研究支援機構保留的原始資料，以及小保方在ＣＤＢ若山研究室報告研究進度時的資料，勉強進行驗證。

桂會長對此坦承：「小保方幾乎沒有實驗紀錄。我們認為極可能是沒有紀錄，但更確切的說法是小保方沒有提供紀錄。因為沒有原始資料，所以我們驗證起來很辛苦。」論文中的圖表是在電腦上製作，因此，原始資料也極有可能儲存在電腦中。第一次的調查委員會要求小保方提交她的電腦，但她以研究中使用的筆記型電腦是私人物品為由拒絕。第二次調查委員會再次要求她提交電腦，但她依然沒有提交。

調查委員五木田彬律師為尋求我們的諒解，表示道：「這是非強制性的調查委員會，當然不可能憑搜索令來搜索和扣押證據。當我們要求提供證據資料時，也會說明目的並請求對方自願提交。這是調查委員會權限的極限，我們不可能進行強制調查。」

小保方未提交原始資料和電腦，確實增加了驗證作業與不當行為認定的難度。另一方面，舉若山教授為例，他提交給調查委員會的資料中，也有許多內容讓人覺得他自身責任重大、疏於管理，以及研究室的運作方式有問題。這樣看來，如果不提交資料的一方不會受任何責難，做出任何辯解都能被接受，那麼不提交資料可能更為有利。理研關於不當研究行為的規定也記載，被指控的一方想要洗清嫌疑，「必須提出科學證據，誠實地說明事實關係」，但此次事況不也與該規定互相矛盾嗎。雖然我推測這是為了避免日後引發訴訟而採取的對策，但仍然無法完全認同。

理研不承認初期反應不當

理研總部隨後也召開了記者會。野依理事長沒有現身，川合真紀理事（研究負責人）在記者會開場代讀野依的聲明致歉：「對於理研研究員所撰寫的論文引發損及社會信賴的狀況，再次表示歉意。」有信睦弘理事（行為規範負責人）則宣布一連串的調查就此結束：「調查委員會已經盡其所能進行調查，理研也提供了所有能夠提供的協助。因此我們無意進行再進一步的調查。」

第一次調查委員會僅追究了六個項目就結束調查，隨後，針對山梨大學若山研究室保留的部分樣本及公開的基因資料，研究員遠藤高帆進行了再分析，陸續得出的結果強烈表明了混入ES細胞的事實，但理研直到六月底都依然堅持「論文已經撤回，無需進行新調查」。八月發生了笹井先生自殺這個無可挽回的事件，第二次調查就這麼結束，並留下「到底是誰混入ES細胞」這個最大的謎團。

記者席接連傳來「最初的調查是否不充分？」「您認為調查拖得這麼久帶來哪些弊端？」等提問聲浪，質疑理研延誤調查，但川合理事卻認為是第一次調查委員會發表結果之後，基因資料的再分析等重大疑點才變得明朗，因而自吹自擂地反駁：「結合上次調查委員會與本次調查委員會的調查範圍，我們認為事件全貌已經極為接近釐清。這是結合兩次調查努力的合體技，希望各位理解這點。」儘管理研總部應該曾試圖阻止若山與遠藤公布分析結果，她的說法卻彷彿完全沒有這回事。

也有記者詢問野依理事長等幹部的進退問題，但有信理事只是回應道：「理事長已對各理事提出嚴厲警告，理事長和各理事也自願減薪。我們認為這樣已經行使了處分。」

同日，小保方的代理律師三木秀夫在大阪市內接受記者團採訪，並在談到ES細胞混入問題時，大力否認是由小保方混入：「小保方相信沒有混入。更不可能是由她自己混入。」他接著表示因為「她的健康狀況非常差，很難與她取得聯絡」，並未對今後的應對發表看法。

二〇一五年一月五日，新年伊始，這一天是對第二次調查委員會提出異議申訴的最後期限。小保方曾正面反駁第一次調查委員會的結論，並稱「我的心情充滿了驚訝與憤慨」，所以我原本以為她這次也會提出申訴，但隔天採訪理研時，我得知了她並未提出申訴。新認定的兩起造假成為定案，ＳＴＡＰ論文的不當研究行為攀升到四起。

調查委員看到了什麼？

為何無法釐清不當行為的全貌？我帶著不解的心情，從一月下旬到二月，訪問了調查委員會的幾位成員。

「身為科學家，我想知道ＳＴＡＰ現象到底有多少成分是正確的。」某位委員如此表達了他接受這項職務的動機。據該委員所言，理研當初說明「這只是針對論文的調查」，並要求只調查三十項疑點，至於ＳＴＡＰ現象是否存在等「研究內容的驗證」，則不屬於調查範圍。然而調查委員會並未答應此一要求。另一位委員表示，在第一次調查委員會成員也列席的初期討論中，桂會長曾高聲表達「上一次的調查委員會只調查圖表製作的不當行為，沒有對研究內容進行科學調查，導致大部分生命科學領域的研究者不滿」。

另一方面，理研的態度也大大影響了調查結束的時間。根據理研規定，調查應在調查委員會成立後的一百五十天內結束，因此調查原本可以持續到二月下旬，但調查進行到一半的十月份，卻拍板定案將在「年底」舉行記者會，到了十二月初，更是連記者會的日期都設定好，就訂在二十六日，調查委員會只能從截止日期反推調查的進度。而理研給出的理由是，共同作者所在的哈佛大學預計在一月份完成調查。

雖然對殘存樣本等做的分析結果，一直到十二月以後才全部出爐，但ＥＳ細胞的混入其實在調查開始時就幾乎確定。某位委員證實：「委員會從一開始就是希望能確定混入的執行者是誰，才進行調查的。」

調查委員會對主要關係人分別進行了多次詢問調查，但可以看出對小保方的調查最令人傷腦筋。根據幾位委員的說法，理研方面最初說小保方健康狀況不佳，情緒也不穩定，如果一次提出太多要求將導致她陷入恐慌，因此希望能夠盡量避免。有時候以書面提給小保方的問題，也需要花好幾天才會送到她本人手上。某位委員如此回憶：「她好像住在城堡裡的公主。」當時驗證實驗正在進行，相信驗證團隊是希望避免小保方的精神狀態徹底惡化，導致她完全無法配合實驗或調查。關於這點，受訪的委員意見分歧，有人認為「理研過度保護小保方」，也有人認為「如果沒有他們的保護，能否順利完成詢問調查都是個未知數，所以這是適當的措施」。

調查委員會提出三項要求，分別是當面進行詢問調查、書面答覆質疑以及提交原始資料，但原始資料直到最後都未能提交，書面答覆則是在調查接近尾聲才終於送達。當面詢問調查原本也看似難以實現，最後是調查委員會奔赴神戶才得以進行，分別在十一月上旬兩次、十二月中旬一次，執行三次各兩小時的調查。

委員會讓小保方自由暢談她願意說的內容與想說的內容，除了穩定她的情緒之外，也讓她與委員會建立起一定程度的信賴關係。委員會的基本方針是不以質詢的方式提問。同時還最大限度地照顧小保方的感受，例如減少第一次和第二次拜訪的人數，避免造成她的壓力。

「結果她說了很多話，有時甚至非常開心。」某位委員描述。

在第一次面談中，小保方甚至滔滔不絕地講述她對ＳＴＡＰ現象的理論和感受，超過了預定時間三十分鐘。

「該怎麼說呢？她彷彿有自己的世界，我覺得自己也被吸引進去。她的話語就像這樣有一定程度的說服力。」（前述委員所言）

那是第一次詢問調查接近尾聲的時候。小保方正在描述撤回論文的經過，當提到與共同作者之間的分歧，她彷彿壓抑不住情緒般開始哭泣，就這樣坐在椅子上重重地垂下頭不再動彈。看起來就像失去意識。最後，她在CDB副主任的攙扶之下離開房間。「她看起來很可憐，後來還流下眼淚。」（另一位委員所言）據說在回程路上，委員們一下子都變得對小保方充滿同情。前述委員如此回憶：「真相究竟何在，那是我渴求真相的心情最強烈的一天。」

另一方面，小保方雖然努力回答，但有時她的記憶零散不全，有時闡述的內容明顯與客觀事實不符。「事後冷靜下來，對照其他資訊，就發現她的理論根本站不住腳，我不得不認為她有不少錯誤的發言。」（前述委員所言）

「充滿許多離譜的『過失』」

關係人之間的證詞也有諸多出入。舉例來說，對於沒有將ATP製作法寫進論文的原因，小保方表示「如果寫進論文就會被其他研究者趕上，所以我與若山教授商量之後，決定不寫進去」，但若山則否認「我不記得自己說過這樣的話」。由於詢問調查是單獨進行，而且機會有限，很難釐清這些不一致的證詞。

據多名委員透露，他們在理研的樣本基因分析結果完全出爐後，第三度對小保方詢問調查，而小保方一開始就斬釘截鐵地表明「我絕對沒有混入ES細胞」。在委員詳細說明分析結果或提出具體問題之前，小保方搶先發言，這讓部分委員感到措手不及。「那麼為什麼會混入呢？」面對這個問題，小保方的回答是：「那是我最想知道的事情。」

關於混入的問題，調查委員會幾乎沒有機會根據科學分析結果再度追問。某位委員仔細地為我說明他在詢問調查時的想法。雖然在第三次詢問調查前不久，分析結果出爐，顯示小保方獨自實驗做出的畸胎瘤是來自ES細胞，但正如調查委員會的最終報告所說，我們無從得知在培養STAP細胞的這七天發生了什麼事，也不知道被證明為STAP細胞真身的ES細胞，為什麼會出現在小保方的研究室。這代表畸胎瘤的分析結果，也無法作為推翻小保方「沒有混入」這段發言的證據，所以在此基礎上提問並不恰當。

這位委員還另外透露，再次分析已公開的基因資料時，以九比一的ES細胞與TS細胞混合而成，並且疑似人為恣意混入的FI幹細胞，是「我們直到最後都還在追查不當行為的部分」。然而就和畸胎瘤一樣，可能操作樣本的相關人士不只一個，無法鎖定是誰在什麼階段進行操作，最後不得不放棄。

有關小保方無法提出原始資料的爭議，報告書屢次出現「（因無從確認而）無法認定為造假」這樣的描述，也有委員吐露了他們對此事的羞愧。

「充滿了離譜的『過失』。因為缺乏資料、當事人說自己誤會或弄錯了，就無法認定為造假，這種結論就算被挑戰也不足為奇。調查委員會判斷這是非強制性調查的極限，我個人也覺得這是無可奈何的事情，但在這樣的調查中，反而是誠實提出資料的人罪責更重……」

小保方在第三次詢問調查後才決定請辭。雖然理研總部已向桂主席確認是否影響調查，但似乎並非全體委員都知道此事。據說，至少有兩名委員是在看到媒體報導之後才知道。「這是怎麼回事？」、「我心裡『啊？』了一聲」，兩人都表示了當時的驚訝。

混入ES細胞的到底是誰？這個從一開始就存在的最大謎團仍未解開，調查就結束了。一位委員透露「這是最大的遺憾」，並接著說：「之後唯一能做的就是讓相關人士自己坦白了。」

小保方「相當於懲戒解雇」，若山「相當於停職」

二〇一五年二月十日，理研公布了對STAP事件關係人的懲戒處分。小保方受到的處分「相當於懲戒解雇」，若山則「相當於停職」，而若山也在同日被免除了理研客座研究員的職務。但兩人原本就已離開理研，因此並未受到具體懲處。

論文發表時的ＣＤＢ主任竹市雅俊（現任ＣＤＢ特別顧問）遭受「譴責」處分，ＣＤＢ團隊負責人丹羽仁史則未受懲戒處分，而是嚴厲的書面警告。竹市表示將主動返還三個月薪水的十分之一，並發聲道：「我身為當時的中心主任，對於未能提前發現不當研究行為，阻止不適當的論文發表，負有重大責任。」對於自殺身亡的前ＣＤＢ副主任笹井芳樹，理研也做出了處分判斷，但「因為他已去世，不對外公布」。理研也透露，正考慮之後對小保方提出刑事告訴，並要求她返還涉及不當研究行為的研究經費。至於已提出國際申請的ＳＴＡＰ細胞專利，理研認為「極可能難以取得有益權利」，決定放棄專利持份。

理研的就業規程規定，若遭認定有不當研究行為，將處以懲戒解雇或退職勸告處分。理研人事部長堤精史在向記者簡報時，針對小保方相當於懲戒解雇的處分進行說明，他表示「小保方遭認定多項不當研究行為，資料管理等方面也相當粗糙。同時也考量了此事造成的社會影響」。

若山教授則發表聲明：「對於造成莫大困擾深切反省同時也致上歉意。今後我將全力投入教育研究以負起責任，並努力恢復大家的信任。」他所屬的山梨大學表示，若山有意辭去該校發育工程學研究中心主任一職，以負起責任。該校評估之後，於二〇一五年三月上旬宣布對若山提出嚴重警告，並暫停其中心主任職務三個月以茲處分。校方認為，有鑑於若山本人並未被認定不當研究行為，且主動採取願意負責的態度，因此判斷「不具備必須辭退的惡意」。而校長前田秀一郎也因為這個問題，決定自願返還十分之一的月薪。

野依理事長的卸任記者會

大約在同一時間，透過清水健二與大場愛兩位記者對相關人士的採訪，我們得知理研理事長野依良治將於本月底辭任，於是《每日新聞》便在三月七日早報刊出這則消息。二〇〇三年十月理研成為獨立行政法人，野依就出任首屆理事長。他曾兩度連任，現在則將在他第三個任期還剩三年時辭職。執政黨相關人士透露，野依因年事已高，早已決定在理研被指定為「特定國立研究開發法人」的各項條件完備時辭任。雖然該法人的相關法案因ＳＴＡＰ問題延後提出，但文部科學大臣下村博文已在二〇一四年十二月左右，示意將在二〇一五年的例行國會中提出法案。

三月二十三日，野依理事長於埼玉縣和光市的理研總部召開記者會。奇怪的是，野依本人拒絕談論辭任一事，並說「我無可奉告」，但內閣次日就將決定他的繼任者，所以這實質上就是一場卸任記者會。

這是自二〇一四年八月以來，野依時隔七個月首度在公開場合談論STAP問題。當被問及為何沒有出席之前的記者會，他說「有其他比我更適合（說明）的理事」、「我每次都有發表聲明」，表明他認為沒有問題。

他對於調查委員會得出STAP細胞不存在的結論「深感遺憾」，並對組織未能防止不當研究行為致歉。他表示在指控剛出現時「以為那不過是不小心放錯圖片的問題」，對於理研當時「不影響科學成果」的說明，則表明「在調查進行中不應該發表帶有預設立場的見解，關於這點我也在反省」。

關於理研慢半拍的反應，他承認「社會大眾的關心與速度，與我們認為合理的做法及價值觀有所差距。現在回想起來，應該更快處理才對」，至於自己身為組織領導者的責任，他則認為「我在每個情況下都做出了最適當的判斷」，並說「我想沒有任何自律的研究組織的負責人（因為不當研究行為而）引咎辭任的案例」，否認引咎辭職的說法。

野依良治

我在上半場及下半場共有兩次提問的機會，主要問題都是有關疑點浮現後的一連串反應。我首先詢問他對STAP細胞實屬虛構的看法，他回答：「非常遺憾。我認為最大的原因在於許多人參與了研究現場，卻都沒有相互驗證。另外，雖然理研全體實施了各式規定及倫理教育，卻做得不夠徹底，我對此相當羞愧。」

在二〇一四年六月底宣布將展開新疑點的預備調查之前，理研都表示「不會重啟調查」。第一次調查委員會得出結論後的四月到六月，理研的應對是否存在問題呢，聽聞這個問題，野依如此說明了原由：

三月九日發現影像與小保方博士論文一致時，研究者們與負責的理事開始覺得「這下子問題大了」。雖然三月下旬開始保存樣本，但要判斷每份樣本分別是什麼物質，就花了大約三個月作業時間，這也在某方面延誤了科學驗證。

除此之外，他所描述的內容也很耐人尋味。

「研究界也對真相該釐清到什麼程度有不同看法，認為撤回論文的話就等於全部作廢，所以（釐清）就到此為止，這種觀點也相當主流。撤回的理由可能五花八門，像是蓄意的不當研究行為或重大的技術過失等，但重點是撤回了就會歸零這件事，所以可以畫下句點。我自己多少也有這樣想過，所以還曾呼籲作者們趕快撤回。」

回想起來，理研表明「不重啟調查」的方針時，其中一項理由就是「作者正準備撤回論文」。這背後原因難道是理事長「只要撤回就不需要追究真相」的想法嗎？但理研當時正一步步推動驗證實驗。

「我想研究社群所批評的是，儘管你們曾表明只要撤回論文就不會再調查，另一方面卻正緊鑼密鼓地進行驗證計畫，而這種做法，也與剛才只要論文撤回就結束的觀點互相矛盾。」面對我的指正，野依含糊地說「我想當時有許多不同的想法交錯」。

他剛說完，一同列席的坪井理事就插話：「我們在（論文撤回前的二〇一四年）六月中旬，就向外界表明將驗證留存的樣本了。」

「但確實在某段時期，即使對改革委員會再三提出要求，委員會也表明『不會重啟調查』。關於這方面的回應，您現在回想起來是否覺得適當？」我再度追問後，野依終於承認：「現在回過頭來看，我想當初應該更早重啟調查。」

在未釐清責任的情況下撤換管理階層

其他記者的提問則集中在事後回應的問題點，以及理事長等幹部隨之而來的責任，但野依理事長卻總是提到作者群在論文發表前的問題，經常答非所問。他說最需要對這一連串問題負責的是「第一線的研究者」，而「前研究員小保方晴子雖然責任重大，但主要問題還是研究團隊未能防止（不當研究行為）」。關於至今仍不清楚ＥＳ細胞混入的經過，他則表示「研究實屬虛構是重要的結論，我認為真相已經釐清」，否定了今後進一步調查的必要。

我在第二次提問時也繼續追問這一點。

「剛才現場記者就多次詢問理事長與理事的責任。我們知道去年秋天你們確實主動返還了薪水，但隨後驗證實驗結果與調查委員會的結論出爐，證明了整個研究都是虛構的，而且無法釐清真相。關於這點，理事長與理事該如何負起責任呢？」

「我認為就大方向來說，真相已經揭曉，只是無法釐清所有詳情。理研只有五位理事。他們在繁多的職務中相當犧牲奉獻，我非常感謝他們。」

「所以您是認為，在主動返還部分薪水之後，就不需要再對驗證實驗與調查委員會的結論負責了是嗎？」

「沒錯。」野依堅定地說。

我在當天解說報導的末尾寫下這樣一段話：「原管理階層對ＳＴＡＰ問題的責任尚未釐清，在此情況之下便撤換人事，恐將招來對『新生理研』組織管理能力的質疑。」

前京都大學校長松本紘被選為新任理事長，野依理事長則於三月底卸任。同一天，包含川合真紀在內，四位處理ＳＴＡＰ問題的理事也因任期屆滿而卸任，管理階層大換血。關於川合理事，由外部專家組成的改革委員會在二〇一四年六月發聲，批評理研處理不當，要求將其撤換，但川合理事當時否定了辭職。同年十月上任的有信睦弘理事則為連任。據說「年事已高」是野依理事長辭職的最大原因，但他在同年六月時，卻又擔任國立研究開發法人科學技術振興機構的研究開發戰略中心主任，以及東麗公司的外部董事。

至於請小保方返還研究經費的要求，二月時仍在評估，而理研在二〇一五年三月二十日宣布，將要求小保方返還約六十萬日圓的論文投稿費。投稿費是以營運補助金支付，返還後將繳回國庫。理研規定，被認定有不當研究行為的人員，必須返還全額或部分的研究經費。由於被認定為不當研究行為的只有四份圖表，因此判斷只需返還部分研究經費，而非全額。

另一方面，理研也宣布將不提起刑事告訴。因為根據理研的資料，為了辦理刑事手續，必須在告訴前後滿足「構成犯罪事實的要件」，也就是確認混入ＥＳ細胞的「特定行為人」以及「故意混入的證據」。然而無論哪項要件，第二次調查委員會都判斷難以達成，就算理研再度進行調查也難以釐清，所以決定不提出告訴。

小保方在二〇一五年七月六日匯回六十萬日圓的論文投稿費。代理人三木秀夫律師於次日說明，「委託人雖然不認同理研的調查結果，但為了避免進一步的爭議，決定返還費用」。

博士學位也確定取消

在此，也說明一下小保方博士論文的結局。二〇一四年十月做出「緩期一年撤銷」

這項史無前例的決定後，早稻田大學於二〇一五年十一月二日宣布，確定撤銷小保方的博士學位。校方要求小保方重新提出博士論文，但她並未在緩撤銷期間完成修正作業，因此將被視為未提出論文而遭到退學。

校長鎌田薰在記者會上說明，「我們判斷無法讓沒有博士論文的學位繼續存在」，並表示「我認為最讓我們失去信用的主因，就是授予了學位」。

校方表示自二〇一五年五月底聯絡到小保方以後，教職員就開始指導她修正論文。小保方也接受倫理教育，並一共提交了四次的修改稿。但因為實驗方法、結果與探討的記述不足，論文未能完成，早大的先進理工學研究科於十月二十九日決定不予複審。小保方雖然要求延長緩撤銷期間，但校方拒絕了。

小保方在同一天透過其代理律師三木秀夫發表聲明，稱「我對於審查過程的公正與公平大感疑問」，也考慮提起要求撤銷此一決定的訴訟，但三木律師說「目前尚未得出結論」。

小保方在聲明中表示「我對此決定感到失望」，並控訴該決定「不符合學位規章的撤銷條件」。她透露自己明明重新提出了修改後的論文，但審查教官卻告訴她：「看業界的反應也知道，你的博士學位根本不被接受不是嗎？」她批評「這是重視社會輿論風向的結論。這道手續從一開始就是以不讓人合格為前提來進行的」。

據三木律師說，小保方在ＳＴＡＰ細胞論文的問題曝光後就病了，直到二〇一五年春天前後都在住院。「我雖然已經提出診斷書，但校方並未考慮我的身心狀態，仍對我施加嚴格的時間限制等條件。」小保方如此主張，並表示她打算於本年度內，在網路上公開重新提出的博士論文與資料。

兩天後，早稻田大學在網站上發表了反駁文件，稱小保方的這些主張「事實關係有錯，當中也有誤解」。聲明重申，撤銷博士學位是因為她未能在一年的緩撤銷期限內，完成博士論文的修正作業並重新提出，亦指出「論文修改的標準，完全只看是否基於科學根據，提出符合博士學位的理論說明」。

STAP問題的結局

英國科學雜誌《自然》於二〇一五年九月二十四日發表了兩篇論文，這兩篇論文象徵著ＳＴＡＰ問題在科學界已經結束。

一篇是美國哈佛大學教授喬治・戴利（George Daley）等人的報告，內容指美國、中國、以色列共七個團隊，分別獨立進行了共計一百三十三次的複製實驗，但一次也沒有製造出ＳＴＡＰ細胞。除了ＳＴＡＰ論文記載的方法，他們也嘗試了該大學教授查爾斯・維坎提等人自行發表的方法，但無論哪個方法都沒有成功。

另一篇論文出自理研負責分析殘存樣本的研究團隊，是關於「ＳＴＡＰ細胞來自Ｅ

S細胞」的詳細報告。主導分析的團隊負責人松崎文雄在受訪時表示：「這項研究在國際上也帶來極大影響，因此我們判斷，有必要將樣本分析結果以科學論文的形式報告。」

發表在《自然》上的STAP論文已於二〇一四年七月撤回。刊登已撤回論文的相關報告並不常見。作者群在撤回理由中並非針對STAP現象，而是對「STAP幹細胞現象」表示「很難懷著自信說明該現象正確無誤」，但幾乎與這兩篇論文同時發表於該期刊的評論卻這麼說：

「論文撤回時的說明，仍保留了STAP現象真實存在的可能性。（中略）但這兩份報告明確指出了該現象並不存在。」

FINAL CHAPTER

最終章

事件留下的教訓

二〇〇二年美國發生了有關超導體研究的弊案「舍恩事件」，接著二〇一八年京都大學iPS研究室爆出論文造假事件。透過與這些事件比較，就可看出STAP問題事後處理的失敗之處。

小保方的手記《那一天》出版

隨著第二次調查委員會的調查結束，以及根據結論對相關人員做出懲戒處分，不當研究行為問題STAP細胞事件姑且落幕了。然而，餘波在此後的一年多仍持續發酵。

引起最大轟動的是二〇一六年一月，小保方晴子的手記《那一天》（講談社）出版，甚至成為暢銷書。小保方在二〇一五年十一月博士學位確定遭到取消時，曾允諾將公開博士論文與相關資料，而首先令我驚訝的就是這項承諾尚未履行，她卻率先發表了手記。但這是自二〇一四年四月的記者會後，就不曾在公開場合發言的研究當事人的手記。我急忙讀過出版社在發行日前分發給各媒體的樣書。

小保方在手記開頭為自己引發的一連串騷動致歉，並且如此描述執筆的動機：「我認為如果就這樣保持沉默，等待世人遺忘這樁引起社會軒然大波的事件，將是一種更加懦弱的逃避。因此，我決定揭露自己的軟弱和不成熟，在這本書中寫下真相。」

到底是什麼樣的「真相」呢？我期待能讀到採訪與兩次調查委員會都未能釐清的事實，但期待卻被失望取代。因為很明顯地，關於STAP論文與博士論文被認定為不當行為的部分，有許多讓人不得不質疑的敘述，而在對小保方不利的「客觀事實」部分，相關描述不是少到誤導讀者，就是完全隻字不提。

舉例來說，對於STAP論文中，被第一次調查委員會認定造假的四張畸胎瘤圖片，小保方在書中寫道：「我從學生時期開始的論文，就一直在研究因各式壓力而變化的細胞，後來將研究重心改成因酸處理而變化的細胞，也限制壓力的種類，但我在重寫論文途中忘了抽換畸胎瘤的照片，這就是原因所在。由於我疏於仔細檢查，這項錯誤就發生了。」

然而正如本書第五章所述，二〇一二年四月，小保方首度投稿《自然》卻被退回的論文中，包含這四張在內，就使用了九張與博士論文酷似的圖片，而二〇一三年三月再度投稿該期刊時，九張中的五張換成了其他圖片。事實上她不是「忘記抽換」，而是「只抽換一部分」。至於為什麼當時保留了那四張有問題的圖片，手記中並未說明。

對於最初兩起不當研究行為的認定，她則說「我認為這是受到社會輿論壓力影響所得到的結論，對此非常難過」，如此缺乏不當行為的自覺也令人在意。

更令人驚訝的是關於驗證實驗的描述，「多能性基因與Oct4蛋白質的觀察結果有一定的複製性」，「我所發現的未知現象正確無誤，我在若山研究室負責的實驗部分中，『STAP現象』的複製性獲得確認」，寫得像是複製實驗已經取得部分成功了一樣。然而，這些說法與本書前章詳細介紹的理研報告內容互相矛盾，而且她也沒有提供任何具體數據來證明「一定程度的複製性」。此外，書中也沒有介紹全球七個團隊嘗試複製實驗卻都失敗的狀況。

隨著手記來到後半段，愈來愈多描寫壓力導致身心狀況惡化的文字。書中強調，第二次調查委員會的聽證會是她身體狀況最糟糕之際，當時她「就連撐起身體都有困難」（第一次提及），「在甚至難以正常對話的情況下進行」（第二次提及），不僅如此，她還反覆主張調查委員採取了「如同強迫自白的詢問方式」。

對於新被認定為造假的兩張圖表，手記裡幾乎沒有具體解釋，取而代之的是辯解，聲稱「這是為了清楚呈現具有複製性的實驗結果所做成的圖表」。但就如上一章所述，根據調查委員對這兩張圖的調查報告，論文中顯示的結果從未出現過，就連能做出細胞增殖曲線圖表的實驗，都令人懷疑是否真實存在。包含這兩起造假在內，書中完全沒有提出論文圖表的原始資料，也未提及不提出的理由。

小保方最想描述的「真相」，可以從關於若山照彥的記述中窺見一二。手記中的若山最初是謙虛、親切的嵌合鼠實驗協助者，但隨著研究進展，這種印象也急速改變。他變得沉迷於ＳＴＡＰ研究，違背小保方「意願」，試圖半強迫地主導研究；在疑點曝光後轉而與ＣＤＢ共同作者保持距離，片面發表聲明，並在受訪與調查委員的聽證時反覆做出自保的發言……書中有許多這種站在小保方觀點的描述。

耐人尋味的是，對於二〇一四年六月「遠藤分析」與「若山分析」結果相繼出爐，小保方甚至形容「感覺就像是陷阱，要將我套進混入ＥＳ細胞的故事裡」，但在理研已對ＥＳ細胞混入的事實提出關鍵科學驗證一事上，她的說明卻少之又少。至關重要的混入實情在手記中依然含糊不清。「（經過基因分析的）許多樣本都是我在若山研究室時製作的」，儘管像這樣將讀者目光引向若山的描述隨處可見，但卻完全沒有提到在若山調到山梨大學後才實施的，被懷疑刻意混入兩種細胞的ＦＩ幹細胞基因分析。

小保方如何面對與呈現事實？

儘管就手記的性質來看，內容難免會偏向主觀立場，但既然以「寫出真相」為前提，就不能無視客觀且重要的事實。雖然我很想再次向小保方確認事實關係以及她的真實意圖，但出版社分發樣書時，就已經告知當事人不打算接受採訪或召開記者會。

那麼關於無法從調查委員會報告等資料確認的部分，小保方是如何處理事實的呢？有一個方法可以分析。

那就是透過像「尤其是《每日新聞》記者須田桃子的採訪攻勢，甚至讓我感受到殺意。如同威脅般的郵件以『採訪』的名義寄來」這樣，書中好幾次點名，提及我個人採訪以及《每日新聞》報導的文字來做檢驗。我從未在記者會之外的場合與小保方見面，也不曾沒事先預約就跑去研究所或她家堵她。基本上我只會透過電子郵件嘗試獨家採訪，而這些全都留有紀錄，我想可以排除我自身的主觀意識與成見來驗證。也許有人會說，由被指控者進行的驗證沒有意義，但我還是想寫出來以供參考。

小保方在疑點曝光後不久，就指定三木秀夫為其法律代理人。因此我只有一次直接發送電子郵件給她本人，那是二〇一四年三月的事，後來直到二〇一五年十月下旬所寄送的十幾封郵件，收件人都是三木律師。這些郵件的內容包括當面採訪的申請、詢問事項、未答覆事項的確認或請她再度回答。詢問事項涵蓋了STAP論文科學疑點或論文撤回的動向，其中許多問題我也問過笹井和若山等其他責任作者。二〇一五年時，我也針對小保方的博士論文，以及作為該論文依據的學術論文提問。三木律師以小保方的「精神創傷」和主治醫師的指示為由，多次回信拒絕回答，最終連一次也沒有給出實質的答覆。三木律師在二〇一五年十月的回信中表示，他現在並未接受個別回應媒體的委託，也無法轉達問題。

手記並未像這樣說明我具體提問的事項，或是電子郵件的實際內容。雖然有「……她的採訪方式就是即使強迫也要獲得某種回應」，「無論我如何回覆或回答，真相都不會被公平地報導出來……」的描述，但因為她沒有回覆，也不曾與我會面採訪，我就算想在報導中加入小保方的主張或見解，事實上也根本不可能。

我反覆查看當時的電子郵件，依然忍不住覺得「甚至讓人感覺到殺意」、「我覺得那些手段是暴力」、「像是威脅般的電子郵件」等各種形容，並未反映出採訪的實情。再說，小保方是STAP論文的第一作者與責任作者，如果連用電子郵件提問、申請採訪這種最低限度的努力都不做，我反而會為自己的怠惰而羞愧吧！

無論如何，能夠略微了解小保方如何面對與呈現事實，對於追蹤這個問題的記者來說，依然是個小小的收穫（題外話，我在手記出版後就立刻把所有發送給小保方和三木兩人的採訪電子郵件及內容清單提交給當時的上司。就「甚至讓人感覺到殺意」、「《每日新聞》單方面洩露資訊的肆意報導」等描述，每日新聞社向出版社與小保方提出了書面抗議）。

手記出版約兩個月後，小保方所預告的網站「ＳＴＡＰ ＨＯＰＥ ＰＡＧＥ」也上線了。該網站以全英文書寫，內容除了其他科學家對ＳＴＡＰ細胞製作的期待之外，還列出了至今的經過、製作步驟，以及被視為驗證實驗部分結果的圖表，但說明多能性相關基因在成形細胞內如何運作的柱狀圖，明顯與理研公布的圖表不同。話說回來，如果希望以科學家身分，反駁論文的疑點以及公布的驗證實驗結果，選擇沒有審查的個人網站原本就不合適。網站沒有提供聯絡方式，無法確認其真正意圖及原始資料。在網站上也有關於博士論文的公告，表示「正在與相關人士商討訴訟與向其他大學重新提出的事宜」，因此延後公開。

網路上多次出現報導，內容引用海外研究者的論文並聲稱「ＳＴＡＰ細胞成功再現」，但每次查看原始論文都會發現內容不是與之完全無關，就是反而在否定ＳＴＡＰ細胞。因為這許多的錯誤資訊，以及小保方的手記與網站，至今仍有人深信ＳＴＡＰ細胞存在，或提出其成果是遭政治及媒體力量摧毀的陰謀論。然而，未遵循基本科學程序的ＳＴＡＰ細胞存在論，簡直可說是踏入了偽科學的領域。

研究與不當行為的調查耗費了約一億四千五百萬日圓

小保方過去曾經參與的研究中也發生了一些狀況。二〇一六年一月，在她手記出版前不久，英國科學期刊《自然》的姊妹刊《自然．方法》，撤回了小保方等人在二〇一一年發表的論文。撤回申請是由掛名責任作者的前日本再生醫療學會理事長，也就是東京女子醫大特聘教授岡野光夫，以及除了小保方以外的共同作者群所提出。

該論文內容是關於再生醫療中使用的細胞層片的性能，自二〇一四年ＳＴＡＰ論文發表以來，網絡上就對其提出質疑。該論文的第一作者是小保方，共同作者包括在她研究所時期，負責指導她的東京女子醫大教授大和雅之，以及她在早稻田大學的博士論文指導教授常田聰。根據報導，論文當中存在著兩張圖片非常相似等多項問題，三名共同作者無法確認圖片的原始資料，對結果缺乏信心，因此申請撤回。該期刊曾試圖徵詢小保方意見，但未能聯絡上她。

另一篇在ＳＴＡＰ論文之前，由小保方以第一作者身分於二〇一一年發表，同時成為她博士論文基礎的論文，也被指出多處使用相似的圖片，並在二〇一四年以「錯誤配置和重複使用」為由進行修正。

ＳＴＡＰ問題所造成的巨額「損失」也被揭露。根據會計檢查院[10]調查，二〇一一至二〇一四年度這四年間，用於ＳＴＡＰ細胞研究與不當行為調查的費用，總額高達約一億四千五百萬日圓。而包含人事費用在內，ＳＴＡＰ細胞研究經費自二〇一一年度起，在三年間共花費約五千三百二十萬日圓，其中也包含了工程費約一千一百四十萬日圓，用於小保方帶領的研究單位研究室裝潢。至於兩度成立調查委員會、分析殘存樣本、諮詢法律專家，以及職員心理關懷等論文調查及驗證費用，則共花費了大約九千一百七十萬日圓。

根據會計檢查院的資料，理研的預算主要來自國家撥付的營運補助，而ＳＴＡＰ細胞的研究與調查幾乎由營運補助支付全額，也就是完全來自稅金。

這裡也有一些未被計入的「損失」。那就是對虛構論文一無所知，反覆執行複製實驗的海內外諸多研究者的時間與經費，以及研究者參與殘存樣本分析、擔任調查委員會委員所花費的時間。

對於參與分析工作的研究室成員近乎奉獻的努力，指揮理研科學驗證的ＣＤＢ團隊負責人松崎文雄表示：「他們在身為研究者最重要的時期，專注於無法轉化為業績的作業。我對此的感謝之情無以言表。」他自己也在二〇一四年大約十個月之間，將高達百分之九十五的工作時間都耗費在驗證上。他說：「真的很空虛。但是既然事情已經發生

10　編註：日本政府設立的獨立審計機關，地位與內閣平行，負責國家與政府機關之財政審查。

了，就必須有人去做。」這麼多研究者失去的時間如果都能運用在原本的研究上，不知道會取得什麼樣的進展？想到這一點就令人更加鬱悶了。

京都大學・iPS研究室如何面對論文造假？

我認為理研處理此事最大的問題在於，雖然他們很早就規劃驗證實驗並付諸實行，但除了兩件不當研究行為之外，卻長期對其他多個被點名的論文疑點置之不理。隸屬於理研的主要作者也主張「論文瑕疵與科學的真偽是兩回事」。但實驗目標最初僅限於「STAP現象的科學驗證」，直到七月小保方參與之後，才賦予其驗證論文的意義。此種態度散播了錯誤認知，彷彿STAP細胞的有無比查明不當行為全貌更重要，而且只要在驗證實驗成功複製，論文的主張就能正當成立。結果導致平息騷動的時間拉長，也耗費了更多金錢與勞力調查。

「STAP細胞是否存在」的確是最容易理解，而且大眾也相當關心的議題。小保方在記者會上斬釘截鐵的一句「STAP細胞是存在的」，也助長了這點。

然而，科學是長年以論文形式彼此發表成果、相互驗證結論，並由此發展起來的學問。照理來說，STAP論文才是STAP細胞存在的唯一根據。但研究機構本身只考量社會大眾關心程度，忽視並拖延論文本身不當行為的調查，這樣的行為也可說是否定了科學運作的方式。理研的應對讓科學家群體深感失望，結果也導致了問題的延宕。最重要的是，理研失去了研究機構最寶貴的「信任」。

關於對不當研究行為的處理，後來發生了可作為模範案例的事件，在此想要介紹一下。

京都大學iPS細胞研究所於二〇一八年一月，公布該所助教山水康平的論文造假行為（同年三月被處以懲戒解雇處分）。犯行情節相當嚴重，共有十一張圖表被判定造假及竄改。後來得知，此案認定不當行為的關鍵，就在於復原了被山水刪除的筆電資料。

該所副所長齊藤博英教授擔任調查委員會會長，他與調查委員高橋淳教授、山本拓也副教授在受訪時表示，調查首先檢查構成論文的柱狀圖等圖表是否正確，方法是將實驗測量儀器上保留的原始數據與記錄實測值的一次數據，以及對一次數據進行各種分析後的二次數據相互比較。基於該研究所規定，一次數據與二次數據在論文投稿時就已提出，但調查委員會還另外存取山水多台電腦與硬碟中的資料，進行徹查。

調查顯示許多圖表的原始數據及一次、二次數據之間存在矛盾，數據明顯遭到有意操控，但沒有明確證據表明是誰做的。調查委員會注意到部分圖表的數據不足，於是嘗試從山水專用的筆電中復原被刪除的數據。他們還委託專業公司，花費了大約一百萬日圓。結果發現復原的數據中，含有多筆介於一次與二次之間的資料，這些數據被認為是竄改時的摸索過程。

對山水的詢問調查也表明了這些「1.5次」數據的存在。山水承認自己做出了不當行為，並表示沒有其他人參與，最後他被認定有造假行為。齊藤教授表示：「復原資料之後我們才得以驗證其中部分內容，這促成了迅速的調查。」高橋教授也推測：「（不當行為的認定）必須要有客觀事實以及當事人自白才得以成立。我們在當事人的筆記型電腦中發現了造假的痕跡，因此他也不得不承認吧！」

值得注意的是，山水在調查過程中要求進行驗證實驗，但調查委員會並未認同其必要性。他們自始至終都堅持徹查論文基本數據的態度。據說該研究所所長山中伸彌也是從一開始便採取相同方針。齊藤教授如此說明：「只要結果能夠複製，即使論文有不當行為也沒關係，這並不是正確的想法。如果不將調查範圍侷限在論文中的數據，調查就會拖得很久，也會對全世界的研究者帶來困擾。」

正如我多次提到的，在ＳＴＡＰ細胞事件中，小保方並未交出用來撰寫論文的筆電。二〇〇六年，東京大學教授多比良和誠、助教川崎廣明（兩者皆為當時的頭銜）等人發表的四篇論文，也被調查委員會評為「缺乏複製性與可信度」，這樣的評論實質上就是認定了不當行為，但這個問題也因為川崎保存實驗紀錄的電腦已經廢棄，而無從調查。這起事件也實施了驗證實驗。

與舍恩事件的比較

在思考STAP問題的本質與特異性時，有一個案例可作為參考。此案在第九章曾稍微提及，那就是二〇〇二年於美國貝爾實驗室爆發，被認為是規模史無前例的論文造假事件——舍恩事件。有關事件詳細經過，可參考追蹤報導此事的NHK總監村松秀所著的《論文捏造》（中央公論新社）一書。

貝爾實驗室是一家享負盛名的民間研究機構，曾催生出電晶體與雷射等電子工程基礎技術，並培育超過十位諾貝爾獎得主。來自德國的物理學家楊．舍恩（Jan Hendrik Schön）在二十七歲時移居美國，進入貝爾實驗室工作。他被形容為一個穩重、誠實又親切的優秀青年。從二〇〇一年一月在英國科學期刊《自然》發表論文起，他陸續在《自然》與美國科學期刊《科學》等頂尖刊物上，發表了多篇關於高溫超導體的劃時代成果。轉眼間，他成為了科學界的超級明星，甚至被認為是下一任諾貝爾獎得主。而與舍恩進行共同研究的巴特拉姆．巴特羅格（Bertram Batlogg）博士，則是超導研究的權威。

舍恩的論文颳起一陣狂熱的旋風，全球研究團隊紛紛嘗試複製實驗。然而包含貝爾實驗室內部的研究者在內，沒有任何一個人成功。二〇〇二年春天，兩名外部研究者接到吹哨者的電話留言後，開始調查舍恩的論文，並發現明顯存在資料造假的嫌疑，於是他們同時透過電話與電子郵件，向貝爾實驗室、《自然》等科學期刊，以及舍恩本人告發。貝爾實驗室於五月成立調查委員會，首先向全球募集檢舉線索，短短不到一個月就收到了多達二十四封檢舉函。

舍恩起初相當配合調查，但無論是實驗筆記或原始資料，他都拿不出來。他在調查委員會的聽證會上表示，「是從檔案當中隨意挑選符合論文內容的資料，來當成實驗資料的」。二〇〇二年九月，調查委員會發表報告書，結論是共有十六篇論文存在不當行為。舍恩遭到解雇，但巴特羅格博士等共同作者卻未被追究責任。曾被形容為「聖經」，多達六十三篇的舍恩論文，全都遭到撤回。

舍恩的母校德國康斯坦茨大學也調查了他在學期間發表的論文，結果雖然發現數據竄改等問題，卻沒有足以左右科學討論的「重大不當行為」。然而考慮到貝爾實驗室造假事件的重大影響，學校還是剝奪了舍恩的博士學位。（摘自《論文捏造》一書）

當STAP問題變得更加嚴重時，舍恩事件經常成為採訪小組的話題。

首先，不當行為發生的舞台極為相似。雖然CDB的歷史不像貝爾實驗室那麼悠久，但仍是日本生命科領域研究機構最成功的案例，在國際上也建立了穩固的地位。此外，如彗星般崛起的年輕研究者與德高望重的資深研究者搭檔、科學界在發表之初的興奮、未能發現不當行為的科學期刊審查系統、接連失敗的複製實驗、實驗筆記的不完備、從學生時代就開始的不當行為……兩者的共通點不勝枚舉。就連《論文捏造》中相關人士的發言內容，都與STAP事件有部分重疊，相當耐人尋味。

這些共通點包含了不當研究行為的典型要素，對於了解容易發生不當行為的狀況，或該如何防止類似事件再度發生的課題，想必都能有些啟示。我想試著思考其中幾個要點。

沒有做到審查職能的資深研究者

首先可以說的是，在這兩起事件中，核心部分的實驗都由年輕研究者獨自進行，站在指導立場的資深研究者並未充分履行他們的責任。

例如在舍恩事件中，研究成果的關鍵是在有機物表面覆蓋氧化鋁薄膜的樣本，但舍恩主張那是在母校康斯坦茨大學實驗製備的，即使被要求提供樣品，他也以各種藉口拒絕。巴特羅格博士從參與實驗的第一現場，也沒有看過樣本與原始數據。巴特羅格博士在事後的訪談中表示，舍恩是「能幹且勤奮的科學家」，並強調「彼此之間完全沒有師徒關係」，他們是站在互信的基礎上進行共同研究。（引自《論文捏造》一書）

小保方在與若山進行共同研究的期間，基本上也是獨自進行STAP細胞的製作實驗，若山曾在小保方指導下成功製作一次，但後來就接連失敗。此外，連同笹井和丹羽在內的主要共同作者，都沒有確認過小保方的實驗筆記以及主要原始資料。對於這一點，若山的理由是「因為聽說她是哈佛大學教授的得力助手，優秀的博士後」，笹井也解釋：「小保方畢竟是獨立的ＰＩ，不是我研究室的直屬部下，我很難提出『讓我看看你的筆記』這樣無禮的要求。」

即使是有完善分工體制的研究團隊，若核心部分只交由一人負責，而原始資料又不經檢查，這樣的環境依然容易成為不當研究行為的溫床。即便這個人是擁有博士學位又「獨當一面」的研究者，而且不論此人多麼優秀又值得信賴，道理也都一樣。可以說，這兩起事件如實展現了盲目信任個人將帶來多大風險。

一流科學期刊的陷阱

第二點想要提出的是，一流科學期刊的審查系統未能識破不當行為的問題。

在舍恩事件中，舍恩以異常快速的步調，接連在《科學》與《自然》分別發表了九篇與七篇論文。ＳＴＡＰ問題也一樣，儘管《自然》曾退回內容幾乎相同的論文，最後仍同時刊出了主論文與短文。

科學期刊收到論文的投稿後，編輯部會委託在該領域擁有實績的研究者審查，並根據他們回覆的意見判斷是否刊登。審查者當然不是揭發不當行為的專家，他們在審閱投稿論文時，主要的考量是科學上的一致性與重要程度，並依此給予評論。刊登與否的決定權始終掌握在編輯部手裡。

韓國的黃禹錫事件（造假論文於《科學》刊出）發生時，《自然》編輯部於二〇〇六年一月的評論文章中提到，「審查系統建立在論文所寫內容為真的信賴上，而非設計用來發現極少數的不當論文」。STAP論文撤回時的評論文章也強調，論文的刊登原則上是基於對作者的信任，並主張編輯部的努力有其極限。的確，像小保方這樣沿用博士論文圖片的特殊不當行為，很難事先識破，編輯部的見解並非完全沒有道理。

然而，審查者的謹慎意見是否被適當反映在發表的判斷上，這點則有待商榷。正如第十章介紹，在STAP論文重新投稿《自然》的審查資料中，審查者冷靜指出疑點，相較之下，編輯的「狂熱」就相當顯眼。由於iPS細胞開發當時，主要論文是發表於美國科學期刊《細胞》，有可能是在此背景下，編輯部想在關注度高的領域刊登一篇具衝擊力的論文，受此種強烈意念影響，最終做出了刊登的決定。

二〇一三年諾貝爾生理醫學獎得主，美國加州大學柏克萊分校的蘭迪．謝克曼教授（Randy Wayne Schekman，細胞生物學）在確定獲獎後，批評《自然》等期刊的編輯方針為「商業主義」，並宣布今後不再向《自然》、《科學》以及《細胞》這三大一流期刊投稿論文。根據記者八田浩輔的採訪，謝克曼教授對STAP問題展現出了危機感：

「在這次的問題上，《自然》等知名期刊本身也有很大的責任，因為他們企圖挑選出具衝擊力的研究成果。這些期刊所帶來的重大壓力，將研究者推向捏造事實的邊緣。」

無論如何，論文造假事件層出不窮，論文發表在一流科學期刊上並不保證其內容「正確無誤」，這是無法否認的事實。

然而論文的讀者——包括多數研究者、我們這些媒體，以及閱讀論文發表報導的大眾——往往不這麼認為。用帶有自我警惕的說法，那就是過去曾懷有「畢竟發表於一流期刊，資料應該也是完美無瑕」的潛在思維。但STAP論文所引發的諸多疑點，以及透過理研等機構的調查，所揭發的小保方資料管理疏漏情狀，無疑都打破了此種思維。

在STAP問題中，對初期的大肆報道也存在批評。我自己多次反思當初的採訪並捫心自問，但說老實話，即使時間能夠倒回二〇一四年一月下旬，我也沒有自信能在幾天內看出STAP論文的不當行為，看穿論文根據的資料存在疏漏，並建議主編不要寫成報導或以極小篇幅處理報導。

生命科學領域最近的案例中，我對於二〇一二年十月「使用iPS細胞進行世界首例心肌移植手術」的誤報記憶猶新。我在事前當面採訪了參與「臨床研究」的森口尚史，但他的話語中有許多可疑之處，所以最後決定不寫成報導。由於當時並非論文發表，而是提供即將在研討會上發表的資訊，因此《每日新聞》後來在報導研討會發表的內容時，都比從前更加謹慎，始終保持警覺。

那麼在論文發表的狀況下，如果科學期刊的審查無法發揮作用察覺問題，科學記者又應該依據什麼來判斷論文的「正確性」呢？雖然我們已經在傳達方式下了功夫，表明報導完全是根據論文與新聞稿資訊撰寫而成，但為了傳達最新的成果，仍有不得不仰賴論文發表的時候，因此還是必須思考更完善的科學報導方式。

學生時代開始的不當行為

第三點是，無論是舍恩或小保方，都是從學生時代就開始有不當行為。舍恩在學生時代的論文被指出了以下三點問題（引自《論文捏造》）：

- 論文中刊載了與實驗結果不符的圖表。
- 實驗紀錄不完整，未保存原始數據，因此不可能進行核對。
- 為了使圖表看起來更漂亮而篡改數據。

小保方的博士論文也如第十一章所介紹，存在著超過二十頁的「複製貼上」、多張盜用的圖片，以及論點不明確的部分。但這些行為在他們學生時代從未曝光，兩人均順利取得博士學位，展開研究者職涯。

要獲得理工科的博士學位，學生必須在大學畢業後，花上至少五年時間在指導教授底下專心投入研究，取得一定成果，並在設有審查機制的科學期刊上發表論文。也有人因為無法如願做出成果而中途放棄。

獲得博士學位絕非易事，正因如此，一旦獲得博士學位就會被視為「獨當一面」的研究者，代表已經掌握了一定程度的技術，具備獨立研究的能力。

然而以小保方的案例來說，她不僅資料管理不善，甚至連實驗紀錄都無法達標，這些都暴露出她作為研究者是公認的「不成熟」。廣大的究責聲浪因此襲向授予她博士學位的早稻田大學。

小保方也有特殊的情況。早稻田大學調查委員會的報告及其他文件顯示，小保方在大學三年級時加入常田聰教授的研究室，致力於微生物的研究，但在進入碩士課程之後，她就將志願轉到再生醫學領域。常田教授雖然在研究所期間仍繼續擔任她的指導教授，但再生醫學並非他的專業，因此小保方修習碩士課程的兩年，都是在東京女子醫大的先端生命醫學研究所，接受該校的岡野光夫與大和雅之兩位教授指導。她在這段時期的研究主題是「細胞層片工程學」（cell sheet engineering）。

接著在攻讀博士學位期間，她前後在哈佛大學查爾斯．維坎提教授的研究室留學十一個月，從事ＳＴＡＰ研究萌芽的「類孢子細胞」研究。此研究領域被稱為幹細胞生物學，這代表小保方自大學之後兩度轉換研究方向。回到日本後，她繼續在東京女子醫大從事研究工作，並與在理研CDB的若山教授展開合作。

小保方在日本的期間，常田教授在每週一次的專題討論上，都會確認她的研究內容與進度，但調查委員會卻在報告中指出「很難說對小保方進行了充分的指導」。據說，幾位熟知常田教授指導情況的相關人士也表示：「我認為常田教授並未完全理解小保方的研究內容。」

最後，小保方連在一個研究領域紮實接受基礎指導的機會也沒有，就這麼取得了博士學位。她自己也在四月的記者會上表示，「我從學生時代起就遊走於各個研究室，以自己的方式摸索出研究方法」（當然，這並不構成進行不當行為的理由）。

理研與貝爾實驗室的相似之處

第四點，我想指出這兩個研究機構在所處情況的相似之處。

貝爾實驗室隸屬於專門經營資訊通訊領域的朗訊科技有限公司（Lucent Technologies, Inc.）。舍恩活躍的二〇〇〇年至二〇〇二年，正值IT泡沫破滅時期，朗訊公司嚴峻的經營狀況也波及貝爾實驗室。廢除研究部門、刪減經費、裁撤調整研究人員，組織變動不斷。貝爾實驗室整體的論文發表數量也逐年減少，此時接連發表優秀成果的舍恩，對低迷的實驗室而言就是「希望之星」。（引自《論文捏造》）

另一方面，理研ＣＤＢ雖然並未像貝爾實驗室那樣陷入低迷，但來自政府的營運補助金與十年前相比少了一半。提供ＣＤＢ經營建議的諮詢委員會（外部專家委員會）在二〇一〇年的建議中指出：「不能否定持續刪減預算的可能性。因此ＣＤＢ應把握機會，精簡行政支援組織與核心服務，為經費刪減做好準備。」

作為副主任且負責申請預算的笹井，曾在過去的採訪中批評預算分配現狀：「政府過度偏重『立即』產生作用的東西，缺乏中期研究開發的眼光。」在論文發表後不久的二月上旬，他也在郵件中提到：「這次的題目（ＳＴＡＰ研究），毫無疑問，是不會拿到政府的研究計畫競賽補助的，而且因為是難以公開的想法，我想也不可能申請。」真正能夠帶來突破的研究無法靠補助支持，而即使ＣＤＢ在基礎研究領域持續取得世界矚目的成果，營運費補助金卻又遭到削減，這樣的決定真是愚蠢至極。我想這就是笹井先生想要傳達的訊息。

在研究方面，京都大學教授山中伸彌於二〇〇六年開發出小鼠ｉＰＳ細胞，二〇〇七年開發出人類ｉＰＳ細胞，這使得大眾對再生醫療的期望一口氣升高。二〇一〇年京都大學ｉＰＳ細胞研究所成立，隨即被定位為國家再生醫療計畫的核心。ＣＤＢ作為再生醫學研究據點的存在感逐漸變得薄弱。

《每日新聞》取得了ＣＤＢ主任竹市雅俊，向野依良治理事長舉薦小保方為研究小組負責人的推薦信，信中指出ｉＰＳ細胞仍存在癌化風險，並強調「開發（體細胞初始化的）新方法是當務之急」。提議解散CDB的理研改革委員會推測，在任用小保方的背後，有著「對超越iPS細胞研究的劃世代成果的強烈渴望」，我想這樣的推測相當準確。帶來STAP細胞的小保方一定也和舍恩一樣，曾是CDB的「希望之星」。

事實上，如果疑點沒有浮現，STAP研究應該會促使理研被指定為特定國立研究開發法人，進而享受各種優惠待遇的政策，說不定還能獲得與STAP細胞相關的龐大研究經費。

與舍恩事件的最大不同

儘管兩起事件有許多共通點與相似之處，但也有完全不同的地方。最大的不同點是所屬機構及母校在發現疑點後的處理方式。作為舍恩事件舞台的貝爾實驗室成立了調查委員會，共五名的成員中，包含會長在內的四人都是外部委員，而且除了最初被告發的論文之外，還廣泛募集檢舉消息。調查委員會在大約四個月後完成報告書，舍恩當日即被解雇。

當然，貝爾實驗室也有失誤。在外部告發之前，實驗室就曾收到來自某位研究員的內部檢舉，但當時沒有設置調查委員會，只向舍恩本人確認真偽並聽取說明，並未進一步追查。不過，他們在收到外部告發後的應對十分迅速，最初告發的研究員也被選為唯

一的內部委員。（引自《論文捏造》）

關於康斯坦茨大學撤銷舍恩博士學位一事，舍恩提出異議申訴並且告上法庭。根據自然新聞部落格（Nature News Blog）報導，德國聯邦憲法法院在二〇一四年十月一日駁回了舍恩的申訴，確定撤銷其博士學位。

至於理研方面，雖然早在疑點於網路上爆發的一週後就展開預備調查，但卻直到約一個月後才關閉研究室並扣押樣本，反應過於緩慢。理研總部對於CDB共同作者的主張照單全收，並發表「不影響論文根基」的聲明等言論，對於不當行為的態度可說是極為輕忽。調查委員會的組成也是，六人當中包含調查委員會會長在內，有三人是理研內部的研究員，而三名外部委員中有一名是律師，因此就研究者人數來說，以內部委員佔優勢。還有調查開始之後，雖然浮現大量疑點，但調查範圍僅限於六項，最終被認定為不當行為的只有兩項。

根據《每日新聞》的採訪，調查委員會最終報告出爐後的四月十五日，在以理研研究者為對象的內部報告會議上，對調查委員會不處理其他疑點的態度，湧現了質疑的聲浪，但曾任會長的高級研究員石井俊輔為了得到外界的理解，卻以「若在認定有不當行為的情況下，因此引發妨害名譽的訴訟，證明不當行為的責任將落在認定方上」、「我們固然有依照研究者倫理確實調查的想法。但如果在訴訟時遭到逆轉，往往會變成『搞不清楚到底做了什麼』的狀況」等說詞辯解。

結果，理研因為急於讓事件落幕而遭到抨擊。正如先前所見，後來多項致命的疑點曝光，迫使理研成立了第二次調查委員會。擔任改革委員會會長的東京大學榮譽教授岸輝雄，也在接受記者大塲愛採訪時直言：「如果能夠及時調查所有疑點，問題應該就不至於拖到這麼久。」

網路上的雲端「審查」

第二個主要的不同則是從論文發表到疑點曝光的時間。

舍恩在貝爾實驗室工作的一九九八年到二〇〇二年間，發表了多達六十三篇的論文。從《自然》首度刊登他的論文，到貝爾實驗室收到外部告發，已經過了兩年多的時間。當然，這段期間貝爾實驗室內外都有研究者對論文抱持懷疑，但他們的聲音並不足以撼動實驗室或科學期刊。

相較之下，ＳＴＡＰ論文在一月三十日發表後只過了短短一週，就被海外的論文驗證網站指出圖片有剪貼嫌疑。日本國內也是相似的狀況，發表兩週後，匿名討論區「２ｃｈ」與研究者部落格都出現類似指控，而透過推特等用戶能互相交換資訊的社群媒體，論文疑點一下子傳播開來。疑點數量隨後也如滾雪球般逐漸增加，甚至擴及小保方過去的論文與博士論文。整個過程發展之迅速，彷彿是快轉播放的舍恩事件。

有關疑點的資訊在社群網站上流通，並被網友徹底分析與討論。無論是匿名或具名，許多專業研究員都積極參與，從各自的專業角度分享見解。分析STAP細胞公開資料的高級研究員遠藤高帆也是，他把自己所做的初期分析內容發布在匿名部落格上。這所有的討論，連不具備專業知識的用戶也能夠看到。

STAP論文可以說在網路這個公開平台上，接受了第二次的「審查」。報紙等傳統媒體也經常追蹤網路消息進行報導。隨著對相關人士的獨家採訪，傳統媒體才終於能夠報導超越網路消息的「新事實」，但最初的報導形式可說是追著網路消息跑。

社群媒體是從二〇〇〇年代後期才開始普及，網路上對科學爭議的指控也自那時開始活躍。如果舍恩事件發生的時間晚個十年，調查說不定就會更早開始。

不過網路上也充斥著真假難辨的消息，對小保方等相關人士的誹謗中傷也比比皆是。如何保護相關人士的人權，仍是未來需要解決的課題。

科學家，應當如此

這本追蹤STAP問題來龍去脈的書籍也來到了尾聲。回顧這一連串採訪，我發現了一件事情。那就是我心中對科學家有著某種期望，也就是存在著科學家的理想形象。如果要具體列出其最低限度的要素，那應該是永無止境的好奇與探究之心、面對實驗與觀測數據的謙卑態度與誠實，以及身為科學家的良心吧！

當然，我在日常採訪中接觸的科學家們個性多樣，絕對不符合刻板形象。但我一直下意識地相信，所有科學家在本質上都具備這些要素。

置身於STAP風暴中心的論文主要作者與相關人士，都在科學界享有極高的評價，或是受到共同研究者的大肆讚揚。正因如此，我對他們的誠實懷有期望，但這些期望有時卻被辜負了。比起科學倫理，理研與早大似乎優先考慮組織利益的反應，也令人失望與憤怒。我在採訪初期過度信任受訪對象身為科學家的良心，有時甚至導致判斷失誤，這是必須反省的事情。

現實來看，科學家畢竟也是組織的一員，有需要保護的立場與生活。他們有自尊和虛榮心，也會在與競爭者的激烈競爭中感到身心俱疲。透過採訪，我深刻體會到任何人都有弱點，科學家也不例外。我所抱持的理想形象如果被嘲笑過於天真，那也無可奈何。

但另一方面我也認為，如果不期待科學家會誠實，那就太過悲哀了。而且我在STAP事件的採訪過程中，也遇到了許多能夠與我共享失望、憤怒以及危機感的誠實科學家，並多次得到他們的幫助。包括那些從未直接見面的網路「審查者」在內，正因有這些憂心事態發展，想要保護日本科學的科學家，我們的採訪才得以持續下去。日本分子生物學會與日本學術會議等科學家團體的發聲也起了重要作用。我深信，正因為科學家社群與科學報導者合作，不讓事件在含糊不清的狀況下落幕，才促使理研重新展開調查。

從這層意義來看，在ＳＴＡＰ問題上，科學界自證清白的效應確實發揮了作用。科學家目前所處的環境十分嚴峻。尤其是年輕研究者的職缺稀少，身分並不穩定。不僅僅是理研ＣＤＢ，許多大學和研究機構的營運補助金也在減少，追求確實成果的競賽補助金比重不斷提高。到底有多少研究者，能夠全心投入那些重要但短期內難以看到成果的研究課題呢？

理研的第二次調查委員會報告寫道：「ＳＴＡＰ問題就像一支射向科學界的箭。即使將這支箭拔出，也需要整個科學界的回應與努力，才能治癒傷口並恢復健康。」曾任調查委員會會長的國立遺傳學研究所所長桂勳，在調查委員會結束後的郵件採訪中，以「關於不當研究行為的普遍與個人感想」為名，陳述了以下見解：

> 自然科學家一直以來都抱持著敬畏之心，認為自然定律是人類無法改變的本質真理。同時也一直都認為人類必須與自然共存，並且需要傾聽自然的聲音。（這裡所說的「自然」，包含未經人類干預的事物，也包括已被干預的事物，甚至是包含人類自身在內的整個宇宙。）
>
> 我認為，科學家忘卻這些根本的理念，轉而只注重在一流期刊上發表論文，以及獲

得專利等更膚淺的價值觀上，就是不當研究行為的根源。

STAP問題突顯了許多課題，也對科學研究原本該有的樣貌拋出了根本的疑問。這每一個問題或許很難立即解決，但我認為重要的是，要始終致力於創造一個讓科學家能夠保持誠實的研究環境。如果科學報導能在這方面發揮作用，即使微不足道，我也願意盡一分心力。

而我也期待有朝一日，能再度遇到真正「顛覆常識」的重大發現。

後記

我在二〇一四年七月收到本書的撰稿邀約。對記者來說，能夠以完整形式展現積累的採訪內容，將礙於報紙版面無法詳盡介紹的事項一併向世人呈現，是極為難得的經驗。我要感謝文藝春秋國際局的下山進先生和坪井真之介先生，是他們給了我這個機會。他們對於每一章的感想，也在撰稿過程中成為我極大的鼓勵。

至於對相關人士的「非公開」採訪，我一直確實遵守當時的約定，不過後來也有許多內容透過當事人的公開發言，與各機構的調查報告書等紀錄，成為眾所皆知的事實。對於那些已經失去繼續保密的理由，並且對了解問題全貌與本質至關重要的內容，我在慎重思考之後，將其納入了本書。

ＳＴＡＰ問題的採訪，是由《每日新聞》東京和大阪兩個總部的科學環境部攜手進行，並得到了社會部、甲府支局及美國紐約支局等多方的協助。在我隸屬的東京科學環境部，主編永山悅子一直都負責這個事件，記者八田浩輔也從一開始就參與採訪。每當新事實浮現，採訪團隊都會就其意義反覆深入地討論，探尋今後的方向。永山主編以周到且精確的指示整合採訪小組，有時也會嚴厲鞭策，八田記者則始終維持冷靜的觀點，能夠與這些值得信賴的上司與同事一同採訪，讓我感到相當幸福。評論室的專業編輯委員青野由利的建議，也多次對我帶來幫助。

在我撰寫本書時，東京科學環境部特派組長清水健二、八田記者、大場愛記者、齋藤有香記者、下桐實雅子記者，以及大阪科學環境部根本毅組長、齋藤廣子記者、吉田卓矢記者、畠山哲郎記者，都爽快地允許我引用他們的採訪筆記，使得本書內容能夠比報紙的報導更加詳實。長尾真輔部長則關心撰稿的進展，有時也會給我鼓勵。青野專業編輯委員、長尾部長、永山主編、清水特派組長和八田記者甚至在繁忙的日常工作中，對草稿提出了寶貴的意見。

我一直希望能在家庭與工作之間取得平衡，但這並不容易。尤其當我開始採訪ＳＴＡＰ問題後，不可否認地，工作比重變得比以前更高。再加上我持續在假日撰寫本書的稿件，讓家人不得不長期處於「非常狀態」，對此深感抱歉。

週末不用說，甚至連家庭旅行期間，我也總是緊盯著手機和電腦，丈夫雖然對這樣的妻子半是無奈，卻也比平常承擔了更多的家務與育兒工作，而幼小的女兒在聽完繪本故事之後，也會忍住想要我陪她睡覺的念頭，對我說「媽媽，你可以去工作了」，在撰稿過程中我的母親幾乎每週都來幫忙家務，父親則經常陪女兒玩耍，對於他們，我想要藉此版面傳達我的感謝之意。沒有家人的支持，本書不可能完成，我也無法持續採訪ＳＴＡＰ問題至今。

三十五次。這是從二〇一四年一月底至同年十一月中旬為止，有關STAP論文的報導（專欄除外）登上《每日新聞》早晚報東京本社最終版頭版的次數。在日本的生命科學史上，幾乎沒有其他論文能在不到一年的期間內，如此頻繁地登上報紙頭版。

STAP論文的發展方向，與我以及許多社會人士最初的期待完全相反。重大疑點接連浮現，本應是「世紀大發現」的論文，卻無情地「崩塌」了。我對於損及科學信賴的狀況感受到強烈危機感，拚了命採訪，想要釐清真相，但現在回過頭來看，我也覺得自己只是不斷被超乎預期的發展牽著走。

失望、愕然的時刻不勝枚舉。與其他同業媒體的激烈競爭也讓我身心俱疲。每當這種時候，願意抽出寶貴時間提供客觀見解的眾多研究者，以及那些明知有風險卻仍提供重要消息的各方關係人，都是讓我能夠重新振作並繼續採訪的動力。

我由衷感謝所有在採訪中提供幫助的人。

不當研究行為妨礙了科學的健康發展，絕對不能容忍。然而，不當行為的歷史和科學的歷史共存也是不爭的事實。如果本書能夠成為一個契機，讓大眾思考如何創造出難以發生不當行為的環境，以及不當行為發生時該如何處理，將是我身為作者的最大欣慰。

二〇一四年十一月十四日
須田桃子

文庫版後記

我在這次的文庫版中，新增了在單行本原稿完成後，二〇一四年十一月中旬以後發生的主要事件（第十二章與最終章的開頭即是）。透過第二次調查委員會以及理研在這之前的詳細科學分析，世人已經清楚知道，「ＳＴＡＰ細胞」原本就不存在，那只是長期混入ＥＳ細胞所致的結果。我希望能以自己的方式消化吸收這個結論，並在這本書中留下紀錄。

在撰寫原稿的過程中，我再次深刻感受到，ＳＴＡＰ細胞事件絕不能歸咎於某個特定的個人。從實驗的進行方式、研究室的討論、成果的發表方式、對疑點的應對方式，甚至到第一作者在研究所的教育，這每一個環節都存在著問題，應該要有人在論文發表前的某個時間點，察覺嚴重不當行為的可能並加以阻止才對。疑點浮現後也一樣，若能在初期階段採取更適當的應對措施，也能防止事件處置延宕甚至成為社會問題，將損害控制在最小範圍。許多原本應該抓住的機會就此錯失，我想在這背後，正隱藏著侵蝕日本研究現場的結構性問題。

事實上，不當研究行為在STAP細胞事件之後依然層出不窮。文科省根據二〇一五年度起新實施的不當研究行為指導方針，將使用文科省預算進行的研究中，被認定有不當行為的案件公開在網站上。根據其列表，自二〇一五年度以來，包含重複投稿在內，被認定為不正行為的案件多達三十四件。

接下來介紹其中幾個引起話題的事件。二〇一六年八月，出自東京大學醫學系研究科與分子細胞生物學研究所的六個研究室，共計二十二篇的論文，被指出有不當行為的嫌疑，東大因此成立了調查委員會。隔年八月，分生研的渡邊嘉典教授等人發表的五篇論文中，共有十六處被認定為造假及篡改。渡邊於二〇一八年二月退休，東大在四月發表他的處分為「相當於懲戒解雇」。至於同時遭到告發的五名醫學系研究科教授，則未被認定有不當行為，但詳細調查結果並未公布。

不過，調查委員會承認遭到指控的圖表與原始資料不一致，但判斷這些不一致，是研究者在製作圖表與期刊編輯過程中所發生的失誤，並非故意操作。此一結論也引來了國內外研究者的批評和質疑。此外，正如最終章中提到的，京都大學iPS細胞研究所也在二〇一八年一月宣布所內發生不當行為。該研究所的應對措施雖然恰當，但不當行為本身仍十分嚴重。

另一方面，科學界也自主地推動研究倫理的提升。為了提升日本整體的研究倫理，一般財團法人「公正研究推進協會」（會長為前日本學術會議會長吉川弘之）於二〇一六年四月成立，致力於製作倫理教育教材並舉辦學習會。此外也有許多學會以研究倫理為主題舉辦研討會，這些研討會上的討論甚至催生了實踐型教科書。

令人在意的是，不同大學、研究機構與校內組織，對不當行為的處理方式仍不一致。在研究規模較大的美國，聯邦政府設有「研究公正局」（ＯＲＩ），若接受國家衛生研究院補助的研究被告發有不當行為，就會啟動調查，或是協助研究機構進行調查。雖然日本尚未有如ＯＲＩ這樣擁有調查權限的公家機構，但至少需要建立一些機制來確保各機構的調查品質。

至於阻礙防止不當研究行為的結構性問題，則存在著多重因素，例如國立大學營運補助金的削減、政府研究經費過度的「選擇與集中」所導致的研究現場疲憊與焦慮、偏重革新的「實用導向」研究增加、年輕研究者的就業情況不穩定，與追求短期成果的風潮等。這些也被認為是造成近年來日本研究實力衰退的問題。

我目前正與同事一起，致力於撰寫《每日新聞》科學版的長期連載專欄「虛幻的科技國度」，深入探討衰退的真實狀態與背景。我希望透過這次採訪，探索實現本書末尾所提到的「讓科學家能夠保持誠實的研究環境」的途徑。

我當初在撰寫單行本時，是即時地追蹤事件的發展，但這次文庫版卻是在採訪完全不同主題的新聞工作中同時撰稿。雖然並不像當初預期的簡單，但文藝春秋的坪井真之介先生也和單行本時一樣，給我堅實的支持，我非常感謝他。

二〇一八年八月二日

須田桃子

事件年表

2001年		查爾斯・維坎提教授等人發表論文，主張「類孢子細胞」的存在。
2006年	春	小保方晴子從早稻田大學（理工學部應用化學科）畢業，進入早大研究所修讀碩士課程（理工學研究科主修應用化學）成為東京女子醫大尖端生命醫科學研究所研修生，在岡野光夫教授與大和雅之教授指導下學習再生醫學。
2008年	春	小保方完成碩士課程，進入早大研究所攻讀博士課程（先進理工學研究科主修生命醫科學）。
	夏	經維坎提研究室的小島宏司醫師引介，小保方前往哈佛大學留學。在維坎提教授的指示下開始研究「類孢子細胞」。

2009年	8月底	小保方回國。
2010年	春	小保方投稿美國科學期刊，論文題目是「確認通過極細玻璃管分離的小細胞具有多能性」，但遭到退稿。
	7月	小保方拜訪理研CDB的若山照彥教授，委託他製作嵌合鼠。
	8月	小保方與若山的共同研究開始。
2011年	3月	小保方完成早稻田大學研究所博士課程。
	4月	小保方成為若山研究室的客座研究員。
	11月	首次「成功」製作嵌合鼠。
2012年	4月	向英國科學期刊《自然》投稿「動物癒傷組織細胞」論文，仍被退稿。

	4月24日	以哈佛大學為主體，由維坎提與小保方等人作為發明人，提交美國專利的臨時申請。
	6月	將同篇論文投稿美國科學期刊《細胞》，同樣遭到退稿。
	7月	將同篇論文投稿美國科學期刊《科學》，同樣遭到退稿。後來發現審稿者在這時要求，電泳圖片如有剪貼的情形，需用白線區分。
	12月21日	小保方在CDB人事委員會上發表過去的研究內容。CDB決定聘用她為研究小組負責人，並由笹井芳樹教授協助論文撰寫。
2013年	3月1日	小保方就任研究小組負責人，並在笹井研究室度過接下來的八個月。

	3月10日	STAP論文再度投稿《自然》。
	4月24日	發明人中加入笹井，進行國際專利申請。
	12月20日	經過兩次修改，《自然》決定刊登STAP論文。
2014年	1月28日	小保方、笹井、若山召開記者會，宣布發現STAP細胞。
	1月30日	《自然》刊登兩篇關於STAP細胞的論文。
	1月31日	文部科學大臣下村博文宣布，確定了將理研指定為「特定國立研究開發法人」的方針。
	2月5日	維坎提等人發表用人類新生兒皮膚細胞製成的「可能是STAP細胞的細胞」的顯微照片。 在美國網站PubPeer上，有人指出STAP論文中的電泳圖片可能經過剪貼。

	2月10日	山中伸彌教授在記者會上反駁ＳＴＡＰ細胞發表時，關於ｉＰＳ細胞安全性的描述。
	2月12～13日	「２ｃｈ」等日本網站也開始出現對小保方過去論文和ＳＴＡＰ論文圖像的質疑。
	2月18日	理研成立調查委員會。
	3月5日	理研發表整理出ＳＴＡＰ細胞製作方法的實驗指南。指南中寫著「由ＳＴＡＰ細胞製成的八株ＳＴＡＰ幹細胞觀察不到ＴＣＲ重組」。
	3月9日	匿名部落客11jigen指出，「畸胎瘤圖片」疑似沿用自小保方的博士論文。
	3月10日	若山呼籲共同作者撤回ＳＴＡＰ論文。

	3月14日	調查委員會發表初步報告，指STAP論文的六項疑點中，有四項可能涉及不當行為，決定繼續調查。 理研開始扣押小保方研究室的殘存樣本。
	3月18日	若山委託第三方機構對保存的STAP幹細胞進行基因分析。 理研撤回了STAP細胞發表時，所分發的提及iPS細胞安全性的資料。
	3月20日	維坎提研究室的網站上公開了獨自的STAP細胞實驗指南。
	3月25日	若山研究室對STAP幹細胞的基因進行預備分析，結果發現，其基因型與理應用於STAP細胞製作的小鼠不同。
	4月1日	調查委員會發表最終報告書，認定兩件與圖表有關的「篡改」及「捏造」不當研究行為。

	4月7日	理研發表由丹羽仁史計畫主持人擔任負責人的驗證實驗計畫。
	4月9日	小保方召開記者會反駁。
	4月16日	笹井召開記者會。
	5月8日	理研駁回小保方的異議申訴，確定兩起不當行為。
	5月21日	理研調查所有圖片後的報告顯示，超過十張以上的圖表有不當行為的嫌疑。
	6月11日	高級研究員遠藤高帆分析ＳＴＡＰ細胞的基因資料，結果發現八號染色體為「三倍體」。
	6月16日	若山召開記者會，發表第三方機構對ＳＴＡＰ幹細胞的分析結果。

6月30日	理研宣布小保方將進行驗證實驗，並對論文的新疑點展開預備調查。
7月2日	《自然》撤回了兩篇關於STAP細胞的論文。
7月5日	《朝日新聞》報導《科學》的審稿人曾在二〇一二年指出混入ES細胞的可能。
7月17日	早稻田大學內部調查委員會認定小保方博士論文存在六項不當行為，但不符合撤銷博士學位的規定。
7月22日	若山與CDB發表修正後的分析結果。
8月5日	笹井自殺。
8月27日	理研發表CDB改革的行動計畫。驗證實驗發表初步報告，表示STAP細胞的製作連第一階段都未能成功。

9月	維坎提辭去哈佛大學相關醫院的麻醉科主任職務，並開始為期一年的長假，隔年直接退休。
9月3日	維坎提發表ＳＴＡＰ細胞實驗指南的修訂版。
9月4日	理研宣布成立新的論文不當行為調查委員會。
10月7日	早稻田大學宣布，對小保方的博士學位做出「緩期一年撤銷」的決定。
12月19日	理研發表驗證實驗結果，小保方及丹羽都未能成功複製。
12月21日	小保方獲准辭職。
12月26日	第二次調查委員會發表調查結果，新認定兩起小保方在圖表上的造假行為，並做出ＳＴＡＰ細胞來自ＥＳ細胞的結論。

2015年	1月26日	理研前高級研究員石川智久以涉嫌盜竊ES細胞為由，對小保方提起刑事告訴。
	2月10日	理研發表對論文不當行為相關人員的處分，小保方「相當於懲戒解雇」，若山「相當於停職」。
	3月31日	理研理事長野依良治辭職。
	7月6日	小保方退還理研約六十萬日圓的《自然》論文投稿費用。
	11月2日	早稻田大學宣布撤銷小保方的博士學位。
2016年	1月28日	小保方出版手記《那一天》。
	3月31日	小保方的網站「STAP HOPE PAGE」上線。
	5月18日	神戶地方檢察廳宣布，石川的刑事告訴結果為不起訴處分。

年	日期	事件
	5月24日	小保方在《婦人公論》與作家瀨戶內寂聽對談，這是自二〇一四年4月記者會以來，她首次公開露面。
2018年	3月22日	小保方出版《小保方晴子日記》。

非虛構 09
造假的科學家——日本近代最大學術醜聞「STAP 細胞事件」
捏造の科學者 STAP 細胞事件

作　　者：須田桃子
譯　　者：林詠純
總 編 輯：陳思宇
主　　編：杜昀玶
編　　輯：黃婉華
版權總監：李潔
行銷企劃：林冠廷
出版發行：凌宇有限公司
地　　址：103 台北市大同區民生西路 300 號 8 樓
電　　話：02-2556-6226
M a i l：linkspublishing2021@gmail.com

美術設計：王瓊瑤
印　　刷：造極彩色印刷製版股份有限公司
總 經 銷：前衛出版社＆草根出版有限公司
地　　址：10468 台北市中山區農安街 153 號 4 樓之 3
http://www.avanguard.com.tw

出版日期：2025 年 4 月初版
定價：新臺幣 580 元
ISBN：978-626-7315-32-3

國家圖書館出版品預行編目資料

造假的科學家：日本近代最大學術醜聞「STAP 細胞事件」/ 須田桃子著；林詠純譯．-- 初版．-- 臺北市：凌宇有限公司，2025.04
　面；　公分
ISBN 978-626-7315-32-3（平裝）
1.CST: 細胞工程 2.CST: 幹細胞 3.CST: 生物技術 4.CST: 報導文學 5.CST: 日本
368.5　　114002884

原書圖表製作：上樂藍
肖像版權
P.23 = © 每日新聞社
P.146、P.457 = © 文藝春秋